普通高等教育
物联网工程类规划教材

视频
讲解版

INT  THINGS, IOT

ESP32
物联网智能硬件
开发实战

李永华◎编著

人民邮电出版社
北 京

图书版编目（CIP）数据

ESP32物联网智能硬件开发实战：视频讲解版 / 李
永华编著. -- 北京：人民邮电出版社，2022.12（2024.6重印）
普通高等教育物联网工程类规划教材
ISBN 978-7-115-60221-3

Ⅰ. ①E… Ⅱ. ①李… Ⅲ. ①物联网—智能技术—硬
件—开发—高等学校—教材 Ⅳ. ①TP393.4②TP18

中国版本图书馆CIP数据核字(2022)第185263号

内 容 提 要

　　本书以智能物联网发展为时代背景，分别从开发板基础、功能模块和运行结果等角度，通过 ESP32
开发板的示例应用，讲解 ESP-IDF、Arduino、MicroPython 等开发环境的使用方法和相关程序。本书
主要内容包括 SoC 基础、ESP32 系统、ESP32 开发环境、基础外设开发、高级外设开发、网络连接开
发、应用层技术开发、蓝牙技术开发。为便于读者提高学习效率、快速掌握技巧、提升实践能力，本
书提供项目设计的工程文档、程序等配套资源，可用于二次开发。

　　本书由浅入深、通俗易懂，将创新思维与实践示例相结合，不仅适合对 ESP32 编程有兴趣的爱好
者，也适合作为高等院校物联网系统应用开发课程的教材，还可作为从事物联网应用创新开发的
人员的技术参考书。

◆ 编　著　李永华
　　责任编辑　刘　博
　　责任印制　王　郁　陈　犇
◆ 人民邮电出版社出版发行　　　北京市丰台区成寿寺路 11 号
　　邮编　100164　　电子邮件　315@ptpress.com.cn
　　网址　https://www.ptpress.com.cn
　　山东百润本色印刷有限公司印刷
◆ 开本：787×1092　1/16
　　印张：19　　　　　　　　　　2022 年 12 月第 1 版
　　字数：514 千字　　　　　　　2024 年 6 月山东第 4 次印刷

定价：79.80 元
读者服务热线：(010)81055256　印装质量热线：(010)81055316
反盗版热线：(010)81055315
广告经营许可证：京东市监广登字 20170147 号

前言 FOREWORD

党的二十大报告中提到："教育、科技、人才是全面建设社会主义现代化国家的基础性、战略性支撑。"在教育改革、科技变革等背景下，信息技术领域的教学发生着翻天覆地的变化。

当今世界，物联网技术发展迅速，相关课程已经成为高等院校重要的专业课程。基于嵌入式芯片开发是物联网技术应用的重要环节。嵌入式芯片具有使用灵活、开发方便、应用场景广泛、接入方法丰富、目标程序效率高、可移植性好等特点，近年来迅速在全球普及、应用，将为未来社会智能化提供重要支撑。

本书是笔者在北京邮电大学进行教育教学改革的重要成果，是为更好地践行创新教育的具体应用、以实践教学与创新能力培养为目标而组织编写的教材。本书融合同类教材的优点，采取创新方式，精选实用性强的应用示例，对不同难度、不同类型和不同平台的物联网开发方法进行总结，希望能在教育教学领域及工业界起到抛砖引玉的作用。

本书的主要内容和素材来自乐鑫信息科技（上海）股份有限公司提供的技术文档、北京邮电大学信息工程专业创新课程内容及笔者所在学校近几年承担的科研项目成果。笔者所指导的学生，在研究过程中对 ESP32 开发的物联网创新实例进行了总结。通过 ESP32 应用项目的实施，同学们完成了整个创新项目，不仅学到了知识、提高了能力，而且为本书提供了第一手素材和相关资料。

本书内容由总到分，带领读者先思考后实践，将整体架构、系统原理与功能代码实现相结合。从事物联网开发、系统应用和工程实现的专业技术人员阅读本书可以提高工程创新能力。本书也可为读者学习物联网开发方法、功能设计、应用实现提供帮助。

本书汇集了与物联网开发相关的大量示例，较好地诠释了 ESP32 的典型应用，可以帮助读者快速入门并进行实际操作。读者结合学到的内容，可以自行设计作品，达到活学活用的目的。本书提供相关设计图、源代码等素材，有利于读者更好地衔接前期课程和后续课程。

本书分层推进，深入浅出地介绍 ESP32 开发的原理、架构、编程与项目开发，循序渐进，环环相扣，前后呼应，通过项目引领和任务驱动，将做与学融为一体，注重读者工程实践能力的培养。本书旨在构建全方位、立体化的教学资源网络，助力嵌入式系统教学与项目开发。

在本书的编写过程中，笔者得到了乐鑫信息科技（上海）股份有限公司、教育部高等学校电子信息类专业教学指导委员会、信息工程专业国家第一类特色专业建设项目、信息工程专业国家第二类特色专业建设项目、教育部 CDIO 工程教育模式研究与实践项目、教育部本科教学工程项目、信息工程专业北京市特色专业建设项目、北京市教育教学改革项目、北京邮电大学教育教学改革项目（2020JC03）的大力支持，在此表示感谢！

由于笔者经验与水平有限，书中疏漏之处在所难免，衷心地希望各位读者多提宝贵意见，以便笔者对本书进行修改和完善。

李永华 于北京邮电大学

2022 年 12 月

目 录 CONTENTS

第 1 章 SoC 基础

System on Chip（SoC），即单片系统，是嵌入式系统发展到高级阶段的产物，技术上领先，性能上优越。本章将对 SoC 开发的相关概念进行描述，为读者学习后续开发奠定基础。

1.1 SoC 概述

SoC 概述

SoC 的迅速发展为专业应用提供了强大的技术基础，它具有灵活、高效、高性价比的优点，是"万物互联时代"的重要技术应用方向，未来必将更加广泛地应用于生产、生活中。它是针对特定需求、满足特定功能的计算机软件和硬件的集合体，具有软硬件可裁剪性，是适应专业应用系统的功能、性能的专用计算机系统。

1.1.1 SoC 概念及定义

从狭义角度讲，SoC 是将信息系统核心部件集成在一块芯片上。从广义角度讲，SoC 是一个微小型系统，不仅包括微处理器，而且可将模拟知识产权（Intellectual Property，IP）核、数字 IP 核和存储器集成在单一芯片上，可以供客户定制，也可以面向特定用途。

SoC 芯片可以由系统级芯片控制逻辑模块、微处理器/微控制器内核模块、数字信号处理器（Digital Signal Processor，DSP）模块、嵌入的存储器模块、外部通信接口模块、模拟前端模块、电源提供和功耗管理模块等构成。无线 SoC 芯片还应包括射频前端模块、用户定义逻辑模块、微电子机械模块，更重要的是嵌有基本软件模块或可载入的用户软件等。

SoC 关键技术主要包括总线架构技术、IP 核可复用技术、软硬件协同设计技术、SoC 验证技术、可测性设计技术、低功耗设计技术、超深亚微米电路实现技术，并且涉及嵌入式软件移植、开发研究，是一个跨学科的新兴研究领域。SoC 芯片硬件设计包括如下内容。

1. 功能设计

功能设计的依据：根据产品的应用场景，设定功能、操作速度、接口规格、环境温度及消耗功率等，进一步规划软件模块及硬件模块的划分，如哪些功能整合于 SoC 内、哪些功能设计在电路板上。

2. 设计描述和验证

设计完成后，可以将 SoC 划分为若干功能模块，以及实现这些功能要使用的 IP 核。此阶段将直接影响 SoC 内部的架构及各模块间传送的信号，以及未来产品的可靠性。确定模块之后，可以用 VHDL 或 Verilog 等硬件描述语言实现各模块的设计描述。最后，使用 VHDL 或 Verilog 的电路仿真器对设计进行功能验证或行为验证。

3. 逻辑综合

硬件描述语言设计文件编写风格是决定综合工具执行效率的一个重要因素。由于综合工具对硬件描述语言的语法支持是有限的，过于抽象的语法只适用于系统评估仿真模型，因此，确定设计描述正确后，可以使用逻辑综合工具进行操作，选择适当的逻辑器件库作为合成逻辑电路时的参考依据，得到门级网表。

4. 门级验证

门级验证是寄存器传输级验证，主要的工作是确认经综合后的电路是否符合功能需求。该工作一般利用门级验证工具完成，此阶段仿真需要考虑门电路的延迟。

5. 布局和布线

布局是将设计好的功能模块合理地安排在芯片上，规划好它们的位置。布线是实现各模块之间的连线。各模块之间的连线通常比较长，产生的延迟会严重影响 SoC 的性能，尤其是在 0.25μm 及以上制程工艺中，这种现象更为显著。

1.1.2 SoC 结构与特点

嵌入式的发展，经历了单芯片核心的可编程控制器阶段、嵌入式 CPU 和简单操作系统为核心阶段、以物联网为标志的系统阶段等。目前，嵌入式已经发展到高级阶段，即 SoC 阶段。SoC 的基本组成如图 1-1 所示。

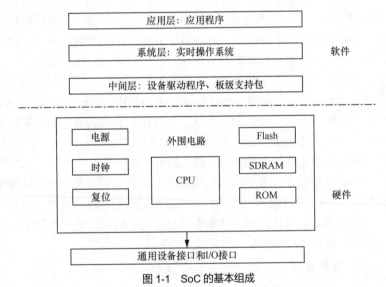

图 1-1　SoC 的基本组成

SoC 硬件包括微处理器（CPU，一般采用精简指令集）、存储器（如缓存、主存储器和辅助存储器）、通用设备接口和输入输出（Input/Output，I/O）接口。SoC 软件包括中间层，即设备驱动程序和板级支持包；系统层，即实时操作系统（Real-Time Operating System，RTOS）；应用层，即具体的应用程序。

SoC 基本特点如下。

（1）内核小。

SoC 一般是应用于小型电子装置的，资源相对有限，所以内核比传统的计算机系统小。

（2）专用性。

SoC 和硬件紧密结合。一般硬件系统要进行移植时，即使同一品牌、同一系列的产品也需根据系统硬件的变化和增减进行修改。同时，针对不同的任务，需要对系统进行较大更改，程序的编译下载需与系统相结合，这种修改和通用软件的升级是不同的。

（3）集成化。

SoC 没有系统软件和应用软件的明显区分，功能设计及实现上简单集成，一方面有利于控制系统成本，另一方面有利于实现系统安全。

（4）实时性。

SoC 软件的基本要求是具有高实时性。软件要求固态存储，以提高速度；软件代码要求具有高质量和高可靠性。

（5）多任务。

SoC 软件未来的发展是使用多任务的操作系统。应用程序可以没有操作系统便直接运行。但是为了调度多任务，利用系统资源、系统函数，以及与专家库函数接口，用户需自行选配 RTOS 开发平台。

（6）可测性。

SoC 需要有一套开发工具和环境，工具和环境基于通用计算机上的软硬件设备及各种逻辑分析仪、混合信号示波器等，具有可测性。

（7）长期性。

SoC 与具体应用有机结合在一起，升级换代同步进行。因此，SoC 产品一旦进入市场，具有较长的生命周期。

（8）可靠性。

为提高运行速度和系统可靠性，SoC 中的软件一般都固化在芯片存储器中。

（9）可裁剪性。

尽管系统支持提供统一的开放接口，但是 SoC 要求系统具有开放的和可伸缩的体系结构与良好的可移植性。

1.2　ESP32 系列 SoC

ESP32 系列 SoC

ESP32 是一款流行的支持 Wi-Fi 和蓝牙（Bluetooth，BT）的芯片，使用 Espressif 系统，是先进的人工智能物联网（Artificial Intelligence of Things，AIoT）解决方案。它是乐鑫信息科技（上海）股份有限公司（后简称乐鑫公司或乐鑫）推出的一款采用两个哈佛结构 Xtensa LX6 CPU 构成的拥有双核系统的芯片。所有的片上存储器、片外存储器及外设都分布在两个 CPU 的数据总线或指令总线上。现已发布 ESP8266、ESP32、ESP32-S 和 ESP32-C 系列芯片、模组和开发板。

人工智能的出现推动了安全、快速的无线连接解决方案的发展。作为先进的 AIoT 解决方案提供商，乐鑫公司为全球数亿用户提供安全、多样化的 AIoT 解决方案。基于先进的半导体技术、低功耗计算、Wi-Fi 和蓝牙连接、Mesh 组网等技术，乐鑫公司开发了设计精良、性能卓越、更为智能且应用广泛的芯片、模组和开发板。

乐鑫公司以开源的方式建立了开放、活跃的技术生态系统，自主研发了一系列开源的软件开发框架，包括物联网开发框架 ESP-IDF、音频开发框架 ESP-ADF、Mesh 开发框架 ESP-MDF、设备连接平台 ESP RainMaker、人脸识别开发框架 ESP-WHO 和智能语音助手 ESP-Skainet 等，以此构建了一个完整、创新的 AIoT 应用开发平台。

同时，乐鑫公司也支持许多创客社区的开源项目，让开发者们自由开发应用项目、交流技术心得，坚持技术开源，助力开发者们用乐鑫的方案开发智能产品，打造万物互联的智能世界，即通过提供性能卓越的智能硬件和完整丰富的软件解决方案，帮助客户快速实现产品智能化，缩短开发周期。正因如此，乐鑫的芯片和模组受到越来越多客户的青睐，被广泛应用于智能家居、电工、照明、智能音箱、移动支付等领域。

ESP32 芯片是集成 2.4GHz Wi-Fi 和蓝牙的双模单芯片方案，采用超低功耗的 40nm 工艺，具有超高的射频性能、稳定性、通用性和可靠性，可满足不同的功耗需求，适用于各种应用场景。ESP32 主要包括核与存储器、实时时钟（Real Time Clock，RTC）、Wi-Fi、射频（Radio Frequency，RF）模块、外部接口和加密硬件加速器等，如图 1-2 所示。其主要特点如下。

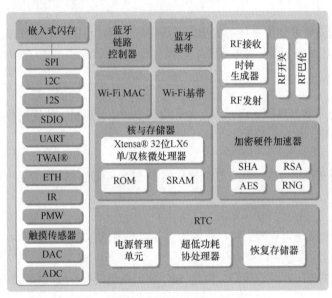

图 1-2　ESP32 芯片功能

1. 超低功耗

ESP32 专为移动设备、可穿戴电子产品和物联网应用而设计。作为先进的低功耗芯片，ESP32 具有精细的时钟门控、省电模式和动态电压调整功能。

例如，在低功耗物联网传感器应用场景中，ESP32 只有在特定条件下才会被周期性地唤醒，低占空比可以极大降低 ESP32 的功耗。RF 功率放大器的输出功率可调节，以实现通信距离、数据传输率和功耗之间的最佳平衡。

2. 高集成度

ESP32 是先进的高集成度 Wi-Fi+蓝牙解决方案，大约需要 20 个外部元器件。ESP32 集成了天线开关、RF 巴伦、功率放大器、低噪声放大器、滤波器及电源管理模块，极大减小了印制电路板的面积。

ESP32 采用互补金属氧化物半导体（Complementary Metal-Oxide-Semiconductor，CMOS）工艺来实现单芯片集成射频和基带，还集成了先进的自校准电路，实现了动态电压调整，可以消除外部电路的缺陷，更好地适应外部环境的变化。因此，ESP32 的批量生产不需要昂贵的专用 Wi-Fi 测试设备。ESP32 主要的功能如下。

（1）Wi-Fi 功能。

- 802.11b/g/n，其中，802.11n（2.4GHz）速度高达 150Mbit/s。
- 无线多媒体。
- 帧聚合。
- 立即块回复。
- 重组。
- 自动监测。
- 4 个虚拟 Wi-Fi 接口。
- 同时支持基础结构型网络 Station 模式、SoftAP 模式、混杂模式。ESP32 在 Station 模式下扫描时，SoftAP 信道会同时改变。
- 天线分集。

（2）蓝牙功能。

- 蓝牙 4.2 完整标准，包含传统蓝牙和低功耗蓝牙（Bluetooth Low Energy，BLE）。
- 支持标准 Class-1、Class-2 和 Class-3，且不需要外部功率放大器。
- 增强型功率控制。
- 输出功率高达+12dBm。
- 接收器具有–94dBm 的低功耗蓝牙接收灵敏度。
- 自适应跳频。
- 基于安全数字输入输出（Secure Digital Input and Output，SDIO）、串行外设接口（Serial Peripheral Interface，SPI）、通用异步接收发送设备（Universal Asynchronous Receiver/Transmitter，UART）接口的标准人机交互。
- 高速 UART 人机交互，最高可达 4Mbit/s。
- 支持蓝牙 4.2 和低功耗蓝牙双模控制器。
- 同步面向连接、扩展同步面向连接。
- 支持音频编解码算法。
- 蓝牙微微网和散射网。
- 支持传统蓝牙和低功耗蓝牙的多设备连接。
- 支持同时广播和扫描。

（3）CPU 和存储功能。

- Xtensa 32 位 LX6 单/双核处理器，运算能力高达 600MIPS。
- 448KB 只读存储器（Read-Only Memory，ROM）。
- 520KB 静态随机存储器（Static Random Access Memory，SRAM）。
- 16KB RTC SRAM。
- 四路 SPI（Quad SPI，QSPI）支持多个 Flash/SRAM。

（4）时钟和定时器功能。

- 内置 8MHz 振荡器，支持自校准。
- 内置 RC 振荡器，支持自校准。
- 支持外置 2MHz～60MHz 的主晶振（如果使用 Wi-Fi/蓝牙功能，则目前仅支持 40MHz 晶振）。
- 支持外置 32kHz 晶振，用于 RTC，支持自校准。

- 2 个定时器群组，每组包括 2 个 64 位通用定时器和 1 个主系统看门狗。
- 1 个 RTC 定时器。
- RTC 看门狗。

（5）高级外设接口功能。

- 34 个通用输入输出（General Purpose Input/Output，GPIO）引脚。
- 12 位 SAR 模数转换器（Analog-to-Digital Converter，ADC），多达 18 个通道。
- 2 个 8 位数模转换器（Digital-to-Analog Converter，DAC）。
- 10 个触摸传感器。
- 4 个 SPI。
- 2 个 I2S。
- 2 个 I2C。
- 3 个 UART。
- 1 个 SD/eMMC/SDIO 主机。
- 1 个 SDIO/SPI 从机。
- 带有专用直接存储器访问（Direct Memory Access，DMA）的以太网 MAC 接口，支持 IEEE 1588。
- 双线汽车接口。
- IR（TX/RX）。
- 电机脉冲宽度调制（Pulse Width Modulation，PWM）。
- LED PWM，多达 16 个通道。
- 霍尔传感器。

（6）安全机制。

- 安全启动。
- 闪存（Flash）加密。
- 1024 位一次性密码（One Time Password，OTP），用户可用的高达 768 位。
- 加密硬件加速器。
- AES/Hash（SHA-2）/RSA/ECC/随机数生成器。

目前，ESP32 系列芯片的产品型号包括 ESP32-D0WD-V3、ESP32-D0WDQ6-V3、ESP32-D0WD、ESP32-D0WDQ6、ESP32-D2WD、ESP32-S0WD 和 ESP32-U4WDH，其中 SP32-D0WD-V3、ESP32-D0WDQ6-V3 和 ESP32-U4WDH 是基于 ECO V3 的芯片型号。

1.3 本章小结

本章首先介绍了 SoC 概念及定义，分析了 SoC 作为物联网开发技术是物联网发展的重要方向；其次介绍了 SoC 的组成和系统特点，为读者深入了解 SoC 打下基础；最后介绍了 ESP32 系列 SoC。

2 第 2 章 ESP32 系统

ESP32 具有功能丰富的 Wi-Fi 和蓝牙微控制单元（Microcontroller Unit，MCU），适用于多样的物联网应用，本章主要介绍 ESP32 芯片封装、ESP32 系统架构以及 FreeRTOS 在 ESP32 上的应用程序接口（Application Program Interface，API）。

2.1 ESP32 芯片封装

ESP32 系列芯片有 QFN 5*5 和 QFN 6*6 两种封装类型，其中 QFN 6*6 如图 2-1 所示。引脚的名称及功能说明文件请扫描二维码获取，包括模拟类、VDD3P3_RTC、VDD_SDIO 和 VDD3P3_CPU。

ESP32 芯片封装

ESP32 引脚功能

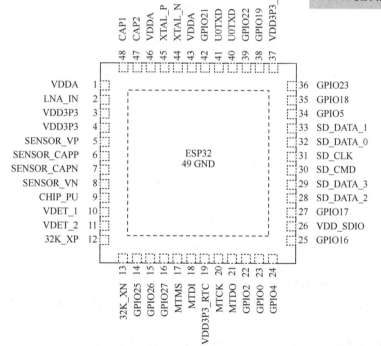

图 2-1　ESP32 引脚布局（封装类型为 QFN 6*6，顶视图）

2.2 ESP32 系统架构

ESP32 系统架构

本节主要介绍 ESP32 的系统组成、各部分的支撑功能特点及地址映射关系。通过本节学习读者可以从系统层面了解 ESP32。

2.2.1　ESP32 系统架构概述

ESP32 系列芯片采用两个哈佛结构 Xtensa LX6 CPU 构成双核系统。所有的片上存储器、片外存储器及外设都分布在两个 CPU 的数据总线或指令总线上，系统结构如图 2-2 所示。除个别情况外，两个 CPU 的地址映射呈对称结构，即使用相同的地址访问同一目标。系统中多个外设能够通过 DMA 访问片上存储器。两个 CPU 的名称分别是 "PRO_CPU" 和 "APP_CPU"。PRO 代表 "protocol"（协议），APP 代表 "application"（应用）。在大多数情况下，两个 CPU 的功能是相同的，它们具有如下功能：7 级流水线架构，支持高达 240MHz 的时钟频率（ESP32-S0WD、ESP32-D2WD 和 ESP32-U4WDH 为 160MHz）；16/24 位指令集提供高代码密度；支持浮点单元；支持 DSP 指令，如 32 位乘法器、32 位除法器和 40 位累加乘法器；支持来自约 70 个中断源的 32 个中断向量。

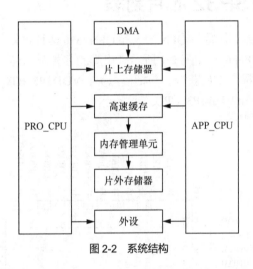

图 2-2　系统结构

单/双核处理器接口包括 Xtensa RAM/ROM 指令和数据接口、用于快速访问外部寄存器的 Xtensa 本地存储接口、具有内外中断源的中断接口、用于调试的联合测试行为组织（Joint Test Action Group，JTAG）接口。

地址映射结构如图 2-3 所示，主要包括地址空间、片上存储器、片外存储器、外设和 DMA 的地址映射。

地址空间是对称地址映射。数据总线与指令总线分别有 4GB（32 位）地址空间，范围是 0x0000_0000～0xFFFF_FFFF。

片上存储器包括如下功能：328KB DMA 地址空间；448KB 片上 ROM；520KB 片上 SRAM；8KB RTC 快速存储；8KB RTC 慢速存储。

片外存储器包括如下功能：片外 SPI 存储器可被映射到可用的地址空间，部分片上存储器可用作片外存储器的高速缓存（Cache）；最大支持 16MB 片外 Flash；最大支持 8MB 片外 SRAM。

外设包括 41 个模块，DMA 包括 13 个模块。

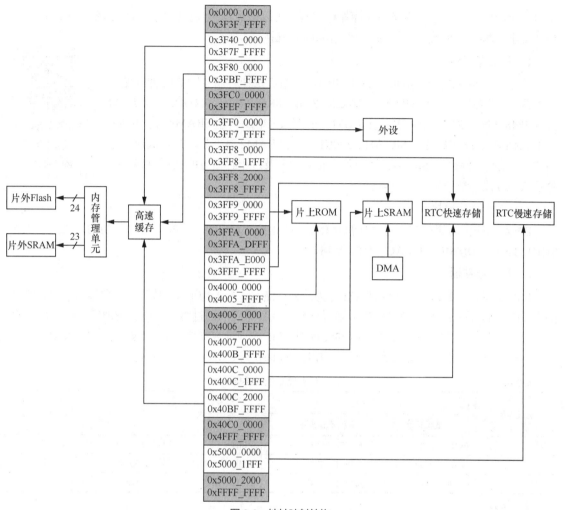

图 2-3　地址映射结构

2.2.2　ESP32 系统地址映射

　　同构双核系统由两个哈佛结构 Xtensa LX6 CPU 构成，每个 CPU 都具有 4GB（32 位）的地址空间，两个 CPU 的地址映射是对称的。

　　地址 0x4000_0000 以下的部分为数据总线的地址范围，地址 0x4000_0000～0x4FFF_FFFF 部分为指令总线的地址范围，地址 0x5000_0000 及以上部分为数据总线与指令总线共用的地址范围。

　　CPU 的数据总线与指令总线都为小端序，即字节地址 0x0、0x1、0x2、0x3 访问的字节分别是 0x0 访问的 32 位字中的最低、次低、次高、最高字节。CPU 可以通过数据总线按照字节、半字、字进行对齐与非对齐的数据访问。CPU 可以通过指令总线进行数据访问，但必须是字对齐方式，非对齐数据访问会导致 CPU 工作异常。

　　两个 CPU 都能够使用数据总线与指令总线直接访问片上存储器，高速缓存和存储管理部件（Memory Management Unit，MMU）直接访问映射到地址空间的片外存储器，指令总线直接访问外设。两个 CPU 访问同一目标时使用相同的地址，整个系统的地址映射呈对称结构。两个 CPU 的数据总线与指令总线中的各段地址所能访问的目标详情请扫描二维码获取。

两个 CPU 的数据
指令总线地址映射

系统中部分片上存储器与部分片外存储器既可以被数据总线访问也可以被指令总线访问，在这种情况下，两个 CPU 都可以用多个地址访问同一目标。

1. 片上存储器

片上存储器以及数据总线与指令总线地址段

片上存储器分为片上 ROM、片上 SRAM、RTC 快速存储、RTC 慢速存储这4 个部分，其容量分别为 448KB、520KB、8KB、8KB。其中，448KB 片上 ROM 分为 384KB 片上 ROM0、64KB 片上 ROM1 两部分；520KB 片上 SRAM 分为 192KB 片上 SRAM0、128KB 片上 SRAM1、200KB 片上 SRAM2 三部分。RTC 快速存储与 RTC 慢速存储都是 SRAM。所有片上存储器以及片上存储器的数据总线与指令总线地址段详情请扫描二维码获取。

2. DMA 功能模块

DMA 功能模块共有 13 个，包括 UART0、UART1、UART2、SPI1、SPI2、SPI3、I2S0、I2S1、SDIO Slave、SDMMC、EMAC、BT、Wi-Fi。

3. 片外存储器

ESP32 将片外 Flash 与片外 SRAM 作为片外存储器。表 2-1 所示为片外存储器地址映射，列出了两个 CPU 的数据总线与指令总线中的各段地址，及其对应的通过缓存与内存管理单元所能访问的片外存储器。缓存根据内存管理单元中的设置把 CPU 的地址变换为片外 Flash 与片外 SRAM 的实地址。经过变换之后的实地址最大支持 16MB 片外 Flash 与 8MB 片外 SRAM。

表 2-1　　　　　　　　　　　片外存储器地址映射

总线类型	边界地址		容　量	目　标	备　注
	低位地址	高位地址			
数据	0x3F40_0000	0x3F7F_FFFF	4 MB	片外 Flash	读
数据	0x3F80_0000	0x3FBF_FFFF	4 MB	片外 SRAM	读/写
指令	0x400C_2000	0x40BF_FFFF	11512 KB	片外 Flash	读

4. 缓存

如图 2-4 所示，ESP32 的 2 个 CPU 各有一组大小为 32KB 的缓存，用以访问外部存储器。PRO_CPU 和 APP_CPU 分别使用 DPORT_PRO_CACHE_CTRL_REG 的 PRO_CACHE_ENABLE 位和 DPORT_APP_CACHE_CTRL_REG 的 APP_CACHE_ENABLE 位使能缓存功能。

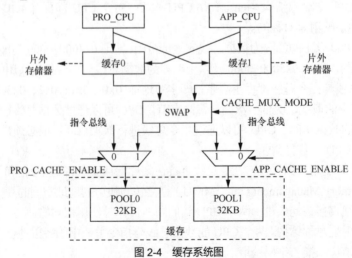

图 2-4　缓存系统图

ESP32 缓存采用两路组相连的映射方式。当只有 PRO_CPU 使用缓存或只有 APP_CPU 使用缓存时,可以通过配置寄存器 DPORT_CACHE_MUX_MODE_REG 的 CACHE_MUX_MODE[1:0]位,选择使用片上 SRAM0 的 POOL0 或 POOL1 作为缓存。当 PRO_CPU 和 APP_CPU 都使用缓存时,片上 SRAM0 的 POOL0 和 POOL1 可以复用作为缓存。当 CACHE_MUX_MODE 为 1 或 2 时,PRO_CPU 和 APP_CPU 不可同时开启缓存功能。开启缓存功能后,POOL0 或者 POOL1 只作为缓存使用,不能复用作为指令总线的访问区域。缓存模式设置请扫描二维码获取。

缓存模式设置

5. 外设

ESP32 共有 41 个外设模块。表 2-2 所示为外设地址映射,描述了两个 CPU 数据总线中各段地址所能访问的各个外设模块。除了进程号控制器,其余外设模块都可以被两个 CPU 用相同地址访问。

表 2-2　　　　　　　　　　　　　　　　外设地址映射

总线类型	边界地址		容量	目标	备注
	低位地址	高位地址			
数据	0x3FF0_0000	0x3FF0_0FFF	4KB	DPort 寄存器	
数据	0x3FF0_1000	0x3FF0_1FFF	4KB	AES 加速器	
数据	0x3FF0_2000	0x3FF0_2FFF	4KB	RSA 加速器	
数据	0x3FF0_3000	0x3FF0_3FFF	4KB	SHA 加速器	
数据	0x3FF0_4000	0x3FF0_4FFF	4KB	安全引导	
	0x3FF0_5000	0x3FF0_FFFF	44KB	保留	
数据	0x3FF1_0000	0x3FF1_3FFF	16KB	内存管理电源缓存表	
	0x3FF1_4000	0x3FF1_EFFF	44KB	保留	
数据	0x3FF1_F000	0x3FF1_FFFF	4KB	进程号控制器	每个 CPU
	0x3FF2_0000	0x3FF3_FFFF	128KB	保留	
数据	0x3FF4_0000	0x3FF4_0FFF	4KB	UART0	
	0x3FF4_1000	0x3FF4_1FFF	4KB	保留	
数据	0x3FF4_2000	0x3FF4_2FFF	4KB	SPI1	
数据	0x3FF4_3000	0x3FF4_3FFF	4KB	SPI0	
数据	0x3FF4_4000	0x3FF4_4FFF	4KB	GPIO	
	0x3FF4_5000	0x3FF4_7FFF	12KB	保留	
数据	0x3FF4_8000	0x3FF4_8FFF	4KB	RTC	
数据	0x3FF4_9000	0x3FF4_9FFF	4KB	IOMUX	
	0x3FF4_A000	0x3FF4_AFFF	4KB	保留	
数据	0x3FF4_B000	0x3FF4_BFFF	4KB	SDIO 从机	3 个部分之一
数据	0x3FF4_C000	0x3FF4_CFFF	4KB	UDMA1	
	0x3FF4_D000	0x3FF4_EFFF	8KB	保留	
数据	0x3FF4_F000	0x3FF4_FFFF	4KB	I2S0	
数据	0x3FF5_0000	0x3FF5_0FFF	4KB	UART1	
	0x3FF5_1000	0x3FF5_2FFF	8KB	保留	
数据	0x3FF5_3000	0x3FF5_3FFF	4KB	I2C0	
数据	0x3FF5_4000	0x3FF5_4FFF	4KB	UDMA0	
数据	0x3FF5_5000	0x3FF5_5FFF	4KB	SDIO 从机	3 个部分之一
数据	0x3FF5_6000	0x3FF5_6FFF	4KB	RMT	

续表

总线类型	边界地址		容 量	目 标	备 注
	低位地址	高位地址			
数据	0x3FF5_7000	0x3FF5_7FFF	4KB	PCNT	
数据	0x3FF5_8000	0x3FF5_8FFF	4KB	SDIO 从机	3 个部分之一
数据	0x3FF5_9000	0x3FF5_9FFF	4KB	LED PWM	
数据	0x3FF5_A000	0x3FF5_AFFF	4KB	eFuse 控制器	
数据	0x3FF5_B000	0x3FF5_BFFF	4KB	Flash 加密	
	0x3FF5_C000	0x3FF5_DFFF	8KB	保留	
数据	0x3FF5_E000	0x3FF5_EFFF	4KB	PWM0	
数据	0x3FF5_F000	0x3FF5_FFFF	4KB	TIMG0	
数据	0x3FF6_0000	0x3FF6_0FFF	4KB	TIMG1	
	0x3FF6_1000	0x3FF6_3FFF	12KB	保留	
数据	0x3FF6_4000	0x3FF6_4FFF	4KB	SPI2	
数据	0x3FF6_5000	0x3FF6_5FFF	4KB	SPI3	
数据	0x3FF6_6000	0x3FF6_6FFF	4KB	SYSCON	
数据	0x3FF6_7000	0x3FF6_7FFF	4KB	I2C1	
数据	0x3FF6_8000	0x3FF6_8FFF	4KB	SDMMC	
数据	0x3FF6_9000	0x3FF6_AFFF	8KB	EMAC	
	0x3FF6_B000	0x3FF6_BFFF	4KB	保留	
数据	0x3FF6_C000	0x3FF6_CFFF	4KB	PWM1	
数据	0x3FF6_D000	0x3FF6_DFFF	4KB	I2S1	
数据	0x3FF6_E000	0x3FF6_EFFF	4KB	UART2	
数据	0x3FF6_F000	0x3FF6_FFFF	4KB	PWM2	
数据	0x3FF7_0000	0x3FF7_0FFF	4KB	PWM3	
	0x3FF7_1000	0x3FF7_4FFF	16KB	保留	
数据	0x3FF7_5000	0x3FF7_5FFF	4KB	RNG	
	0x3FF7_6000	0x3FF7_FFFF	40KB	保留	

不对称进程号控制器外设：系统中有两个进程号控制器分别服务于 PRO_CPU 和 APP_CPU。PRO_CPU 和 APP_CPU 都只能访问自己的进程号控制器，不能访问对方的进程号控制器。两个 CPU 都使用数据总线 0x3FF1_F000～3FF1_FFFF 访问自己的进程号控制器。

不连续外设地址范围：外设模块 SDIO 从机被划分为 3 个部分，两个 CPU 访问这 3 个部分的地址是不连续的。这 3 个部分分别被两个 CPU 的数据总线 0x3FF4_B000～3FF4_BFFF、0x3FF5_5000～3FF5_5FFF、0x3FF5_8000～3FF5_8FFF 访问。和其他外设一样，SDIO 从机能被两个 CPU 访问。

2.3 ESP32 开发板

本书以 ESP32-WROVER-E 为例进行说明，其他模组类似。ESP32-WROVER-E 是一款通用型 Wi-Fi+BT+BLE MCU 模组，功能强大，用途广泛，可以用于低功耗传感器网络和要求极高的任务，如语音编码、音频流和 MP3 解码等，采用印制电路板板载天线或外置天线，配置了 4MB SPI Flash 和 8MB SPI PSRAM（伪静态 RAM）。ESP32-WROVER 系列模组在 ESP32-WROOM-32x 模组的基础上进行了修改，包括功能升级，并新增 8MB SPI PSRAM。

ESP32 开发板

ESP32-WROVER-E 模组采用的芯片是 ESP32-D0WD-V3，功能模块如图 2-5 所示。该模组具有可扩展、自适应的特点，两个 CPU 核可被单独控制。CPU 时钟频率的调节范围为 80MHz～240MHz。用户可以关闭 CPU 的电源，利用低功耗协处理器监测外设的状态变化或某些模拟量是否超出阈值。该模组集成了丰富的外设，包括电容式触摸传感器、霍尔传感器、SD 卡接口、以太网接口、高速 SPI、UART、I2S 和 I2C 等。

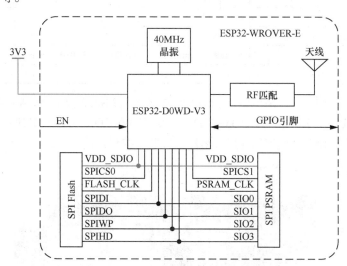

图 2-5　ESP32-WROVER-E 模组功能模块

在芯片外围加入电路即形成模组，ESP32-D0WD-V3 芯片上的引脚 GPIO6～GPIO11 用于连接模组上集成的 SPI Flash，不再拉出至模组引脚，因此，模组共有 38 个引脚。

模组集成了传统蓝牙、低功耗蓝牙和 Wi-Fi，具有广泛的用途：Wi-Fi 支持极大范围的通信连接，也支持通过路由器直接连接互联网；而蓝牙可以让用户连接手机或广播低功耗蓝牙信号，以便于检测。ESP32 的睡眠电流小于 5μA，使其适用于电池供电的可穿戴电子设备。模组支持的数据传输率高达 150Mbit/s，天线输出功率达到 20dBm，可实现较大范围的无线通信。因此，这款模组具有较高的技术规格，在集成度、无线传输距离、功耗及网络连通等方面性能极佳。

ESP32 的操作系统采用 FreeRTOS，内置了硬件加速功能。芯片同时支持空中加密升级，方便用户在产品发布之后继续升级。模组产品规格如表 2-3 所示。

表 2-3　　　　　　　　　　　　　　模组产品规格

类　别	项　目	产 品 规 格
认证	RF 认证	FCC/CE-RED/SRRC
测试	可靠性	HTOL/HTSL/uHAST/TCT/ESD
Wi-Fi	协议	802.11b/g/n（802.11n，速度高达 150Mbit/s）
	频率范围	2412～2484MHz
蓝牙	协议	符合蓝牙 4.2 BR/EDR 和 BLE 标准
	射频	具有−97 dBm 灵敏度的接收器
	音频	CVSD 和 SBC
硬件	模组接口	SD 卡、UART、SPI、SDIO、I2C、LED PWM、电机 PWM、I2S、IR、脉冲计数器、GPIO、电容式触摸传感器、ADC、DAC、双线汽车接口
	片上传感器	霍尔传感器
	集成晶振	40MHz 晶振

续表

类　别	项　目	产　品　规　格
硬件	集成 SPI Flash	4MB
	集成 PSRAM	8MB
	工作电压/供电电压	3.0～3.6V
	最小供电电流	500mA
	建议工作温度范围	−40～85℃
	封装尺寸	(18.00±0.15)mm × (31.40±0.15)mm × (3.30±0.15)mm
	潮湿敏感度等级	等级 3

ESP32-DevKitC V4 是一款小巧实用的开发板，可选多款 ESP32 模组，包括 ESP32-WROOM-32E、ESP32-WROOM-32UE、ESP32-WROOM-32D、ESP32-WROOM-32U、ESP32-SOLO-1、ESP32-WROVER-E 等。基于 ESP32 模组的开发板组件、接口及控制方式如图 2-6 所示。

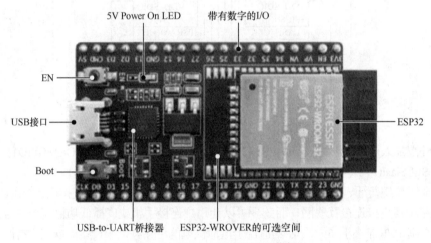

图 2-6　ESP32-DevKitC V4 开发板

本书采用 ESP32-WROVER-E 模组的开发板，其功能与其他模组构成的开发板功能类似。ESP32-DevKitC V4 开发板集成了 ESP32-WROVER 系列模组，开发板引出 38 个引脚，同时内置了 CP2102N 芯片，支持更高波特率。各部分功能如表 2-4 所示。

表 2-4　　　　　　　　　　　　　　　　各部分功能

主 要 组 件	基 本 介 绍
ESP32	基于 ESP32 的具体模组
EN	复位按键
Boot	下载按键。按下 Boot 键并保持，同时按一下 EN 键（此时也不要松开 Boot 键）进入"固件下载"模式，通过串口下载固件
USB-to-UART 桥接器	Micro USB 接口，可提供高达 3Mbit/s 的数据传输率
USB 接口	可用作开发板的供电电源，或连接 PC 和 ESP32 模组的通信接口
5V Power On LED	开发板通电后（USB 或外部 5V），该指示灯将亮起
带有数字的 I/O	模组的绝大部分引脚已引出至开发板的排针。用户可以对 ESP32 进行编程，实现 PWM、ADC、DAC、I2C、I2S、SPI 等多种功能

引脚 D0、D1、D2、D3、CMD 和 CLK 用于 ESP32 芯片与 SPI Flash 间的内部通信，集中分布在开发板两侧靠近 USB 接口的位置。通常而言，这些引脚最好不连，否则可能影响 SPI Flash/SPI RAM

的工作。引脚 GPIO16 和 GPIO17 仅适用于板载 ESP32-WROOM 系列和 ESP32-SOLO-1 的开发板，供内部使用。

开发板电源从以下 3 种供电方式中任选一种：Micro USB 供电（默认）、5V/GND 引脚供电、3V3/GND 引脚供电。

2.4 ESP32 复位及时钟定时

本节首先对 ESP32 不同的复位方式进行介绍，然后对 ESP32 的时钟源进行分类说明，最后对定时器及看门狗的功能进行描述。

ESP32 复位及
时钟定时

2.4.1 ESP32 复位

ESP32 提供 3 种复位方式，分别是 CPU 复位、内核复位、系统复位。所有的复位都不会影响存储器中的数据。每种复位方式的介绍如下。

- CPU 复位：只复位 CPU 的所有寄存器。
- 内核复位：除了 RTC，所有数字寄存器全部复位，包括 CPU、数字 GPIO 和外设。
- 系统复位：复位整个芯片所有的寄存器，包括 RTC。

大多数情况下，APP_CPU 和 PRO_CPU 能被立刻复位，而有些复位源只能复位其中一个。APP_CPU 和 PRO_CPU 的复位原因也不同：系统复位之后，PRO_CPU 可以通过读取寄存器 RTC_CNTL_RESET_CAUSE_PROCPU 来获取复位源，APP_CPU 则可以通过读取寄存器 RTC_CNTL_RESET_CAUSE_APPCPU 来获取复位源。表 2-5 列出了从这些寄存器中可能读出的复位源。

表 2-5　　　　　　　　　　　PRO_CPU 和 APP_CPU 复位源

PRO_CPU	APP_CPU	复位源	复位方式	注　　释
0x01	0x01	芯片上电复位	系统复位	—
0x10	0x10	RWDT 系统复位	系统复位	看门狗定时器
0x0F	0x0F	欠压复位	系统复位	电源管理
0x03	0x03	软件系统复位	内核复位	配置 RTC_CNTL_SW_SYS_RST 寄存器
0x05	0x05	Deep Sleep Reset	内核复位	电源管理
0x07	0x07	MWDT0 全局复位	内核复位	看门狗定时器
0x08	0x08	MWDT1 全局复位	内核复位	看门狗定时器
0x09	0x09	RWDT 内核复位	内核复位	看门狗定时器
0x0B	—	MWDT0 CPU 复位	CPU 复位	看门狗定时器
0x0C	—	软件 CPU 复位	CPU 复位	配置 RTC_CNTL_SW_APPCPU_RST 寄存器
—	0x0B	MWDT1 CPU 复位	CPU 复位	看门狗定时器
—	0x0C	软件 CPU 复位	CPU 复位	配置 RTC_CNTL_SW_APPCPU_RST 寄存器
0x0D	0x0D	RWDT CPU 复位	CPU 复位	看门狗定时器
—	0xE	PRO CPU 复位	CPU 复位	表明 PRO_CPU 能够通过配置 DPORT_APPCPU_RESETTING 寄存器单独复位 APP_CPU

2.4.2 ESP32 时钟

ESP32 提供了多种不同频率的时钟，可以灵活地配置 CPU、外设及 RTC 的工作频率，以满足不同功耗和性能需求。ESP32 的时钟源分别为外部晶振、内部 PLL、振荡电路，系统时钟结构如图 2-7 所示。

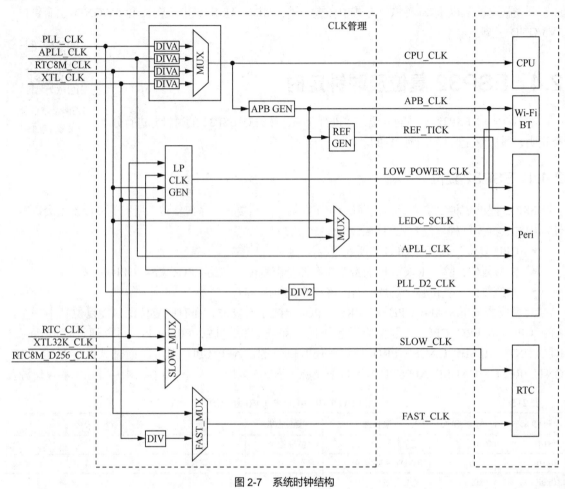

图 2-7　系统时钟结构

1. 时钟源

（1）快速时钟主要包括 PLL_CLK，即 320MHz 或 480MHz 内部锁相环（Phase-Locked Loop，PLL）时钟；XTL_CLK，即 2MHz～40MHz 外部晶振时钟。

（2）低功耗慢速时钟主要包括 XTL32K_CLK，即 32kHz 外部晶振时钟；RTC8M_CLK，即 8MHz 内部时钟，频率可调；RTC8M_D256_CLK，由 RTC8M_CLK 经 256 分频所得，频率为 RTC8M_CLK 频率/256，当 RTC8M_CLK 的初始频率为 8MHz 时，该时钟以 31.25kHz 的频率运行；RTC_CLK，即 150kHz 内部低功耗时钟，频率可调。

（3）音频时钟主要包括 APLL_CLK，即 16MHz～28MHz 内部音频 PLL 时钟。

2. CPU 时钟

如图 2-7 所示，CPU_CLK 为 CPU 主时钟，它在高效工作模式下，主频可以达到 240MHz。同时，CPU 能够在超低频下工作，以减少功耗。CPU_CLK 由 RTC_CNTL_SOC_CLK_SEL 选择时钟源，允许选择 XTL_CLK、PLL_CLK、RTC8M_CLK、APLL_CLK 作为 CPU_CLK 的时钟源，如表 2-6 所示。

表 2-6 　　　　　　　　　　　　　　　　　CPU_CLK 源

RTC_CNTL_SOC_CLK_SEL 值	时　钟　源
0	XTL_CLK
1	PLL_CLK
2	RTC8M_CLK
3	APLL_CLK

SEL_0 为寄存器 RTC_CNTL_SOC_CLK_SEL 的值，SEL_1 为寄存器 CPU_CPUPERIOD_SEL 的值，如表 2-7 所示。

表 2-7 　　　　　　　　　　　　　　CPU_CLK 源取值说明

时　钟　源	SEL_0	SEL_1	CPU 时钟
XTL_CLK	0	—	CPU_CLK = XTL_CLK / (APB_CTRL_PRE_DIV_CNT+1) APB_CTL_PRE_DIV_CNT 默认值为 0，范围为 0~1023
PLL_CLK(320 MHz)	1	0	CPU_CLK = PLL_CLK / 4，CPU_CLK 频率为 80 MHz
PLL_CLK (320 MHz)	1	1	CPU_CLK = PLL_CLK / 2，CPU_CLK 频率为 160 MHz
PLL_CLK (480 MHz)	1	2	CPU_CLK = PLL_CLK / 2，CPU_CLK 频率为 240 MHz
RTC8M_CLK	2	—	CPU_CLK = RTC8M_CLK / (APB_CTRL_PRE_DIV_CNT+1) APB_CTL_PRE_DIV_CNT 默认值为 0，范围为 0~1023
APLL_CLK	3	0	CPU_CLK = APLL_CLK / 4
APLL_CLK	3	1	CPU_CLK = APLL_CLK / 2

3. 外设时钟

外设需要的时钟包括 APB_CLK、REF_TICK、LEDC_SCLK、APLL_CLK 和 PLL_D2_CLK。外设时钟用法如表 2-8 所示。

表 2-8 　　　　　　　　　　　　　　　外设时钟用法

外设	APB_CLK	REF_TICK	LEDC_SCLK	APLL_CLK	PLL_D2_CLK
EMAC	是	否	否	是	否
TIMG	是	否	否	否	否
I2S	是	否	否	是	是
UART	是	是	否	否	否
RMT	是	是	否	否	否
LED PWM	是	是	是	否	否
PWM	是	否	否	否	否
I2C	是	否	否	否	否
SPI	是	否	否	否	否
PCNT	是	否	否	否	否
eFuse 控制器	是	否	否	否	否
SDIO 从机	是	否	否	否	否
SDMMC	是	否	否	否	否

（1）APB_CLK 源。

如表 2-9 所示，APB_CLK 由 CPU_CLK 产生，分频系数由 CPU_CLK 源决定。

表 2-9   APB_CLK 源

CPU_CLK 源	APB_CLK
PLL_CLK	80 MHz
APLL_CLK	CPU_CLK / 2
XTAL_CLK	CPU_CLK
RTC8M_CLK	CPU_CLK

（2）REF_TICK 源。

REF_TICK 由 APB_CLK 分频产生，分频值由 CPU_CLK 源和 APB_CLK 源共同决定。用户通过配置合理的分频系数，可以保证 REF_TICK 在 APB_CLK 切换时维持频率不变。其寄存器配置如表 2-10 所示。

表 2-10   REF_TICK 源

CPU_CLK & APB_CLK 源	时钟分频寄存器
PLL_CLK	APB_CTRL_PLL_TICK_NUM
XTAL_CLK	APB_CTRL_XTAL_TICK_NUM
APLL_CLK	APB_CTRL_APLL_TICK_NUM
RTC8M_CLK	APB_CTRL_CK8M_TICK_NUM

（3）LEDC_SCLK 源。

LEDC_SCLK 由寄存器 LEDC_APB_CLK_SEL 值决定，如表 2-11 所示。

表 2-11   LEDC_SCLK 源

LEDC_APB_CLK_SEL 值	LEDC_SCLK
0	RTC8M_CLK
1	APB_CLK

（4）APLL_CLK 源。

APLL_CLK 来自内部 PLL_CLK，其输出频率通过使用 APLL 寄存器来配置。

（5）PLL_D2_CLK 源。

PLL_D2_CLK 是 PLL_CLK 的二分频时钟。

一般情况下，大多数外设在选择 PLL_CLK 源的情况下工作。若频率发生变化，外设需要通过修改配置才能以同样的频率工作。接入 REF_TICK 的外设在切换时钟源的情况下，不修改外设配置即可工作。

LED PWM 模块能将 RTC8M_CLK 作为时钟源使用，即在 APB_CLK 关闭的时候，LED PWM 也可工作。换言之，当系统处于低功耗模式时，所有正常外设都将停止工作（APB_CLK 关闭），但是 LED PWM 仍然可以通过 RTC8M_CLK 正常工作。

4. Wi-Fi 和 BT 时钟

Wi-Fi 和 BT 在 APB_CLK 源选择 PLL_CLK 的情况下才能工作。只有当 Wi-Fi 和 BT 同时进入低功耗模式时，才能暂时关闭 PLL_CLK。LOW_POWER_CLK 允许选择 RTC_CLK、SLOW_CLK、RTC8M_CLK 或 XTL_CLK，用于 Wi-Fi 和 BT 的低功耗模式。

5. RTC 时钟

SLOW_CLK 和 FAST_CLK 的时钟源为低频时钟。RTC 模块能够在大多数时钟源关闭的状态下工作。SLOW_CLK 允许选择 RTC_CLK、XTL32K_CLK 或 RTC8M_D256_CLK，用于驱动电源管理模块。FAST_CLK 允许选择 XTL_CLK 的分频时钟或 RTC8M_CLK，用于驱动片上传感器模块。

6. 音频 PLL

音频和其他对数据传输时效性要求很高的应用都需要高度可配置、低抖动并且精确的时钟源。来自系统时钟的时钟源可能会携带抖动，并且不支持高精度的时钟频率配置。

为了通过集成的精密时钟源来最大限度地降低系统成本，ESP32 集成了专门用于 I2S 外设的音频 PLL。音频 PLL 的计算如公式（2-1）所示。

$$f_{out} = \frac{f_{xtal}\left(sdm2 + \dfrac{sdm1}{2^8} + \dfrac{sdm0}{2^{16}} + 4\right)}{2(odiv + 2)} \tag{2-1}$$

其中各项参数的说明如下。

- f_{xtal}：晶振频率，通常为 40MHz。
- sdm0：可配参数 0～255。
- sdm1：可配参数 0～255。
- sdm2：可配参数 0～63。
- odiv：可配参数 0～31。

公式（2-1）的分子频率工作范围如公式（2-2）所示。

$$350MHz < f_{xtal}\left(sdm2 + \frac{sdm1}{2^8} + \frac{sdm0}{2^{16}} + 4\right) < 500MHz \tag{2-2}$$

Revision 0 版本的 ESP32 不支持 sdm1 和 sdm0。更多关于 ESP32 版本的信息，可在乐鑫官网的 "ESP32 Bug 描述及解决方法" 中查看。音频 PLL 可通过寄存器 RTC_CNTL_PLLA_FORCE_PU 强行打开，或者通过寄存器 RTC_CNTL_PLLA_FORCE_PD 强行关闭，关闭的优先级大于打开的优先级。当 RTC_CNTL_PLLA_FORCE_PU 和 RTC_CNTL_PLLA_FORCE_PD 同时为 0 时，PLL 会跟随系统状态，即当系统进入睡眠模式时自动关闭，当系统被唤醒时自动打开。

2.4.3　ESP32 定时器

本小节介绍 64 位通用定时器和看门狗定时器的功能。

1. 64 位通用定时器

芯片内置 4 个 64 位通用定时器，具有 16 位预分频器和 64 位可自动重载的向上/向下计数器。定时器特性如下：16 位预分频器，分频系数为 2～65536；64 位计数器，计数方向可配置为递增或递减；可用软件控制计数暂停或继续；定时器超时自动重载；可用软件控制即时重载；可由电平触发中断或由边沿触发中断。

2. 看门狗定时器

芯片中有 3 个看门狗定时器，2 个定时器模块中各有 1 个（即 MWDT，称作主看门狗定时器），RTC 模块中也有 1 个（即 RWDT，称作 RTC 看门狗定时器）。意外的软件或硬件问题会导致应用程序工作失常，而看门狗定时器可以帮助系统恢复。如果当前程序运行超过预定时间，但没有 "喂狗" 或关闭看门狗定时器，可能引发以下动作中的一种：中断、CPU 复位、内核复位、系统复位。其中，只有 RWDT 能够触发系统复位，复位包括 RTC 在内的整个芯片，每个阶段的超时时间长度均可单独设置。

2.5 FreeRTOS

FreeRTOS

ESP32 软件开发框架是基于 FreeRTOS 的，并且做了基于双核的定制。FreeRTOS 是实时操作系统内核，支持抢占式、合作式和时间片调度。作为一个轻量级的可裁剪操作系统，FreeRTOS 的功能主要包括任务管理、时间管理、创建信号量、创建消息队列、内存管理、记录、软件定时等，可以基本满足较小系统的需要。本节对 FreeRTOS 的任务、时间和队列等做简单说明，以便后续更清晰地介绍 ESP32 开发程序。

由于 FreeRTOS 需占用一定的系统资源（尤其是 RAM 资源），因此只有少数实时操作系统能满足要求。FreeRTOS 是完全免费的，具有源代码公开、可移植、可裁减、调度策略灵活的特点，可以方便地移植到各种单片机上运行。

任务通常是实时操作系统的构建块。它们在自己的上下文中执行，调度程序负责决定在单个核心中的给定时刻执行哪个任务。在 FreeRTOS 中，任务被实现为 C 语言的函数并遵循预定义原型。FreeRTOS 内核支持优先级调度算法，每个任务可根据重要程度被赋予一定的优先级，CPU 总是让处于就绪态的、优先级最高的任务先运行。同时，FreeRTOS 内核支持轮换调度算法，系统允许不同任务使用相同的优先级，在没有更高优先级任务就绪的情况下，同一优先级的任务共享 CPU 的使用时间。

2.5.1 FreeRTOS 基本概念

本小节介绍 FreeRTOS 单任务与多任务系统区别、FreeRTOS 任务状态。

1. 单任务与多任务系统区别

在没有操作系统的情况下，嵌入式系统中的主函数是通过不断循环来完成所有任务处理的，当然也可以通过中断完成一些任务处理，这样的系统一般称为单任务系统，也称为前后台系统。中断服务函数作为前台程序，主函数不断循环作为后台程序，如图 2-8 所示。

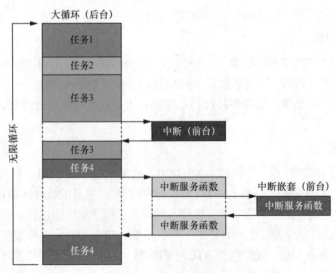

图 2-8　单任务系统

从单任务系统的执行来看，前后台的架构使系统的实时性差，所有的任务都要排队轮询，所有任务的优先级相同。对于简单的任务，单任务系统资源消耗小，实现简单，能够满足基本需求。但随着嵌入式应用任务的增加，单任务系统已经不能完成相应的功能，这样就需要多任务系统。

目前，嵌入式系统的发展已经进入多任务处理阶段，需要解决不同任务之间的关系和时序问题。FreeRTOS 是一个抢占式的实时多任务系统，系统处理多个任务，根据每个任务的属性，由调度器安排时间执行，实现了多任务的协调处理，如图 2-9 所示。

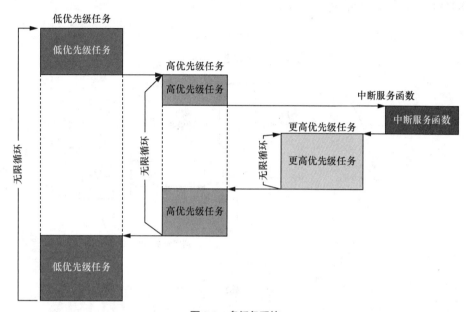

图 2-9　多任务系统

由图 2-9 可知，高优先级任务可以对低优先级任务进行中断，可以保证优先执行紧急的任务，因此，通过设置不同任务的优先级，可实现不同任务的时间调度。FreeRTOS 的任务是独立的，也就是说，每个任务有自己的运行环境，不依赖其他任务；同时，在每一时刻，由调度器决定执行哪个任务，且系统只能有一个任务运行。调度器的工作类似中断，为每个开启的任务实现上下文环境，同时，保持上次退出时的环境。因此，每个任务都有自己的堆栈，以便切换任务时保存上下文环境，任务再次执行的时候，从堆栈中恢复上下文环境，实现每个任务的独立运行。

2. FreeRTOS 任务状态

在多任务系统中，任务是独立完成事件的单元，具有简单且没有使用限制、支持抢占和优先级等优点。在 FreeRTOS 中，任务处于以下几种状态之一。

（1）运行态。

当一个任务正在运行时，我们就说这个任务处于运行态。处于运行态的任务就是当前正在使用处理器的任务。如果使用的是单核处理器，那么在任何时刻都只有一个任务处于运行态。

（2）就绪态。

处于就绪态的任务是已经准备就绪（这些任务没有被阻塞或挂起）的、可以运行的任务，但是处于就绪态的任务还没有运行，因为有一个同优先级或更高优先级的任务正在运行。

（3）阻塞态。

如果一个任务当前正在等待某个外部事件，它便处于阻塞态。例如，某个任务调用了函数

vTaskDelay()，就会进入阻塞态，直到延时结束。任务在等待队列、信号量、事件组、通知或互斥信号量的时候也会进入阻塞态。任务进入阻塞态会有一个超时时间，当超过这个时间，任务就会退出阻塞态，即使所等待的事件还没有来临。

（4）挂起态。

与阻塞态一样，任务进入挂起态以后也不能被调度器调用而进入运行态，但是进入挂起态的任务没有超时时间。任务进入和退出挂起态通过调用函数 vTaskSuspend()和 xTaskResume()实现。

FreeRTOS 任务状态之间的转换如图 2-10 所示。

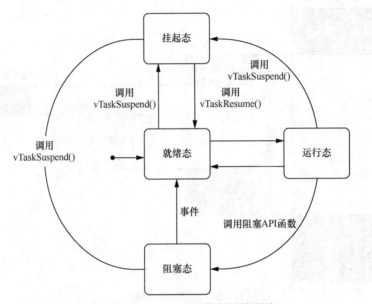

图 2-10　FreeRTOS 任务状态之间的转换

FreeRTOS 中的每个任务都可以分配一个 $0 \sim$ (configMAX_PRIORITIES-1) 的优先级，configMAX_PRIORITIES 在文件 FreeRTOSConfig.h 中定义。数字越小表示任务的优先级越低，空闲任务优先级最低为 0，优先级最高为 configMAX_PRIORITIES-1。也就是说，FreeRTOS 调度器需在每个时刻确保处于就绪态或运行态的高优先级任务获得处理器的使用权，即保证处于就绪态的最高优先级任务的运行。

2.5.2　FreeRTOS 任务构成

本小节主要是对 FreeRTOS 的任务定义、任务控制和任务堆栈进行简单说明。

1. 任务定义

在单任务系统中，系统的主体就是主函数里面顺序执行的无限循环，在这个无限循环里面 CPU 按照顺序完成各种任务。在多任务系统中，根据功能的不同，整个系统被分割成一个个独立的函数，这些函数称为任务。任务（Task），是抽象的东西，并没有一个严格的定义，一般是指由软件完成的一个活动，对于 FreeRTOS，任务即线程/进程。

FreeRTOS 使用函数 xTaskCreate()或 xTaskCreateStatic()创建任务，这两个函数的第一个参数均为 pxTaskCode。FreeRTOS 官方给出的任务函数模板如下：

```
void vATaskFunction(void*pvParameters)
{
```

```
for(; ;){
任务功能实现；
vTaskDelayO;
}
vTaskDelete(NULL);
}
```

从上面的定义可以看出，FreeRTOS 任务函数的本质是函数。任务函数无返回值，类型为 void 类型；任务的参数也是 void 指针类型；任务函数的名字可以根据实际应用定义。任务的具体执行过程是一个大循环，for(;;)代表一个循环，循环里面是真正的任务功能实现；不一定要使用 FreeRTOS 的延时函数，也可以使用 FreeRTOS 的任务切换 API 函数（例如请求信号量、队列）直接调用任务调度器，但最常用的是延时函数。

和其他实时操作系统一样，在 FreeRTOS 中，不能从任务函数中返回或退出。如果要跳出循环，在跳出以后一定要调用函数 vTaskDelete(NULL)删除相关任务。

2. 任务控制

FreeRTOS 的任务属性需要存储，这些属性集合到一起，以任务控制块结构体表示。函数 xTaskCreate()创建任务时，会自动给每个任务分配任务控制块。FreeRTOS 早期版本的任务控制块叫作 tskTCB，新版本将其重命名为 TCB_t，此结构体在文件 tasks.c 中定义如下：

```
typedef struct tskTaskControlBlock
{
    volatile StackType_t *pxTopOfStack;            //任务堆栈栈顶
    #if(portUSING_MPU_WRAPPERS ==1)
        xMPU_SETTINGSxMPUSettings;                 //MPU 相关设置
    #endif
    ListItem_txStateListItem;                      //状态列表项
    ListItem_t xEventListItem;                     //事件列表项
    UBaseType_t uxPriority;                        //任务优先级
    StackType_t*pxStack;                           //任务堆栈起始地址
    char pcTaskName[ configMAX_TASK_NAME_LEN];     //任务名字
    #if ( portSTACK_GROWTH >0 )
        StackType_t*pxEndOfStack;                  //任务堆栈栈底
    #endif
    #if ( portCRITICAL_NESTING_IN_TCB == 1 )
        UBaseType_tuxCriticalNesting;              //临界区嵌套深度
    #endif
    #if ( configUSE_TRACE_FACILITY== 1 )
        UBaseType_t uxTCBNumber;
        UBaseType_t uxTaskNumber;
    #endif
    #if ( configUSE_MUTEXES-= 1 )
        UBaseType_t uxBasePriority;                //任务基础优先级
        UBaseType_t uxMutexesHeld;                 //任务获取互斥信号量个数
    endif
    #if(configUSE_APPLICATION_TASK_TAG==1)         //多任务中不同任务的状态切换信息
        TaskHookFunction_t pxTaskTag;
    #endif
    #if( configNUM_THREAD_LOCAL_STORAGE_POINTERS>0 )  //本地存储
        Void *pvThreadLocalStoragePointers[ configNUM_THREAD_LOCAL_STORAGE_POINTERS ];
    #endif
```

```
#if( configGENERATE_RUN_TIME_STATS== 1 )
    uint32_t ulRunTimeCounter; //用来记录任务运行总时间
#endif
#if(configUSE_NEWLIB_REENTRANT ==1)
    Struct_reent xNewLib_reent;                    //定义一个 NewLib 结构体变量
#endif
#if(configUSE_TASK_NOTIFICATIONS -=1 )         //任务通知相关变量
    volatile uint32_t ulNotifiedValue;            //任务通知值
    volatile uint8_t ucNotifyState;               //任务通知状态
#endif
#if(tskSTATIC_AND_DYNAMIC_ALLOCATION_POSSIBLE !=0 )
//用来标记任务是动态创建的还是静态创建的，如果是静态创建的，此变量就为 pdTRUE
//如果是动态创建的，此变量就为 pdFALSE
    uint8_t ucStaticallyAllocated;#endif
#if(INCLUDE_xTaskAbortDelay == 1 )
    uint8_t ucDelayAborted;
#endif
}tskTCB;
```

新版本的 FreeRTOS 任务控制块被重命名为 TCB_t，为了兼容旧版本应用，可进行如下定义。

```
typedef tskTCB TCB_t;
```

可以看出，FreeRTOS 的任务控制块中的成员变量比较少，大多数通过判断语句裁剪，不使用的功能变量就不参与编译，任务控制块较小。

3. 任务堆栈

FreeRTOS 要恢复任务运行，离不开任务堆栈。任务调度器在进行任务切换时，将当前任务的现场（CPU 寄存器值等）保存在任务堆栈中，下次运行任务时，用堆栈中保存的值来恢复现场，任务从上次中断的地方开始运行。

因此，创建任务需要指定堆栈。如果使用函数 xTaskCreate()创建任务（动态方法），任务堆栈就会由函数 xTaskCreate()自动创建；如果使用函数 xTaskCreateStatic()创建任务（静态方法），就需要程序员自行定义任务堆栈，然后将堆栈首地址作为参数传递给函数。

无论是使用函数 xTaskCreate()还是使用 xTaskCreateStatic()创建任务，都需要指定任务堆栈大小。任务堆栈的数据类型为 StackType_t，StackType_t 本质上是 uint32_t，所以 StackType_t 类型的变量为 4 字节，那么任务的实际堆栈大小是所定义堆栈的 4 倍（定义的堆栈为 1，则占用 4 字节，所以是 4 倍）。

2.5.3 FreeRTOS 相关 API

本小节主要介绍常用的 API，包括与任务、时间和队列相关的 API，其他 API 的使用方法参见 FreeRTOS 官网。

1. 任务相关 API

了解了 FreeRTOS 的任务基础知识，就可以使用 FreeRTOS 中有关任务的 API 函数，主要包括任务创建和删除 API 函数、任务挂起和恢复 API 函数。

（1）函数 xTaskCreate()。

此函数用于创建任务，需要随机存储器（Random Access Memory，RAM）来保存与任务有关的状态信息（任务控制块），也需要 RAM 作为任务堆栈。这些所需的 RAM 自动从 FreeRTOS 的堆中分配，新创建的任务默认处于就绪态。如果没有更高优先级的任务运行，此任务就会立即开始运行。

另外，此函数无论在任务调度器启动前还是启动后，都可以创建任务，是最常用的创建任务函数，其原型如下。

```
BaseType_t xTaskCreate(TaskFunction_t pxTaskCode,const char* const pcName,const uint
16_t usStackDepth,void* const pvParameters,UBaseType_t uxPriority,TaskHandle_t* const px
CreatedTask )
```

参数说明如下。

- pxTaskCode：任务函数。
- pcName：任务名字，用于追踪和调试，任务名字长度不能超过 configMAX_TASK_NAME_LEN。
- usStackDepth：任务堆栈大小，实际申请堆栈是 usStackDepth 的 4 倍。
- pvParameters：传递给任务函数的参数。
- uxPriority：任务优先级，范围为 0～configMAX_PRIORITIES−1。
- pxCreatedTask：任务句柄，任务创建成功以后会返回此任务的任务句柄。

返回值：pdPASS 为任务创建成功；errCOULD_NOT_ALLOCATE_REQUIRED_MEMORY 为内存不足，任务创建失败。

（2）函数 xTaskCreateStatic()。

此函数和 xTaskCreate()功能类似，也是用来创建任务的，但是使用此函数创建任务所需的 RAM 需要用户提供，函数原型如下。

```
TaskHandle_t xTaskCreateStatic( askFunction_t pxTaskCode,const char * const pcName,
const uint32_t usStackDepth,void* const pvParameters,UBaseType_t uxPriority,StackType_t
* const puxStackBuffer,StaticTask_t * const pxTaskBuffer)
```

参数说明如下。

- pxTaskCode：任务函数。
- pcName：任务名字，用于追踪和调试，任务名字长度不能超过 configMAX_TASK_NAME_LEN。
- usStackDepth：任务堆栈大小，任务堆栈由用户给出，一般是数组的大小。
- pvParameters：传递给任务函数的参数。
- uxPriority：任务优先级，范围为 0～configMAX_PRIORITIES−1。
- puxStackBuffer：任务堆栈，一般为数组，数组类型要为 StackType_t 类型。
- pxTaskBuffer：任务控制块。

返回值：NULL，任务创建失败，puxStackBuffer 或 pxTaskBuffer 为 NULL；其他值，任务创建成功，返回任务的任务句柄。

（3）函数 xTaskCreateRestricted()。

此函数也是用来创建任务的，该函数要求所使用的 MCU 有内存保护单元（Memory Protection Unit，MPU），用此函数创建的任务会受到 MPU 的保护，其他的功能和函数 xTaskCreate()的一样。原型如下。

```
BaseType_t xTaskCreateRestricted(const TaskParameters_t * const pxTaskDefinition, Ta
skHandle_t* pxCreatedTask )
```

参数说明如下。

- pxTaskDefinition：指向一个结构体 TaskParameters_t，这个结构体描述了任务函数、堆栈大小、优先级等。此结构体在文件 task.h 中定义。
- pxCreatedTask：任务句柄。

返回值：pdPASS，任务创建成功；其他值，任务未创建成功，可能是 FreeRTOS 的堆太小。

（4）函数 vTaskDelete()。

删除一个用函数 xTaskCreate()或 xTaskCreateStatic()创建的任务，被删除了的任务不再存在，也不会进入运行态，不能再使用此任务的句柄。如果此任务是使用动态方法创建的，即使用函数 xTaskCreate()创建的，那么在任务被删除以后，先前申请的堆栈和控制块内存将在空闲任务中被释放。因此，调用函数 vTaskDelete()删除任务以后，必须给空闲任务一定的运行时间。

只有那些由内核分配给任务的内存，才会在任务被删除以后自动地释放，用户分配给任务的内存需要用户自行释放。任务中用户如果调用函数 pvPortMalloc()分配了内存空间，那么，在相关任务被删除以后用户必须调用函数 vPortFree()将内存空间释放，否则会导致内存泄漏。此函数原型如下。

```
vTaskDelete(TaskHandle_t xTaskToDelete )
```

参数说明如下。

- xTaskToDelete：要删除的任务句柄。

返回值：无。

2. 时间相关 API

在嵌入式系统中，延时是任务中常用的功能。当执行延时函数时，会进行任务切换，并且当前任务会进入阻塞态，直到延时结束，任务重新进入就绪态。延时函数属于 FreeRTOS 的时间管理函数，此处简单总结 FreeRTOS 延时函数的时间管理过程。

（1）函数 vTaskDelay()。

在 FreeRTOS 中，延时函数有相对模式和绝对模式，不同模式用的函数不同，其中函数 vTaskDelay()是相对模式（相对延时函数），函数 vTaskDelayUntil()是绝对模式（绝对延时函数）。相对延时是指每次延时从任务执行函数 vTaskDelay()开始，到延时指定的时间结束；绝对延时是指调用 vTaskDelayUntil()的任务每隔一定时间运行一次，也就是任务周期性运行。函数 vTaskDelay()在文件 tasks.c 中有定义，主要定义的是要延时的时间节拍数，FreeRTOS 的时间节拍通常由 SysTick 提供。函数原型如下。

```
void vTaskDelay(const TickType_t xTicksToDelay )
```

参数说明如下。

- xTicksToDelay：延时的时间节拍数。

返回值：无。

（2）函数 vTaskDelayUntil()。

函数 vTaskDelayUntil()会阻塞任务，阻塞时间是一个绝对时间，那些需要按照一定频率运行的任务可以使用此函数。此函数在文件 tasks.c 中有如下定义。

```
void vTaskDelayUntil( TickType_t * const pxPreviousWakeTime,const TickType_t xTimeIncrement )
```

参数说明如下。

- pxPreviousWakeTime：上一次任务延时结束被唤醒的时间点。
- xTimeIncrement：任务需要延时的时间节拍数。

返回值：无。

3. 队列相关 API

FreeRTOS 队列是为任务与任务、任务与中断之间通信而准备的，可以在任务与任务、任务与中断之间传递消息，队列中可以存储有限的、大小固定的数据项目。任务与任务、任务与中断之间要交流的数据保存在队列中，叫作队列项目。队列所能保存的最大数据项目数量叫作队列的长度，创建队列的时候会指定数据项目的大小和队列的长度。由于队列是用来传递消息的，所以也称为消息队列。

（1）函数 xQueueCreate()。

此函数本质上是一个宏，用来动态创建队列，此宏最终调用的是函数 xQueueGenericCreate()。xQueueCreate()函数原型如下。

```
QueueHandle_t xQueueCreate( UBaseType_t uxQueueLength,UBaseType_t uxItemSize)
```

参数说明如下。

- uxQueueLength：要创建的队列长度，这里是队列的项目数。
- uxItemSize：队列中每个项目（消息）的长度，单位为字节。

返回值：NULL，队列创建失败；其他值，队列创建成功以后返回的队列句柄。

（2）函数 xQueueSend()、xQueueSendToBack()和 xQueueSendToFront()。

这3个函数都是向队列中发送消息的,本质都是宏,其中函数 xQueueSend()和 xQueueSendToBack()是一样的，为后向入队，即将新的消息插到队列的后面。函数 xQueueSendToFront()是前向入队，即将新消息插到队列的前面。这 3 个函数最后都调用同一个函数：xQueueGenericSend()。这 3 个函数只能用于任务函数中，不能用于中断服务函数，中断服务函数有专用的函数，它们以"FromISR"结尾。3 个函数的原型分别如下。

```
BaseType_t xQueueSend( QueueHandle_t xQueue,const void *pvItemToQueue,TickType_t xTicksToWait);
BaseType_t xQueueSendToBack(QueueHandle_t xQueue,const void* pvItemToQueue,TickType_t xTicksToWait);
BaseType_t xQueueSendToFront( QueueHandle_t xQueue,const void* pvItemToQueue,TickType_t xTicksToWait);
```

参数说明如下。

- xQueue：队列句柄，指明发送数据的队列，创建队列成功以后会返回此队列的队列句柄。
- pvItemToQueue：指向要发送的消息，发送时会将这个消息复制到队列中。
- xTicksToWait：阻塞时间，指示队列满的时候任务进入阻塞态并等待队列空闲的最大时间。

返回值：pdPASS，向队列发送消息成功；errQUEUE_FULL，队列已经满了，消息发送失败。

（3）函数 xQueueSendFromISR()、xQueueSendToBackFromISR()和 xQueueSendToFrontFromISR()。

这 3 个函数也是向队列中发送消息的，用于中断服务函数，本质也是宏，其中函数 xQueueSendFromISR()和 xQueueSendToBackFromISR()是一样的，为后向入队，即将新的消息插到队列的后面。函数 xQueueSendToFrontFromISR()是前向入队，即将新消息插到队列的前面。这 3 个函数也调用同一个函数 xQueueGenericSendFromISR()。3 个函数的原型分别如下。

```
BaseType_t xQueueSendFromISR(QueueHandle_t xQueue,const void* pvItemToQueue, BaseType_t* pxHigherPriorityTask Woken);
BaseType_t xQueueSendToBackFromISR(QueueHandle_t xQueue,const void *pvItemToQueue, BaseType_t *pxHigherPriorityTask Woken);
BaseType_t xQueueSendToFrontFromISR(QueueHandle_t xQueue,const void *pvItemToQueue, BaseType_t *pxHigherPriorityTask Woken);
```

参数说明如下。

- xQueue：队列句柄，指明发送数据的队列，创建队列成功以后会返回此队列的队列句柄。
- pvItemToQueue：指向要发送的消息，发送的时候会将这个消息复制到队列中。
- pxHigherPriorityTask Woken：标记退出此函数以后是否进行任务切换，这个变量的值是由这3 个函数来设置的，用户不用设置，只需提供一个变量来保存这个值。当此值为 pdTRUE 时，在退出中断服务函数之前，要进行一次任务切换。

返回值：pdTRUE，向队列发送消息成功；errQUEUE_FULL，队列已经满了，消息发送失败。

2.6 本章小结

本章介绍了 ESP32 系统概况。首先，对 ESP32 芯片和系统架构进行了描述，给出了 ESP32 系统的地址映射规则；其次，介绍了 ESP32 复位、时钟及定时器的具体功能，以方便读者后续开发；最后，介绍了基于 ESP32 开发板使用的底层操作系统 FreeRTOS，对 ESP32 应用程序开发过程中使用的 API 进行了总结。

第 3 章　ESP32 开发环境

本章介绍开发 ESP32 程序的软、硬件资源。在进行项目开发前，建议读者准备如下硬件：ESP32 开发板、USB 数据线（A 转 Micro B）、PC（Windows、Linux 或 macOS）。ESP32 开发流程如图 3-1 所示，具体的软件及相关流程如下。

- ESP-IDF 为软件开发框架。该框架已经包含 ESP32 使用的 API 和运行 Toolchain（工具链）脚本。设置 Toolchain，用于编译 ESP32 代码。
- Toolchain 为编译工具——CMake 和 Ninja 编译工具，用于编译 ESP32 应用程序。
- Project 为工程项目。
- Application 为应用程序。
- 安装 C/Python 语言编程（工程）的文本编辑器/编译环境，本质上简单的文本编辑器便可以满足要求，如 Windows 记事本。但是，使用更加强大的集成开发环境（Integrated Development Environment，IDE），有助于提高项目开发效率，如 Visual Studio Code、Eclipse、Arduino、uPyCraft、Thonny 等。

ESP-IDF 包括各种 Toolchain，可通过开发环境进行应用程序开发，最后将之烧录在 ESP32 开发板上。这样用户就可以快速开发物联网应用。ESP-IDF 可满足用户对 Wi-Fi、蓝牙、低功耗等方面的要求。

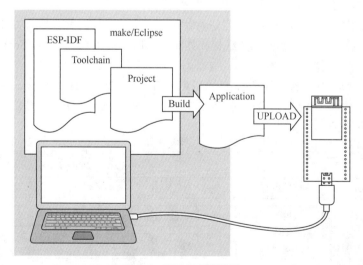

图 3-1　ESP32 开发流程

3.1 ESP-IDF 开发环境

ESP-IDF 开发环境

ESP-IDF 是乐鑫官方的物联网开发框架，适用于 ESP32 和 ESP32-S 系列 SoC。它基于 C/C++语言提供了一个自给自足的软件开发工具包（Software Development Kit，SDK），方便用户开发通用应用程序。

3.1.1 ESP-IDF 简介

ESP-IDF 目前已服务、支持数以亿计的物联网设备，并已开发、构建多种物联网产品，如照明设备、消费电子产品、支付终端、工控设备等。其具有如下特点。

（1）免费开源：ESP-IDF 相关资源已在 GitHub 平台上免费开放。用户可在 Apache 2.0 许可下以源代码形式获取 ESP-IDF 的大多数组件，或通过兼容许可证获取第三方组件。

（2）专业稳定：ESP-IDF 具有清晰、严格的发布流程和支持策略，确保用户可选择使用稳定的发布版本，并可持续获得适用于其应用的重要修复程序。每个稳定的发布版本均经过严格的测试流程，以确保版本稳定，用户可快速实现量产。

（3）功能重构：ESP-IDF 集成了大量的软件组件，包括 RTOS、外设驱动程序、网络栈、多种协议实现技术，以及典型应用程序的使用助手。它提供了典型应用程序所需的大部分构建块，用户在开发应用时只需专注于业务逻辑。ESP-IDF 不仅具有免费开源的开发工具，还支持 Eclipse 和 Visual Studio Code 等 IDE，确保其易于开发人员使用。

（4）资源丰富：ESP-IDF 提供详尽的软件组件使用和设计文档，有助于开发人员充分理解 ESP-IDF 功能，并从中挑选最适合构建其应用程序的模块。ESP-IDF 包含 100 多个示例，详细说明了其组件及硬件外设的功能和用法。它们经过了严格的测试和维护，是用户开启应用开发的有效参考资料。

ESP-IDF 开发环境的系统功能如图 3-2 所示，包括底层硬件支撑，外设驱动程序，Wi-Fi、蓝牙、TCP/IP、各类库文件、安全机制、工程示例及第三方支持等。

- RTOS 内核：FreeRTOS 内核已进行优化，可支持多核，具有基于功能的堆分配器。
- 标准编程接口：包含 POSIX 线程和其他 POSIX API、BSD 套接字（Socket）、线程安全的 C/C++ 标准库，支持虚拟文件系统。
- 外设驱动程序：包含 SPI、I2C、UART、GPIO、I2S、ADC、DAC、电容触摸引脚、定时器、LED、电机 PWM、RMT、脉冲计数器、CAN/TWAI、SD/eMMC/SDIO 主机、SDIO 从机、以太网驱动器等驱动程序。

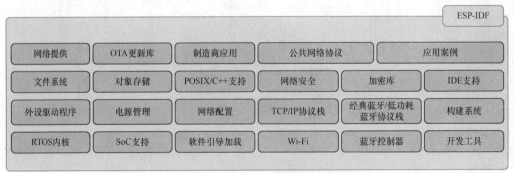

图 3-2　ESP-IDF 开发环境的系统功能

- Wi-Fi：Wi-Fi 驱动程序已通过 Wi-Fi 联盟认证，支持 WPA3、ESP-NOW、Wi-Fi Mesh 协议、点对点协议、ESP-LR 远程协议、嗅探模式和 SmartConfig 配置协议。
- 经典蓝牙和低功耗蓝牙协议栈：包含蓝牙控制器及两个主机栈 Bluedroid（双模）和 NimBLE（仅低功耗蓝牙），支持符合标准的 BLE Mesh，所有组件均通过蓝牙 SIG 认证。
- 公共网络协议：支持 IPv4 和 IPv6 连接的 LwIP TCP/IP 栈、DHCP 客户端和服务器端、TLS 客户端和服务器端、HTTP 客户端和服务器端、HTTP2 客户端、WebSocket 客户端，还支持 MQTT、mDNS、CoAP、Modbus、SNTP、SMTP。
- 电源管理：适用于 MCU 低功耗模式及 Wi-Fi、蓝牙低功耗模式的电源管理框架；动态频率调节，支持超低功耗协处理器。
- 对象存储：具备分区管理器、容错和日志结构的键值存储（NVS），支持加密、文件分配表（File Allocation Table，FAT）和 SPIFFS 文件系统。
- 网络安全：具备受硬件支持的安全性能，如 Flash 加密和安全启动，为 RSA、SHA 和 AES 提供加密加速器支持，以及 libsodium 和 micro-ecc 加密库。
- 网络配置：为使用 BLE、Wi-Fi 和其他带外机制的设备加载统一配置框架。
- 构建系统：基于 CMake 的构建系统，支持外部组件和外部应用项目。
- 开发工具：包含 GCC 交叉 Toolchain、基于 OpenOCD 的 JTAG 调试器、静态和动态足迹分析、内存泄漏检测器、核心转储崩溃分析器、兼容 Segger SystemView 工具的实时跟踪、Flash 和 eFuse 编程器、设备制造工具。
- IDE 支持：ESP-IDF 项目支持 Visual Studio Code 插件、Eclipse IDE 插件、Arduino for ESP32 及 MicroPython 开发环境。

3.1.2　ESP-IDF 安装

目前，基于 CMake 的构建系统仅支持 64 位 Windows 版本，推荐使用 Windows 10，本书也使用该系统。32 位 Windows 版本用户需要根据传统 GNU Make 的构建系统进行操作。

ESP-IDF 需要安装一些必备工具，才能围绕 ESP32 构建固件，包括 Python、Git、交叉编译器、CMake 和 Ninja 编译工具等。本小节将介绍通过命令提示符进行有关操作。安装 ESP-IDF 后，后续章节将介绍如何使用 Visual Studio Code 或其他支持 CMake 图形化工具的 IDE。

需要注意的是，Python 或 ESP-IDF 的安装路径一定不能包含空格或括号。与此同时，除非操作系统配置支持 Unicode、UTF-8，否则 Python 或 ESP-IDF 的安装路径也不能包含特殊字符（非 ASCII 字符）。

按照乐鑫官方提供的文档，结合笔者的安装实践，要安装 ESP-IDF 开发环境，最简易的方式是下载 ESP-IDF 工具安装器。

此安装器可以安装 ESP-IDF 所需的交叉编译器、OpenOCD、CMake、Ninja 编译工具，以及 mconf-idf 配置工具。此外，如果计算机没有安装 Python 3 和 Git For Windows，安装器可在安装过程中下载、运行 Python 3 和 Git For Windows 工具，还可以下载 ESP-IDF 的任一发布版本，下载页面如图 3-3 所示，包括通用在线安装包、带有集成开发环境的离线安装包及其他版本的 ESP-IDF 离线安装包，如 4.4.1 版本离线安装包等。这里带有的集成开发环境为 Eclipse。建议初学者使用离线安装包。

使用离线安装包安装 ESP-IDF，过程比较简单，下载后直接运行即可。安装完成后计算机桌面出现“ESP-IDF 4.4 CMD”和“ESP-IDF 4.4 PowerShell”图标，为命令行快捷方式；如果使用带有集成开发环境的离线安装包，还会出现"Espressif-IDE"图标，为 Eclipse 集成开发环境快捷方式，如图 3-4 所示。

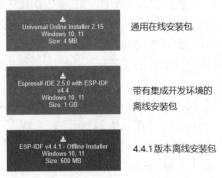

图 3-3　下载页面　　　　　　　　　　　　　　图 3-4　安装后的图标

3.1.3　命令行运行 Hello world

3.1.2 小节已经介绍了如何安装 ESP-IDF 开发环境，现在开始创建工程，准备开发 ESP32 应用程序。在开发之前，通过 Micro USB 接口将 ESP32 开发板接入计算机，Windows 系统开始识别硬件。一般情况下，当 ESP32 开发板与 PC 连接时，对应驱动程序已经被打包在操作系统中，可以自动安装。

右击 Windows 系统桌面上的"此电脑"，依次单击"属性"→"设备管理器"→"端口(COM 和 LPT)"，如图 3-5 所示，Silicon Labs CP210x USB to UART Bridge(COM3)即 ESP32 开发板所在的串口。

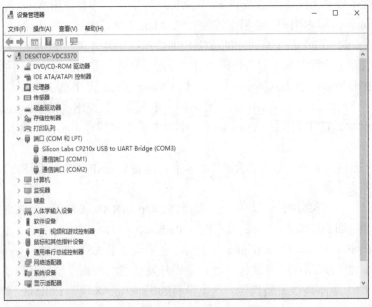

图 3-5　查找 ESP32 开发板所在串口

如果操作系统不能正确识别 ESP32 开发板硬件，就会在 PC 端口出现带有感叹号的设备，这时就需要手动安装驱动程序。在乐鑫官方网站下载对应开发板的驱动程序，然后在计算机上安装驱动程序，重启即可。

本小节从 ESP-IDF 中 examples 目录下的 get-started/hello_world 工程开始。

（1）双击桌面上的 ESP-IDF 命令行快捷方式图标，进入开发环境所在的目录，如图 3-6 所示。

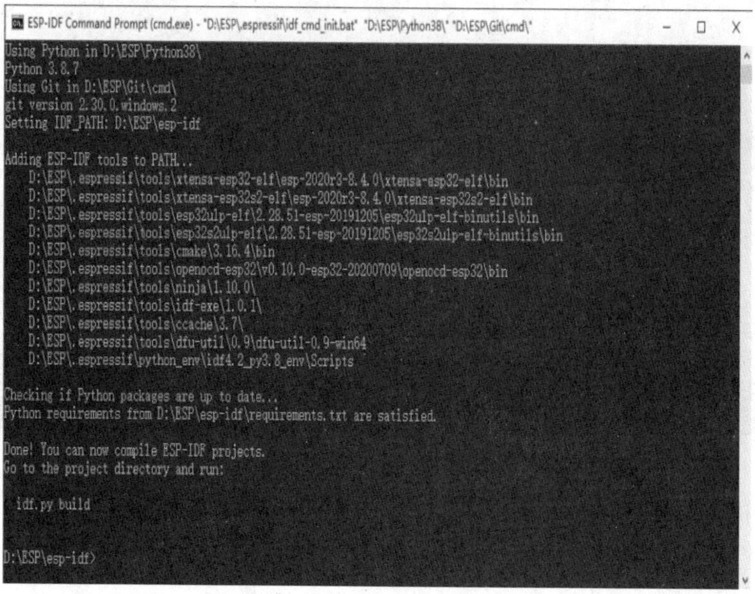

图 3-6　ESP-IDF 命令行窗口

（2）使用更改目录的命令，进入 hello_world 工程所在的目录，如图 3-7 所示。

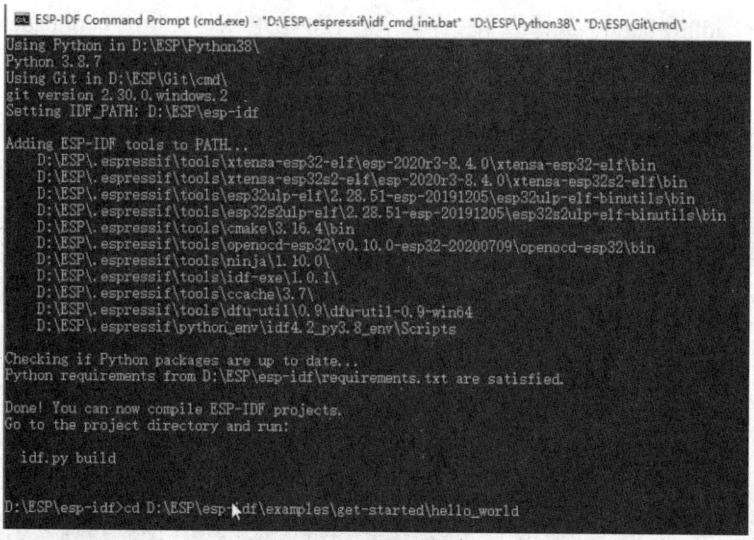

图 3-7　更改目录

（3）执行命令 idf.py set-target esp32，设置"目标"芯片，此操作将清除项目先前的编译和配置（如有）。待前一条命令执行完毕再执行命令 idf.py menuconfig，如果前面的步骤都正确，则会显示图 3-8 所示的工程配置主窗口。

- 上、下箭头键：移动。
- Enter 键：进入子菜单。
- Esc 键：返回上级菜单或退出。

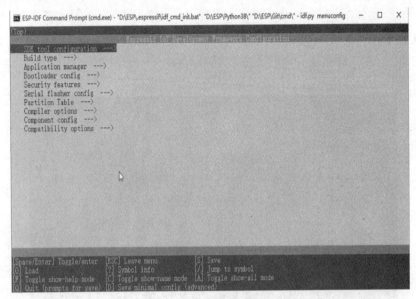

图 3-8　工程配置主窗口

- F 键：调出帮助菜单。
- 空格或 Y 键：选择[*]配置选项。
- N 键：禁用[*]配置选项。
- 英文问号（查询配置选项）：调出有关该选项的帮助菜单。
- /键：寻找配置工程。

（4）执行命令 idf.py build，编译应用程序和所有 ESP-IDF 组件，生成 bootloader、分区表和应用程序二进制文件，如图 3-9 所示。

图 3-9　工程编译结果

（5）烧录到设备。执行命令 idf.py –p com3 flash，其中"com3"表示本书示例开发板在计算机上的串口，请更换为自己计算机所用的串口。将刚刚生成的二进制文件（bootloader.bin、partition-table.bin 和 hello-world.bin）烧录至 ESP32 开发板。烧录成功后如图 3-10 所示。

（6）通过监视器查看开发板程序的运行结果。执行命令 idf.py -p com3 monitor，监视 Hello world 程序的运行情况。注意，不要忘记将"com3"替换为自己使用的串口。

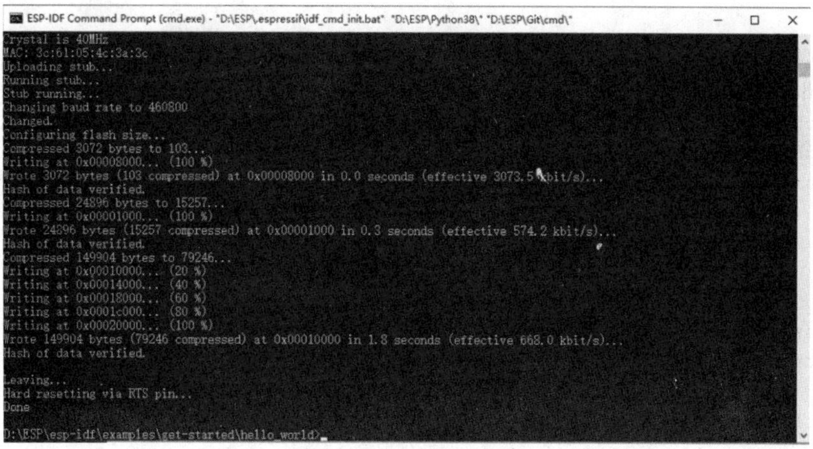

图 3-10　工程烧录成功

执行该命令后，监视器应用程序将启动，如图 3-11 所示，窗口中显示 "Hello world!"、相关的开发板信息，并进行 10s 倒计时，开始嵌入式程序的运行，然后不断重复这些信息。如果要停用监视器，按 "Ctrl+C" 组合键即可。

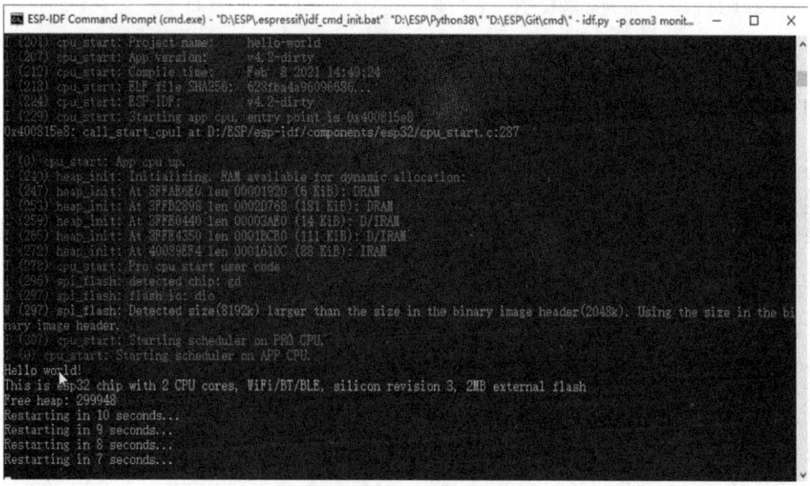

图 3-11　运行结果

至此，已经成功运行了第一个 ESP32 应用程序！

使用 Windows 资源管理器打开 hello_world 文件夹，如图 3-12 所示（右侧为 main 文件夹内容）。其中 README 为说明文件，hello_world_main 为 C 语言的源文件，其他为配置文件。ESP32 的 main() 函数源文件都与 hello_world_main 源文件类似。

图 3-12　hello_world 文件夹内容

hello_world_main 源文件内容如下。

```c
#include <stdio.h>        //用到的头文件
#include "sdkconfig.h"
#include "freertos/FreeRTOS.h"
#include "freertos/task.h"
#include "esp_system.h"
#include "esp_spi_flash.h"
void app_main(void)     //主程序入口
```

```
{
    printf("Hello world!\n");   //输出 Hello world!
    /*输出芯片信息*/
    esp_chip_info_t chip_info;
    esp_chip_info(&chip_info);
    printf("This is %s chip with %d CPU cores, WiFi%s%s, ",
            CONFIG_IDF_TARGET,
            chip_info.cores,
            (chip_info.features & CHIP_FEATURE_BT) ? "/BT" : "",
            (chip_info.features & CHIP_FEATURE_BLE) ? "/BLE" : "");
    printf("silicon revision %d, ", chip_info.revision);
    printf("%dMB %s flash\n", spi_flash_get_chip_size() / (1024 * 1024),
            (chip_info.features & CHIP_FEATURE_EMB_FLASH) ? "embedded" : "external");
    printf("Free heap: %d\n", esp_get_free_heap_size());
    for (int i = 10; i >= 0; i--) {    //延迟倒计时
        printf("Restarting in %d seconds...\n", i);
        vTaskDelay(1000 / portTICK_PERIOD_MS);
    }
    printf("Restarting now.\n");  //输出信息
    fflush(stdout);
    esp_restart();   //重新启动程序
}
```

3.1.4 Espressif-IDE 运行 Hello world

本小节通过 Espressif-IDE 运行 Hello world 程序，区别于命令行运行方式。读者可以通过图形化的界面学习。具体步骤如下。

（1）双击 "Espressif-IDE" 图标，打开 Espressif-IDE 开发环境，并创建一个 ESP-IDF 工程，也可以通过单击菜单栏的 "File" → "New" → "Espressif-IDF Project" 创建，如图 3-13 所示。

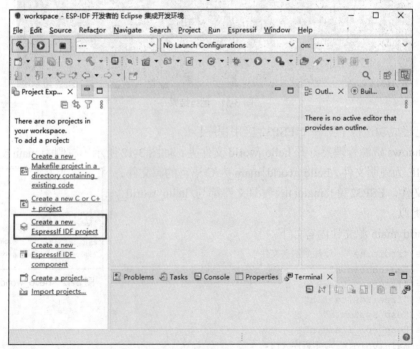

图 3-13　创建 ESP-IDF 工程

（2）输入工程名，单击"Next"，如图 3-14 所示。

（3）单击选中"使用其中一个模板创建项目"，然后单击 hello_world 文件夹，最后单击"Finish"完成工程的创建，如图 3-15 所示。

图 3-14　输入工程名

图 3-15　选择模板

（4）单击左侧的 main 文件夹，双击 hello_world_main.c 主函数文件，可打开文件进行编辑，如图 3-16 所示。

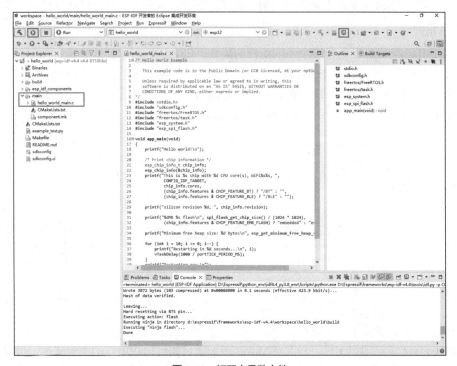

图 3-16　打开主函数文件

（5）单击左上角的"运行"图标，开始编译并烧录。单击右上方的"监视器"图标，打开监视器，配置硬件所在的端口和工程，可以从底部的描述部分查看当前进度和程序运行结果。

3.1.5 ESP-IDF 构建系统

本小节介绍 ESP-IDF 构建系统的实现原理及相关概念。此外，ESP-IDF 还支持基于 GNU Make 的构建系统。

1. 基本概念

基本概念如下。

（1）项目：特指一个目录，包含构建可执行应用程序所需的全部文件和配置，以及其他支持型文件，如分区表、数据/文件系统分区和引导程序。

（2）项目配置：保存在项目根目录下名为 sdkconfig 的文件中，可以通过 idf.py menuconfig 命令进行修改，且一个项目只能包含一个项目配置。

（3）应用程序：由 ESP-IDF 构建系统得到的可执行文件。一个项目通常会构建两个应用程序：项目应用程序（可执行的主文件，即用户自定义的固件）和引导程序（启动并初始化项目应用程序）。

（4）组件：模块化且独立的代码，会被编译成静态库（.a 文件）并链接到应用程序。部分组件由 ESP-IDF 官方提供，其他组件则源于相关开源项目。

（5）目标：特指运行构建系统后应用程序的硬件设备。ESP-IDF 当前仅支持 ESP32 这一个硬件目标。

请注意，以下内容并不属于项目的组成部分。

（1）ESP-IDF 并不是项目的一部分，它独立于项目，通过 IDF_PATH 环境变量（保存 esp-idf 目录的路径）链接到项目，从而将 IDF 框架与项目分离。

（2）交叉编译 Toolchain 并不是项目的组成部分，它应该安装在系统 PATH 环境变量路径中。

2. 项目示例

一个 ESP-IDF 项目可以看作多个不同组件的集合，ESP-IDF 可以显式地指定和配置每个组件。在构建项目时，构建系统会前往 ESP-IDF 目录、项目目录和用户自定义目录（可选）查找所有组件，允许用户通过文本菜单系统配置 ESP-IDF 项目用到的每个组件。在所有组件配置结束后，构建系统开始编译整个项目。一个项目的目录树结构如下所示。

```
- myProject/
            - CMakeLists.txt
            - sdkconfig
            - components/ - component1/ - CMakeLists.txt
                                        - Kconfig
                                        - src1.c
                          - component2/ - CMakeLists.txt
                                        - Kconfig
                                        - src1.c
                                        - include/ - component2.h
            - main/       - src1.c
                          - src2.c
            - build/
```

项目 myProject 包含以下组成部分。

CMakeLists.txt 顶层项目文件：这是 CMake 用于学习如何构建项目的主要文件，可以在这个文件中设置项目全局的 CMake 变量。CMakeLists.txt 顶层项目文件会导入/tools/cmake/project.cmake 文件，由它负责实现构建系统的其余部分。该文件最后会设置项目的名称，并定义该项目。

sdkconfig 项目配置文件：执行 idf.py menuconfig 命令时会创建或更新此文件。此文件保存了项目中所有组件（包括 ESP-IDF）的配置信息，有可能会被添加到项目的源代码管理系统中。

components 目录：可选，包含项目的部分自定义组件，并不是每个项目都需要这种自定义组件，但它有助于构建可复用的代码或者导入第三方（不属于 ESP-IDF）的组件。

main 目录：一个特殊的伪组件，包含项目本身的源代码。main 是默认名称，CMake 变量 COMPONENT_DIRS 默认包含此组件。可以修改此变量，或者可以在顶层 CMakeLists.txt 中设置 EXTRA_COMPONENT_DIRS 变量以查找其他指定位置的组件。如果项目中源文件较多，建议将其归于组件中，而不是全部放在 main 中。

build 目录：存放构建系统输出的地方，如果没有此目录，idf.py 会自动创建。CMake 会配置项目，并在此目录下生成临时的构建文件。在主构建进程运行期间，此目录还会保存临时目标文件、库文件及最终输出的二进制文件。此目录通常不会添加到项目的源代码管理系统中，也不会随项目源代码一同发布。

每个组件目录都包含一个 CMakeLists.txt 文件，里面会定义一些变量以控制该组件的构建过程，以及其与整个项目的集成。每个组件还可以包含一个 Kconfig 文件，用于定义 menuconfig 时展示的组件配置选项。某些组件可能还会包含 Kconfig.projbuild 和 project_include.cmake 特殊文件，用于覆盖项目的部分设置。

3. 项目 CMakeLists 文件

每个项目都有一个顶层 CMakeLists 文件，包含整个项目的构建设置。默认情况下，项目 CMakeLists 文件会非常小。最小 CMakeLists 文件内容如下。

```
cmake_minimum_required(VERSION 3.5)
include($ENV{IDF_PATH}/tools/cmake/project.cmake)
project(myProject)
```

（1）必要部分。

每个项目都要按照上面显示的顺序添加这 3 行代码。

- cmake_minimum_required(VERSION 3.5)必须放在 CMakeLists 文件的第一行，表明 CMake 构建该项目所需要的最小版本号。ESP-IDF 支持 CMake 3.5 或更高的版本。
- include($ENV{IDF_PATH}/tools/cmake/project.cmake)会导入 CMake 的其余功能来完成配置项目、检索组件等任务。
- project(myProject)用于创建项目本身，并指定项目名称。该名称会作为最终输出的二进制文件的名字，即 myProject.elf 和 myProject.bin。每个 CMakeLists 文件只能定义一个项目。

（2）可选的项目变量。

以下这些变量都有默认值，用户可以覆盖这些变量值以自定义构建行为。

- COMPONENT_DIRS：组件的搜索目录，默认为${IDF_PATH}/components、${PROJECT_PATH}/components 和 EXTRA_COMPONENT_DIRS。如果用户不想在这些位置搜索组件，可覆盖此变量。
- EXTRA_COMPONENT_DIRS：用于搜索组件的其他可选目录列表。路径可以是项目目录的相对路径，也可以是绝对路径。
- COMPONENTS：要构建进项目中的组件名称列表，默认为 COMPONENT_DIRS 目录下检索到的所有组件。使用此变量可以精简项目以缩短构建时间。请注意，如果一个组件通过 COMPONENT_REQUIRES 指定了它依赖的另一个组件，则会自动将其添加到

COMPONENTS 中，所以 COMPONENTS 列表可能会非常短。

- COMPONENT_REQUIRES_COMMON：每个组件都需要通用组件列表，这些通用组件会自动添加到每个组件的 COMPONENT_PRIV_REQUIRES 列表和项目的 COMPONENTS 列表中。默认情况下，此变量设置为 ESP-IDF 项目所需的最小核心"系统"组件集，通常无须在项目中更改此变量。

4. 组件 CMakeLists 文件

每个项目都包含一个或多个组件，这些组件可以是 ESP-IDF 的一部分，也可以是项目自身组件目录的一部分（从自定义组件目录添加）。组件是 COMPONENT_DIRS 列表中包含的 CMakeLists 文件的任何目录。最小的组件 CMakeLists 文件内容如下。

```
set(COMPONENT_SRCS "foo.c")
set(COMPONENT_ADD_INCLUDEDIRS "include")
register_component()
```

COMPONENT_SRCS 是用空格分隔的源文件（*.c、*.cpp、*.cc、*.S）列表，里面所有的源文件都会编译到组件库中。

COMPONENT_ADD_INCLUDEDIRS 是用空格分隔的目录列表，里面的路径会被添加到所有需要该组件（包括 main 组件）的全局 include 搜索路径中。

register_component()使用上述设置将组件添加到构建系统中，构建并生成与组件同名的库，最终被链接到应用程序中。如果因为使用了 CMake 中的 if 命令或类似命令而跳过了这一步，那么该组件将不会被添加到构建系统中。

上述目录通常设置为 CMakeLists 文件的相对路径，当然也可以设置为绝对路径。

5. 组件配置

每个组件都可以包含一个 Kconfig 文件，和 CMakeLists.txt 放在同一目录下。Kconfig 文件包含要添加到该组件配置菜单中的一些配置信息。运行 menuconfig 时，可以在 Component Settings 菜单下找到这些设置。

创建一个组件的 Kconfig 文件，最简单的方法就是使用 ESP-IDF 中现有的 Kconfig 文件作为模板，在其基础上进行修改。

6. 使用 idf.py 命令构建系统

idf.py 命令行工具提供了一个前端，供用户轻松管理项目的构建过程，管理工具如下。

- CMake，配置待构建的系统。
- 命令行构建工具（Ninja 或 GNU Make）。
- esptool.py，烧录 ESP32。

idf.py 应运行在 ESP-IDF 的项目目录下，即包含 CMakeLists.txt 文件的目录。仅包含 Makefile 的老式项目并不支持 idf.py。执行 idf.py --help 命令可以查看完整的命令列表。

3.2 Visual Studio Code 开发环境

本节介绍如何使用 Visual Studio Code（简称 VS Code）进行 ESP32 应用程序开发，包括 ESP-IDF 插件安装及运行一个应用程序的具体步骤。

Visual Studio Code
开发环境

3.2.1　ESP-IDF 插件安装

VS Code 是 Microsoft 运行于 Windows、macOS 和 Linux 之上的跨平台源代码编辑器，具有对 JavaScript、TypeScript 和 Node.js 的内置支持，并拥有丰富的其他语言（C++、C#、Java、Python、PHP、Go）和运行时扩展的生态系统。

假设用户已经按 3.1 节内容将 ESP-IDF 开发环境安装成功。下面介绍在 VS Code 中安装 ESP-IDF 插件的步骤，要求已经安装 Python、Git 和具有 ESP-IDF 目录。

（1）打开 VS Code 界面。

（2）单击左侧最下面的"扩展"图标，在搜索框中输入"Chinese Simplified"，安装简体中文支持插件，然后重启 VS Code。

（3）单击"扩展"图标，在搜索框中输入"Espressif"。

（4）单击"Espressif IDF"栏的"安装"，安装完成后如图 3-17 所示。

图 3-17　安装 ESP-IDF 插件

（5）在菜单栏单击"查看"→"命令面板"，输入"configure ESP…"，单击"ESP-IDF:Configure ESP-IDF extension"后，如图 3-18 所示。

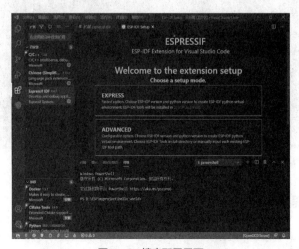

图 3-18　搜索配置界面

（6）单击"EXPRESS"，由于已经安装所有的工具，因此为每个工具选择已经安装的目录即可，然后将出现图 3-19 所示的界面，单击"Install"。

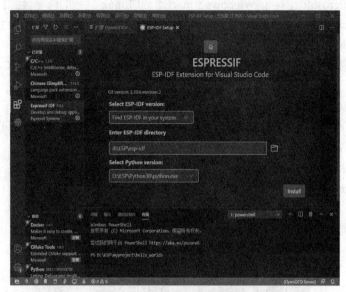

图 3-19　VS Code 配置界面

（7）安装完成界面如图 3-20 所示，左下角的几个重要图标分别是"连接串口""构建""烧录"和"监视器"。

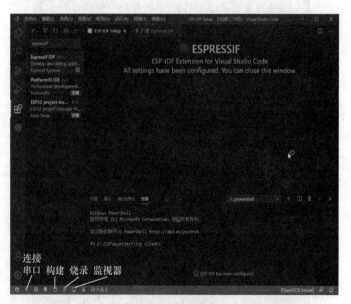

图 3-20　安装完成界面

3.2.2　运行第一个程序

VS Code 开发环境已经配置完成，下面开始运行第一个程序。

（1）打开文件夹。通过菜单打开已有的 hello_world 文件夹，如图 3-21 所示，文件夹中的文件出现在左侧的导航栏中，结构十分清晰。单击 hello_world_main.c 文件，右侧出现相关内容，工程中所有的文件在这里都可以进行编辑。

（2）单击左下角的"连接串口"图标，在窗口上方将出现串口选项，选择 ESP32 开发板所用的串口，如图 3-22 所示（本开发板使用的是 COM3）。

图 3-21　文件夹示意图

图 3-22　串口选择

（3）构建工程。单击左下角的"构建"图标，右侧下面的窗口中将出现编译信息。

（4）单击左下角的"烧录"图标，窗口上方将出现烧录方式选项，选择"UART"，右侧下面的窗口中将出现烧录信息。

（5）单击左下角的"监视器"图标，观看程序运行结果，右侧下方的窗口中将出现运行结果。

至此，使用 VS Code 进行的第一个 ESP32 项目开发已经成功完成。可以看到，由于使用了图形化的界面，开发效率有很大的提升。

3.3　Arduino 开发环境

Arduino 开发环境

Arduino 开发环境是高效、实用的开源电子原型平台代码编程辅助工具，ESP32 支持使用 Arduino 进行项目开发。本节介绍 ESP32 插件在 Arduino 开发环境的安装，以及运行一个程序的具体步骤。

3.3.1　Arduino 插件安装

进入 Arduino 官网，选择适合自己计算机系统的安装包，下载并安装最新版本的 Arduino 软件。可以选择安装工具进行 Arduino 开发环境的安装，也可以选择 Arduino 开发环境的压缩包，解压后直接运行。

乐鑫官网提供 Arduino 开发环境下的 ESP32 插件，插件的具体安装步骤如下。

（1）打开 Arduino 开发环境，单击菜单栏的"文件"→"首选项"，在"附加开发板管理器网址"后填写链接，如图 3-23 所示。

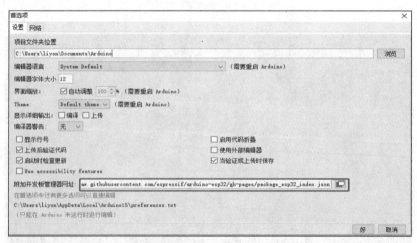

图 3-23　首选项

（2）单击菜单栏的"工具"→"开发板"→"开发板管理器"，搜索"ESP32"安装即可，如图 3-24 所示。

（3）安装完成后，单击菜单栏的"工具"→"开发板"，即可找到 ESP32 的各种类型开发板，通过 Arduino 开发环境进行开发。

（4）运行 Arduino 开发环境，单击菜单栏的"工具"→"端口"，选择 ESP32 在计算机上的串口。

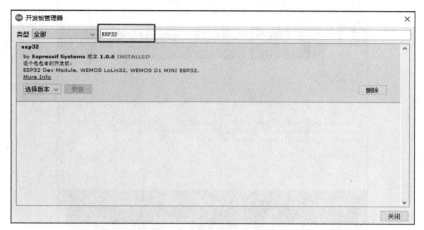

图 3-24　安装 ESP32 开发板

3.3.2　运行第一个程序

我们成功为 Arduino 开发环境安装了 ESP32 插件，同时 ESP32 开发板也已经通过串口选择成功。下面运行一个具体程序。

（1）单击菜单栏的"文件"→"示例"→"ESP32"→"ChipID"→"GetChipID"，如图 3-25 所示。

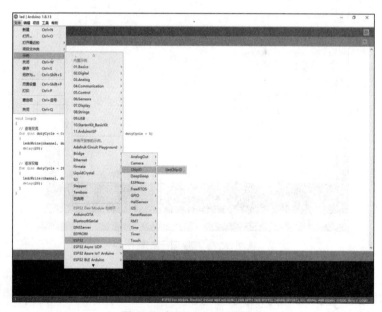

图 3-25　打开 ESP32 示例程序

（2）本程序的功能是将芯片的信息输出到串口。

（3）单击"上传"图标，开始编译和烧录，如图 3-26 所示。

（4）单击"监视器"图标，打开监视器，查看程序运行结果，如图 3-27 所示。

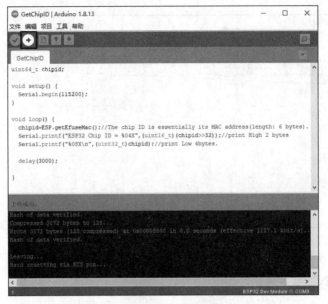

图 3-26　编译和烧录程序到 ESP32 开发板

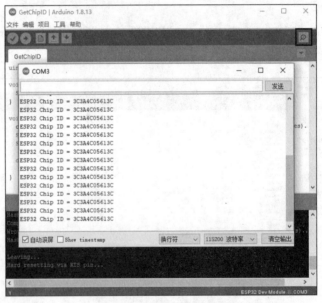

图 3-27　程序运行结果

3.4　MicroPython 开发环境

MicroPython 开发
环境

前几节使用的是集成开发环境，ESP32 工程项目都是使用 C/C++语言进行开发的。ESP32 同时支持 Python 开发环境，以降低用户开发门槛。

Python 是一种非常容易使用的脚本语言，语法简洁、使用简单、功能强大、容易扩展，且有非常多的库可以使用。

MicroPython 是 Python 3 的精简、高效实现，包括 Python 标准库的一小部分，经过优化可在微控制器和受限环境中运行。MicroPython 包含交互式提示、任意精度整数、关闭、列表解析、生成器、异常处理等高级功能。

MicroPython 旨在尽可能与普通 Python 兼容，将代码从桌面传输到微控制器或嵌入式系统。MicroPython 运行完整的 Python 编译器时，可以获得交互式提示（REPL），以便立即执行命令，还可以从内置文件系统运行和导入脚本。REPL 具有历史记录、选项卡完成、自动缩进和粘贴模式等功能，可提供良好的用户体验。

3.4.1　开发的准备工作

MicroPython 可以在多种嵌入式硬件平台上运行，目前已经支持 ESP8266、ESP32、STM32、CC3200、dsPIC33、MK20DX256、nRF51/nRF52、MSP432、XMC4700 等多个平台。其中，ESP32 硬件是目前功能最完善的平台之一。要在 ESP32 开发板上使用 MicroPython 进行开发，需下载 ESP32 开发板的固件。

进入固件的下载页面，选择对应型号的开发板，可以支持 ESP-IDF v3.x 和 ESP-IDF v4.x，后者支持的功能较多，建议选择。根据开发板是否支持 SPIRAM，选择 GENERIC 或 GENERIC-SPIRAM。本书采用的开发板支持 SPIRAM，固件选择如图 3-28 所示，建议选择最新版本，以备开发板固件更新。

图 3-28　固件选择

3.4.2　uPyCraft 开发工具

uPyCraft 是一款专门为 MicroPython 设计的 IDE。为了用户使用便捷，uPyCraft 在所有系统上都采用绿色免安装的形式发布。uPyCraft 界面简洁，容易入门，可以直接在 ESP32 开发板上烧录 MicroPython 固件，不需要使用 esptool 进行烧录，可大大提高操作的简便性。本书选择 1.1 版本。

该软件为绿色开发工具，不需要安装，直接运行即可。其界面如图 3-29 所示，左侧是导航栏，右侧工具栏中是经常用到的主要功能图标。单击菜单栏的"Tools"→"Serial"，选择开发板所在的串口，本书采用 COM3，读者可选择自己的计算机安装开发板时所用的串口。

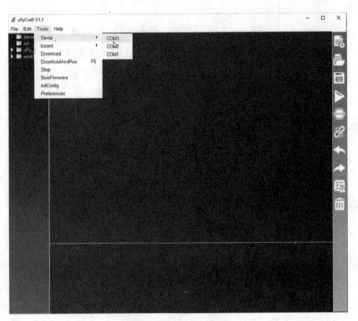

图 3-29　uPyCraft 界面

　　单击菜单栏的"Tools"→"BurnFirmware"，出现烧录固件界面，如图 3-30 所示，board 选择"esp32"，burn_addr 选择"0x1000"，erase_flash 选择"yes"。Firmware Choose 选择"Users"，选择已经下载好的固件文件，单击"ok"，等待完成固件烧录。

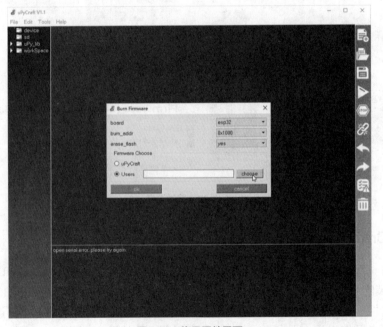

图 3-30　烧录固件界面

　　uPyCraft 自带一些示例，下面打开一个示例 analogRead.py，读取引脚的模拟值，如图 3-31 所示。

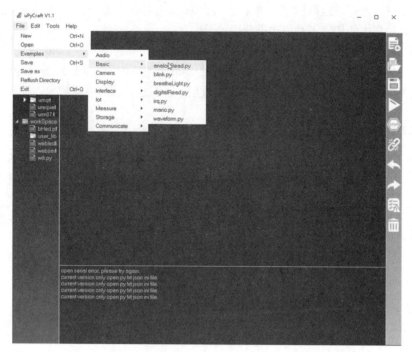

图 3-31　打开自带示例

　　打开示例后，重新单击菜单栏"Tools"→"Serial"，选择串口，然后单击右侧工具栏中的"运行"图标，如图 3-32 所示。由于引脚是空的，因此下方的信息栏不断变化，产生随机的模拟值。

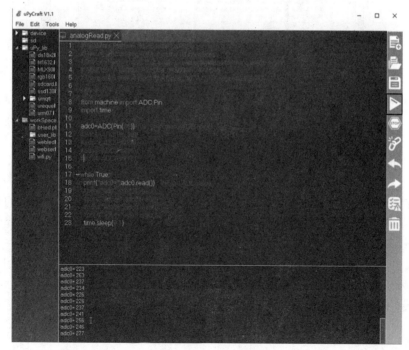

图 3-32　运行结果

　　如果在开发环境下可以运行程序，离开开发环境后，程序不能在 ESP32 开发板上运行，这样的程序适合在开发过程中使用，不必每次重新烧录固件。

　　要实现离开开发环境仍然可以在开发板上运行程序，文件的名字应为 main.py，并应将文件存储在设备上，这样每次 ESP32 开发板加电将默认执行 main.py 中的代码。但是，main.py 文件存储在开发板上，每次关闭开发环境后重新将 ESP32 开发板接入计算机，都要重新烧录固件。

3.4.3　Thonny 开发工具

　　Thonny 是一款 Python 编辑器，基于 Python 内置图形库 Tkinter 开发，支持 Windows、macOS、Linux 等平台，支持语法着色、代码自动补全、调试等功能，非常容易入门。读者可在其官网选择并下载适合自己系统的版本。

　　（1）打开开发环境，单击"工具"→"设置"→"解释器"，解释器和端口的选择如图 3-33 所示。

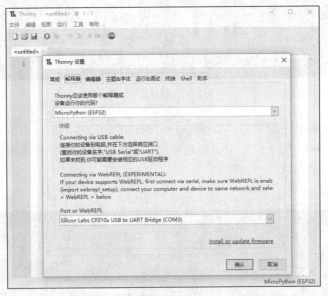

图 3-33　设置界面

　　（2）单击"Install or update firmware"，选择端口和固件文件位置，如图 3-34 所示，单击"安装"，等待完成。

　　（3）将 LED 正极连接到 ESP32 开发板的 14 号引脚，负极连接到 ESP32 开发板的 GND 引脚。

　　（4）单击菜单栏"文件"→"新文件"，输入代码并保存，如图 3-35 所示，选择"此电脑"或"MicroPython 设备"都可以，单击"运行"图标即可运行程序。

　　（5）如果上一步选择了"此电脑"，则程序只能在开发环境下运行；如果上一步选择了"MicroPython 设备"，则离开 Thonny 开发环境重新通电，程序仍然可以正常运行，也就是 MicroPython 设备是从 main.py 开始执行的，如图 3-36 所示。

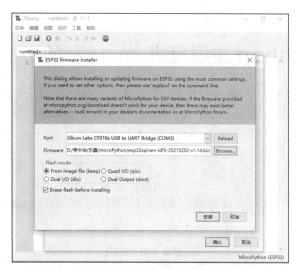

图 3-34　固件烧录配置界面

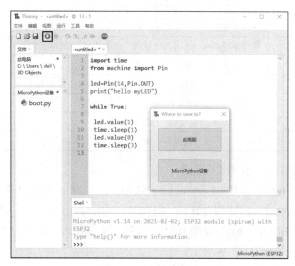

图 3-35　选择保存设备

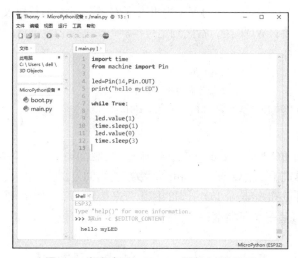

图 3-36　运行在 MicroPython 设备上的主程序

3.5　MicroPython 主要模块

　　本节对 ESP32 常用的 MicroPython 模块进行简单介绍，以便读者快速学习。主要的模块有通用硬件控制模块 machine 及子模块、网络模块 network、延时和时间模块 utime。下面分别总结其用法。

3.5.1　machine 模块

　　machine 模块是最主要的模块，该模块包含与硬件相关的特定函数。machine 模块的函数如表 3-1 所示。

表 3-1　　　　　　　　　　　　　　　　machine 模块的函数

函　　　数	功 能 描 述
machine.reset()	重置设备，与外部 RESET 按钮功能类似
machine.reset_cause()	获取重置原因，可能的返回值为常量
machine.disable_irq()	禁用中断请求，返回 IRQ 状态：False/True 分别对应禁用/启用
machine.enable_irq(state)	启用中断请求，state 为 True（默认）则启用，为 False 则禁用
machine.idle()	把时钟拨到中央处理器上，在一定时间内减少能量消耗
machine.sleep()	终止 CPU 并禁用除 WLAN 外的所有外设
machine.deepsleep()	终止 CPU 和所有外设（包括网络接口）
machine.unique_id()	返回一个具有开发板/SoC 唯一标识符的字节字符串

　　此外，machine 模块包括常量和重要的类。

　　IRQ 唤醒值常量包括 machine.IDLE、machine.SLEEP、machine.DEEPSLEEP。

　　重置原因常量包括 machine.DEEPSLEEP_RESET、machine.PWRON_RESET、machine.HARD_RESET、machine.WDT_RESET、machine.SOFT_RESET；唤醒原因常量包括 machine.WLAN_WAKE、machine.PIN_WAKE、machine.RTC_WAKE。

　　重要的类：Pin 类，控制 I/O 引脚；Signal 类，控制和感应外部 I/O 设备；UART 类，双工串行通信总线；SPI 类，串行外设接口总线协议（主机）；I2C 类，双线串行协议；RTC 类，实时时钟；Timer 类，控制硬件定时器；WDT 类，看门狗定时器。

　　编程的示例如下。

```
import machine              #导入开发包
machine.freq()             #获取当前 CPU 频率
machine.freq(240000000)    #设置 CPU 频率为 240MHz
```

1. Pin 类

　　Pin 类主要用于控制 I/O 引脚。Pin 对象通常与一个可驱动输出电压和读取输入电压的引脚相关联。Pin 类有设置引脚模式（IN、OUT 等）和设置数字逻辑的方法。

　　引脚对象通过使用明确指定某个 I/O 引脚的标识符来构建。每一个标识符都对应一个引脚，标识符可能是整数、字符串或者一个带有端口和引脚编号的元组。

　　（1）构造函数。

```
class machine.Pin(id, mode=-1, pull=-1, *, value, drive, alt)
```

构造函数用于访问与给定 ID 相关联的外围引脚（GPIO 引脚）。若在构造函数中给出了额外参数，则该参数用于初始化引脚。任何未指定设置项都将保留其先前状态。参数介绍如下。

id 是强制性的，可以是任意对象，可能的值的类型为 int（内部引脚标识符）、str（引脚名称）、元组（[端口,引脚]）。

mode 指定引脚模式，可为下列模式之一：Pin.IN，引脚配置为输入，若将之视为输出则引脚会处于高阻抗状态；Pin.OUT，引脚配置为（常规）输出；Pin.OPEN_DRAIN，引脚配置为开漏输出，若输出值设置为 0 则引脚处于低电平状态，若输出值设置为 1 则引脚处于高阻抗状态（并非所有端口都支持这一模式，某些端口仅在特定引脚支持）；Pin.ALT，引脚设置为执行另一专属于端口的函数，引脚以此种模式配置时其他引脚方法（除 Pin.init()外）都不适用（调用这些方法将导致未定义的、专属于硬件的结果，并非所有端口都支持这一模式）；Pin.ALT_OPEN_DRAIN，与 Pin.ALT 相同，但是该引脚配置为开漏输出（并非所有引脚都支持这一模式）。

pull 指定引脚与一个（弱）电阻器相连的方式，可为下列方式之一：None，无上拉或下拉电阻；Pin.PULL_UP，启用上拉电阻；Pin.PULL_DOWN，启用下拉电阻。

value 只对 Pin.OUT 和 Pin.OPEN_DRAIN 模式有效，且在给定情况下指定初始输出引脚值，否则该外围引脚状态仍未改变。

drive 指定引脚的输出功率，可为下列之一：Pin.LOW_POWER、Pin.MED_POWER 和 Pin.HIGH_POWER。当前的实际驱动能力取决于端口，并非所有端口都支持该参数。

alt 为引脚指定一个替代函数，其可取的值取决于端口。该参数仅对 Pin.ALT 和 Pin.ALT_OPEN_DRAIN 模式有效，可能用于引脚支持多个备用函数。若引脚仅支持一个备用函数，则不需要该参数。并非所有端口都支持该参数。

（2）方法。

Pin 类的方法如表 3-2 所示。

表 3-2 Pin 类的方法

方　　法	功　能　描　述
Pin.init()	使用给定参数将引脚重新初始化，参数见构造函数
Pin.value([x])	允许设置并获取引脚值，这取决于是否提供参数 x
Pin.__call__([x])	等同于 Pin.value([x])，提供设置和获取引脚值的快捷方式
Pin.mode([mode])	获取或设置引脚模式，具体模式见构造函数
Pin.pull([pull])	获取或设置引脚的上拉状态，参数见构造函数
Pin.drive([drive])	获取或设置引脚的驱动强度，参数见构造函数
Pin.irq()	触发器源处于激活状态时，调用中断程序，参数见构造函数

（3）常量。

指定引脚模式的常量包括 Pin.IN、Pin.OUT、Pin.OPEN_DRAIN、Pin.ALT、Pin.ALT_OPEN_DRAIN。

指定是否有上拉/下拉电阻的常量包括 None、Pin.PULL_UP、Pin.PULL_DOWN。若无上拉/下拉电阻，则使用 None。

指定引脚的驱动强度的常量包括 Pin.LOW_POWER、Pin.MED_POWER、Pin.HIGH_POWER。

指定 IRQ 的触发类型的常量包括 Pin.IRQ_FALLING、Pin.IRQ_RISING、Pin.IRQ_LOW_LEVEL、Pin.IRQ_HIGH_LEVEL。

（4）示例。

本部分包括 Pin、PWM、ADC 示例。

① Pin 示例。

```
from machine import Pin
Pin2 = Pin(2, Pin.OUT)        #在 2 号引脚上创建一个输出引脚
Pin2.value(0)
Pin2.value(1)
Pin2 = Pin(2, Pin.IN, Pin.PULL_UP) #在 2 号引脚上创建一个带有上拉电阻的输入引脚
print(Pin2.value())           #读取并输出引脚值
```

② PWM 示例。

```
from machine import Pin, PWM
pwm0 = PWM(Pin(0))            #在 0 号引脚创建 PWM 对象
pwm0.freq()                   #获取当前频率
pwm0.freq(1000)               #设置频率
pwm0.duty()                   #获取当前占空比
pwm0.duty(200)                #设置占空比
pwm0.deinit()                 #关闭 0 号引脚
pwm2 = PWM(Pin(2), freq=20000, duty=512)  #一次性创建和配置
```

③ ADC 示例。

```
from machine import ADC
adc = ADC(Pin(32))            #从引脚创建 ADC 对象
adc.read()                    #读取值（范围为 0～4095），电压范围为 0.0V～1.0V
adc.atten(ADC.ATTN_11DB)      #设置 11dB 输入衰减（电压范围为 0.0V～3.6V）
adc.width(ADC.WIDTH_9BIT)     #设置 9 位返回值（返回范围为 0～511）
adc.read()                    #使用新配置的衰减和宽度读取值
```

2. Signal 类

Signal 类用于控制和感应外部 I/O 设备，是 Pin 类的简单延伸。Signal 类增加了对引脚功能的逻辑反转的支持。虽然只是简单的补充，但主要是为了支持不同开发板移植，这也是 MicroPython 的主要目标之一。根据 MicroPython 给出的定义，以下为信号和引脚的使用指南。

- 使用信号：要控制 LED、多段指示器、继电器、蜂鸣器等简单开/关（包括软件 PWM）设备，或读取水分/火焰检测器等简单的二进制传感器（需要 GPIO 访问的真实物理设备/传感器）的数据，可能需要使用信号。
- 使用引脚：实现一个更高水平的协议或总线与更多复杂设备通信。

（1）构造函数。

```
class machine.Signal(pin_obj, invert=False)
class machine.Signal(pin_arguments..., *, invert=False)
```

创建一个信号对象有两种方式：模仿现有的引脚对象（适用于任何开发板的通用方法）；通过将所需引脚参数直接传递到信号构造函数，避开创建引脚对象的中间环节（在许多开发板上可使用此方法，但并非在所有开发板上可用）。参数介绍如下。

pin_obj 为现有的引脚对象；pin_arguments 为可被传递到信号构造函数的参数；invert 若为 True，则信号将反转（低电平有效）。

（2）方法。

Signal 类的方法如表 3-3 所示。

表 3-3　　　　　　　　　　　　　　　　　　Signal 类的方法

方　　法	功 能 描 述
Signal.value([x])	允许设置或获取信号的值，取决于是否提供参数 x
Signal.on()	激活信号
Signal.off()	关闭信号

3. UART 类

UART 类实现标准 UART/USART 双向串行通信协议。其物理层包括两条线：RX 和 TX。通信单元是一个可为 8 位或 9 位的字符。

（1）构造函数。

```
class machine.UART(id, ...)
```

构造一个具有给定 id 的 UART 对象。

（2）方法。

UART 类的方法如表 3-4 所示。

表 3-4　　　　　　　　　　　　　　　　　　UART 类的方法

方　　法	功 能 描 述
UART.deinit()	关闭 UART 总线
UART.any()	返回整数，即在不阻塞情况下可读取的字符数
UART.read([nbytes])	读取最大 nbytes 返回对象，若超时则返回 None
UART.readinto(buf[, nbytes])	将指定 nbytes 字节读入 buf，若超时则返回 None
UART.readline()	返回读取的一行，以换行符结束，若超时则返回 None
UART.write(buf)	缓冲区写入总线，返回写入字节数，若超时则返回 None
UART.sendbreak()	发送中断状态，使总线在一段时间内保持低状态

（3）示例。

UART 对象可使用下列方式创建并初始化。

```
uart = UART(1, 9600)                          #使用给定波特率初始化
uart.init(9600, bits=8, parity=None, stop=1)  #使用给定参数初始化
```

UART 对象的运行类似于流对象，其读/写使用标准流方法进行。

```
uart.read(10)        #读取 10 字符，返回一个字节对象
uart.read()          #读取所有可用字符
uart.readline()      #读取一行
uart.readinto(buf)   #读取并存入给定缓冲区
uart.write('abc')    #写入 3 个字符
```

4. SPI 类

串行外设接口（Serial Peripheral Interface，SPI）总线协议是由主机驱动的同步串行协议。总线的物理层包括 3 条线：SCK、MOSI、MISO。多台设备可共享同一总线。每台设备应有一个单独的 SS（从属选择）信号，在总线上选择一台特定设备以进行通信。SS 信号的处理应在用户编码（通过 machine.Pin 类）中进行。

（1）构造函数。

```
class machine.SPI(id, ...)
```

在给定总线上构建一个 SPI 对象，id 的值取决于特定端口及其硬件。若无额外参数，创建 SPI

对象但未进行初始化（该对象有来自总线最后一次初始化的设置，若存在的话）。给定额外参数，则初始化总线，如下所示。

```
classmachine.SoftSPI(baudrate=500000,*,polarity=0,phase=0,bits=8,firstbit=MSB,sck=None,mosi=None, miso=None)
```

构造一个新的软 SPI 对象。附加参数 sck、mosi、miso 用于初始化总线。

（2）方法。

SPI 类的方法如表 3-5 所示。

表 3–5　　　　　　　　　　　　　　　　SPI 类的方法

方　　法	功　能　描　述
SPI.init(baudrate=1000000, *, polarity=0, phase=0, bits=8, firstbit=SPI.MSB, sck=None, mosi=None, miso=None, pins= (SCK, MOSI, MISO))	使用给定参数初始化 SPI 总线，参数如下：baudrate 为 SCK 的时钟频率；polarity 可为 0 或 1，为闲置时钟线所在的层级；phase 可为 0 或 1，分别对应第一和第二时钟脉冲边沿的采样数据；bits 为每次传输的位宽，所有硬件都支持的位宽为 8 位；firstbit 可为 SPI.MSB 或 SPI.LSB；sck、mosi、miso 是总线信号所用的引脚（machine.Pin）对象。对于大多数硬件而言，SPI 模块由 id 参数选择并用于构造函数，引脚固定
SPI.deinit()	关闭 SPI 总线
SPI.read(nbytes, write=0)	读取由 nbytes 指定的字节，写入由 write 给定的单个字节，返回一个字节对象
SPI.readinto(buf, write=0x00)	在连续写入由 write 给定的单个字节的同时，读入 buf 指定的缓冲区，返回 None
SPI.write(buf)	写入 buf 包含的字节，返回 None
SPI.write_readinto(write_buf, read_buf)	读取 read_buf，写入 write_buf。缓冲区可为相同或不同的，但需有相同长度，返回 None

（3）常量。

SPI 总线初始化常量，SPI.MASTER；首位设置为最高有效位，SPI.MSB；首位设置为最低有效位，SPI.LSB。

（4）示例。

本部分的示例包括软件 SPI 和硬件 SPI 的使用方法。

① 软件 SPI。

```
from machine import Pin, SoftSPI
#在给定的引脚上构建 SoftSPI 总线，phase=0 表示在 SCK 的第一个边沿上采样，phase=1 表示在 SCK 的第二个边沿上采样
spi =SoftSPI(baudrate=100000, polarity=1,phase=0, sck=Pin(0),mosi=Pin(2), miso=Pin(4))
spi.init(baudrate=200000)        #设置波特率
spi.read(10)                     #在 MISO 上读取 10 字节
spi.read(10, 0xff)               #在 MOSI 上输出 0xff 时读取 10 字节
buf = bytearray(50)              #创建缓冲区
spi.readinto(buf)                #读入给定的缓冲区（在这种情况下，读取 50 字节）
spi.readinto(buf, 0xff)          #读入给定的缓冲区并在 MOSI 上输出 0xff
spi.write(b'12345')              #在 MOSI 上写入 5 字节
buf = bytearray(4)               #创建缓冲区
spi.write_readinto(b'1234', buf) #写入 MOSI 并从 MISO 读取到缓冲区
spi.write_readinto(buf, buf)     #将 buf 写入 MOSI 并将 MISO 读回到 buf
```

② 硬件 SPI。

有两个硬件 SPI 通道可实现更高的数据传输率（最高 80MHz）。除了不能使用的引脚和 GPIO 引脚，可以在支持所需方向的任何 I/O 引脚上使用，但是如果未将其配置为默认引脚，则它们需要通过额外的 GPIO 多路复用层，可能会影响其高速可靠性。当使用表 3-6 列出的默认引脚以外的引脚时，

硬件 SPI 通道最高数据传输率限制为 40MHz。

```
from machine import Pin, SPI
hspi=SPI(1,10000000,sck=Pin(14),mosi=Pin(13),miso=Pin(12))
vspi=SPI(2,baudrate=80000000,polarity=0,phase=0,bits=8,firstbit=0,sck=Pin(18),mosi=
Pin(23),miso=Pin(19))
```

表 3-6　　　　　　　　　　　　　　　　　**硬件 SPI 默认引脚**

参　　数	HSPI（id=1）	VSPI（id=2）
sck	14	18
mosi	13	23
miso	12	19

5. I2C 类

I2C 是一个设备间通信的双线串行协议。其物理层包含两条线：SCL 和 SDA（分别为时钟线和数据线）。I2C 对象在特定总线上创建，可在创建时或创建后初始化。

硬件 I2C 和软件 I2C 都通过 machine.I2C 类和 machine.SoftI2C 类实现。硬件 I2C 使用系统的底层硬件支持来执行读/写操作，通常高效且快速，但可能会限制使用一些引脚。软件 I2C 可以在任何引脚上使用，但效率不高。二者具有相同的可用方法，区别在于它们的构造方式不同。

（1）构建函数。

```
class machine.I2C(id=-1,*,scl,sda,freq=400000)
```

构建并返回一个新的 I2C 对象。参数介绍如下。

id 标识一个特定的 I2C 外设，默认值-1 表示选择一个可处理任意 SCL 和 SDA 引脚的软件 I2C 对象，SCL 和 SDA 需被指定。其他允许的 id 值取决于特定端口/开发板，此种情况下可能需要或允许指定 SCL 和 SDA。scl 应为一个指定用于 SCL 的引脚对象。sda 应为一个指定用于 SDA 的引脚对象。freq 应为一个设置 SCL 的最大频率的整数。请注意，某些端口/开发板具有 SCL 和 SDA 默认值，可以在此构造函数中对其进行更改，有的端口/开发板具有无法更改的 SCL 和 SDA 固定值，如下所示。

```
class machine.SoftI2C(scl, sda, *, freq=400000, timeout=255)
```

构造一个新的软件 I2C 对象，参数 timeout 是等待时钟延长，即总线上的另一个设备将 SCL 保持为低电平的最长时间（以微秒为单位），超时引发 OSError（ETIMEDOUT）异常。

（2）方法。

I2C 类的方法如表 3-7 所示。

表 3-7　　　　　　　　　　　　　　　　　**I2C 类的方法**

方　　法	功　能　描　述
I2C.init(scl, sda, *, freq=400000)	使用给定参数初始化 I2C 总线
I2C.deinit()	关闭 I2C 总线
I2C.scan()	扫描 0x08 和 0x77 之间所有 I2C 地址，并返回列表
I2C.start()	在总线上发送起始位（SDA 转换为低，SCL 为高）
I2C.stop()	在总线上发送终止位（SDA 转换为高，SCL 为高）
I2C.readinto(buf, nack=True)	从总线中读取字节，并存入缓冲区
I2C.write(buf)	将所有字节从缓冲区中写入总线
I2C.readfrom(addr, nbytes, stop=True)	从 addr 指定的从机中读取 nbytes 字节
I2C.readfrom_into(addr, buf, stop=True)	从 addr 指定的从机中读取到缓冲区中
I2C.writeto(addr, buf, stop=True)	将字节从缓冲区中读取到 addr 指定的从机中

方　法	功 能 描 述
I2C.readfrom_mem(addr, memaddr, nbytes, *, addrsize=8)	从 addr 指定的从机中的 memaddr 地址开始读取 nbytes 字节，addrsize 参数指定地址的长度
I2C.readfrom_mem_into(addr, memaddr, buf, *, addrsize=8)	从 addr 指定的从机中的 memaddr 地址读取数据到 buf 中，读取的字节数是 buf 的长度
I2C.writeto_mem(addr, memaddr, buf, *, addrsize=8)	从 memaddr 指定的内存地址开始，将缓冲区数据读取到 addr 指定的从机中

（3）示例。

本部分的示例包括软件 I2C 和硬件 I2C 的使用方法。

① 软件 I2C。

```
from machine import Pin, SoftI2C
I2C=SoftI2C(scl=Pin(5), sda=Pin(4), freq=100000)
I2C.scan()                    #扫描设备
I2C.readfrom(0x3a, 4)         #从地址为 0x3a 的设备读取 4 字节
I2C.writeto(0x3a, '12')       #将'12'写入地址为 0x3a 的设备
buf = bytearray(10)           #创建一个 10 字节的缓冲区
I2C.writeto(0x3a, buf)        #将给定的缓冲区写入从设备
```

② 硬件 I2C。

两个硬件 I2C 外设分别标识为 0 和 1。任何可用的输出功能引脚都可用于 SCL 和 SDA，但默认值如表 3-8 所示。

```
from machine import Pin,I2C
I2C =I2C(0)                              #构建对象
I2C=I2C(1,scl=Pin(5),sda=Pin(4),freq=400000)   #设置参数
```

表 3-8　　　　　　　　　　　　　　硬件 I2C 默认引脚

参　　数	I2C(0)	I2C(1)
scl	18	25
sda	19	26

6. RTC 类

RTC 类是一个独立的时钟，可追踪日期和时间。

（1）构造函数。

```
class machine.RTC(id=0, ...)
```

创建一个 RTC 对象。初始化 RTC 为下列形式的元组：(year、month、day[, hour[, minute[,second [,microsecond[,tzinfo]]]]])。

（2）方法。

RTC 类的方法如表 3-9 所示。

表 3-9　　　　　　　　　　　　　　RTC 类的方法

方　　法	功 能 描 述
RTC.init(datetime)	初始化 RTC，参数见构造函数
RTC.deinit()	将 RTC 重置为 2015 年 1 月 1 日，并再次开始运行
RTC.now()	获取当前的日期时间元组
RTC.alarm(id, time, *, repeat=False)	设置 RTC 闹钟

方　　法	功 能 描 述
RTC.alarm_left(alarm_id=0)	获取闹钟结束计时前所剩的时间（单位为毫秒）
RTC.cancel(alarm_id=0)	取消正在运行的闹钟
RTC.irq(*, trigger, handler=None, wake= machine.IDLE)	创建由实时闹钟触发的 IRQ 对象，trigger 为 RTC.ALARM0，handler 触发回调时调用的函数，wake 指定睡眠模式，从睡眠模式下中断可唤醒系统

（3）常量。

IRQ 触发源常量，RTC.ALARM0。

（4）示例。

```
from machine import RTC
rtc = RTC()
rtc.datetime((2017, 8, 23, 1, 12, 48, 0, 0))     #设定特定的日期和时间
rtc.datetime()                                   #获取日期和时间
```

7. Timer 类

Timer 类是硬件定时器处理周期和事件的时间。在 MCU 和 SoC 中，定时器可能是最灵活和异构的硬件，模型不同就大不相同。MicroPython 的 Timer 类使用一个给定周期定义执行回调的基线操作，并允许特定板来定义更多非标准行为。

（1）构造函数。

```
class machine.Timer(id, ...)
```

创建一个具有给定 id 的新 Timer 对象。

（2）方法。

```
Timer.deinit()
```

反初始化定时器。停止定时器，并禁用定时器外设。

（3）常量。

定时器运行模式常量：Timer.ONE_SHOT、Timer.PERIODIC。

（4）示例。

```
from machine import Timer
tim0 = Timer(0)   #定义对象
tim0.init(period=5000,mode=Timer.ONE_SHOT, callback=lambda t:print(0))   #设置参数
tim1 = Timer(1)   #定义对象
tim1.init(period=2000,mode=Timer.PERIODIC, callback=lambda t:print(1))   #设置参数
```

8. WDT 类

看门狗定时器 WDT 类，用于在应用程序崩溃且最终进入不可恢复状态时重启系统。一旦启用，就不可停止或重新配置。启用后，应用需定期"喂养"看门狗，以防止其终止并重置系统。

（1）构造函数。

```
class machine.WDT(id=0, timeout=5000)
```

创建一个 WDT 对象并启动。超时时间需以秒为单位给定，且可接受的最小值为 1。一旦开始运行，超时时间就无法更改，WDT 也无法停止。

（2）方法。

```
wdt.feed()
```

"喂养"看门狗，以防止其终止并重置系统。该方法将于合适位置调用，并确保在验证一切正常运行后才"喂养"看门狗。

3.5.2 ESP/ESP32 模块

ESP/ESP32 模块包含与 ESP32 芯片模组相关的操作。

1. 特定方法

ESP 模块的方法如表 3-10 所示。

表 3-10　　　　　　　　　　　　　　　　ESP 模块的方法

方　　法	功　能　描　述
esp.flash_size()	读取闪存的大小
esp.flash_user_start()	读取用户闪存空间开始的内存偏移量
esp32.wake_on_touch(wake)	配置触摸引脚是否会将设备从睡眠状态唤醒，wake 是一个布尔值
esp32.wake_on_ext0(pin, level)	配置 EXT0 如何将设备从睡眠中唤醒。pin 可以为 None 或有效的引脚对象的元组/列表。level 应为 esp32.WAKEUP_ALL_LOW 或 esp32.WAKEUP_ANY_HIGH
esp32.wake_on_ext1(pin, level)	配置 EXT1 如何将设备从睡眠中唤醒。pin 可以为 None 或有效的引脚对象的元组/列表，level 应为 esp32.WAKEUP_ALL_LOW 或 esp32.WAKEUP_ANY_HIGH
esp32.raw_temperature()	读取内部温度传感器的原始值，返回一个整数
esp32.hall_sensor()	读取内部霍尔传感器的原始值，返回一个整数
esp32.idf_heap_info(capabilities)	返回有关 ESP-IDF 堆内存区域的信息

2. 闪存分区

以下方法可访问设备闪存中的分区，并包括启用无线（Over-the-Air，OTA）更新的方法。

class esp32.Partition(id)：创建一个代表分区的对象。id 可以是字符串（要检索分区的标签），也可以是常量（BOOT 或 RUNNING）。

classmethod Partition.find(type=TYPE_APP,subtype=255,label=None)：查找按类型、子类型和标签指定的分区。返回分区对象列表（可能为空）。注意：subtype = 255 匹配任何子类型，而 label = None 匹配任何标签。

classmethod Partition.mark_app_valid_cancel_rollback()：表示当前引导已成功。在新分区首次启动时需要调用 mark_app_valid_cancel_rollback，以避免在下次启动时自动回滚。将 ESP-IDF "应用程序回滚" 功能与 "CONFIG_BOOTLOADER_APP_ROLLBACK_ENABLE" 一起使用，在未启用该功能的固件上则会引发 OSError(-261)。每次启动时都可以调用 mark_app_valid_cancel_rollback()，但是没有必要在使用 esptool 加载固件时调用。闪存分区方法如表 3-11 所示。

表 3-11　　　　　　　　　　　　　　　　闪存分区方法

方　　法	功　能　描　述
Partition.info()	返回一个六元组（type、subtype、addr、size、label、encrypted）
Partition.readblocks(block_num, buf) Partition.readblocks(block_num, buf, offset) Partition.writeblocks(block_num, buf) Partition.writeblocks(block_num, buf, offset) Partition.ioctl(cmd, arg)	这些方法实现了由 uos.AbstractBlockDev 定义的简单块和扩展块协议
Partition.set_boot()	将分区设置为引导分区
Partition.get_next_update()	获取此分区之后的下一个更新分区，并返回一个新的分区对象。典型用法是 Partition（Partition.RUNNING）.get_next_update()，它会在给定当前正在运行分区的情况下返回下一个要更新的分区

在 Partition 构造函数中获取各种分区，可使用常量 Partition.BOOT、Partition.RUNNING。BOOT

是将在下次重置时启动的分区，而 RUNNING 是当前正在运行的分区。

在 Partition.find 中指定分区类型，可使用常量 Partition.TYPE_APP、Partition.TYPE_DATA。APP 类型用于可启动固件分区（通常标记为 factory、ota_0、ota_1），而 DATA 类型用于其他分区，如 nvs、otadata、phy_init、vfs。

在 idf_heap_info 中可使用常量 esp32.HEAP_DATA、esp32.HEAP_EXEC。

3. RMT 子模块

RMT 子模块专用于 ESP32，最初设计用于发送或接收红外遥控信号。但是，由于其灵活的设计和非常精确（低至 12.5ns）的脉冲，该子模块也可以用于发送或接收许多其他类型的数字信号。

class esp32.RMT(channel,*, pin=None,clock_div=8,carrier_freq=0,carrier_duty_percent=50) 提供对 8 个 RMT 通道之一的访问。channel 是必需的，表示将配置哪个 RMT 通道（0~7）。pin 也是必需的，用于配置将哪个引脚绑定到 RMT 通道。clock_div 是一个 8 位时钟分频器，它将源时钟（80MHz）分频到 RMT 通道，从而可以指定分辨率。carrier_freq 用于启用载波功能并指定其频率，默认值为 0（未启用），如果启用应指定一个正整数。carrier_duty_percent 默认值为 50。

RMT 子模块的主要方法如表 3-12 所示。

表 3-12　　　　　　　　　　　　　　　　RMT 子模块的主要方法

方　　法	功　能　描　述
RMT.source_freq()	返回源时钟频率，源时钟不可配置，始终返回 80MHz
RMT.clock_div()	返回时钟分频器，通道分辨率为 1/(source_freq/clock_div)
RMT.wait_done(timeout=0)	如果通道正在传输以调用 RMT.write_pulses 开头的脉冲流，则返回 True；如果指定了超时（在 source_freq / clock_div 的滴答中定义），则该方法将等待超时或直到传输完成；如果通道继续传输，则返回 False；如果使用 RMT.loop 启用了循环并且流已启动，则此方法将始终（等待并）返回 False
RMT.loop(enable_loop)	配置通道上循环。enable_loop 是布尔值，设置为 True 可在下次调用 RMT.write_pulses 时启用循环。如果在传输循环流时用 False 调用，则当前脉冲组将在传输停止之前发送完成
RMT.write_pulses(pulses, start)	开始发送脉冲，定义脉冲流的列表或元组。每个脉冲的长度由乘以通道分辨率的数字定义，start 定义流从 0 或 1 开始。如果当前正在进行流的传输，则此方法将阻塞，直到该流结束；如果通过 RMT.loop() 启用了循环，则脉冲流将无限期重复。在开始下一个流之前，对 RMT.write_pulses() 的进一步调用将结束上一个流，阻塞到发送完最后一组脉冲为止

4. 超低功耗协处理器

ULP 类提供对超低功耗协处理器的访问，其方法如表 3-13 所示。

表 3-13　　　　　　　　　　　　　　　　ULP 类的方法

方　　法	功　能　描　述
ULP.set_wakeup_period(period_index, period_us)	设置唤醒时间
ULP.load_binary(load_addr, program_binary)	在给定 load_addr 处将 program_binary 加载到 ULP 中
ULP.run(entry_point)	在给定 entry_point 处启动运行的 ULP

选择引脚的唤醒级别常量：esp32.WAKEUP_ALL_LOW、esp32.WAKEUP_ANY_HIGH。

5. 示例

```
import esp32
esp32.hall_sensor()          #读取内部霍尔传感器的原始值
esp32.raw_temperature()      #读取内部温度传感器的原始值
esp32.ULP()                  #访问超低功耗协处理器
```

3.5.3 network 模块

network 模块提供网络驱动程序和路由配置。特定硬件的网络驱动程序可以在此模块中使用，并用于配置硬件网络接口，然后可通过 socket 模块使用配置的接口。要使用该模块，必须安装固件的网络构件，即 MicroPython 不同端口实现的所有网络接口类的一个（隐含的）抽象的基类。

1. 构造函数

class network.AbstractNIC(id=None, ...)

将一个网络接口对象实例化，参数取决于网络接口。若同种类接口超过一个，则首个参数应为 id。

2. 方法

network 模块的常用方法如表 3-14 所示。

表 3-14   network 模块的常用方法

方　法	功 能 描 述
network.active([is_active])	若布尔值参数被传递，则激活（up）或禁用（down）网络接口。若未提供参数，则查询当前状态
network.connect([service_id, key=None, *, ...])	将接口连接到网络
network.disconnect()	断开网络连接
network.scan(*, ...)	扫描可用的网络设备/连接，返回一个发现的设备参数的元组列表
network.status()	返回接口的具体状态，值取决于网络介质/技术
network.ifconfig([(ip,subnet, gateway, dns)])	获取/设置 IP 层的网络接口参数：IP 地址、子网掩码、网关、DNS 服务器
network.config('param') network.config(param=value, ...)	获取或设置网络接口参数。这些方法允许处理标准 IP 配置（由 ifconfig()处理）外的额外参数

3. 示例

```
import network
wlan = network.WLAN(network.STA_IF)      #创建站点接口
wlan.active(True)                        #激活接口
wlan.scan()                              #扫描接入点
wlan.isconnected()                       #检查站点是否接入
wlan.connect('essid', 'password')        #连接到接入点
wlan.config('mac')                       #获取接口的 MAC 地址
wlan.ifconfig()                          #获取接口的 IP 地址/子网掩码/网关/DNS 服务器
ap = network.WLAN(network.AP_IF)         #创建接入点接口
ap.active(True)                          #激活接口
ap.config(essid='ESP-AP')                #设置接入点的 ESSID
```

3.5.4 utime 模块

utime 模块实现了 CPython 模块的子集。UNIX 端口使用 1970-01-01 00:00-00:00 UTC 的 POSIX 系统时间。但是，嵌入式端口使用 2000-01-01 00:00:00 UTC。

维护实际日历日期/时间需要 RTC。在底层 OS 中，RTC 可能是隐式的。设置和维护实际日历时间应是 OS/RTOS 的职能，且在 MicroPython 之外完成，使用 OS API 查询日期/时间。主要方法如表 3-15 所示。

表 3–15　　　　　　　　　　　　**utime 模块的主要方法**

方　　法	功　能　描　述
utime.localtime([secs])	将一个以秒计的时间转换为一个包含下列内容的 8 元组：（年、月、日、小时、分钟、秒、一周中某日、一年中某日）。若未提供秒或为 None，则使用 RTC
utime.mktime()	为局部时间的逆函数，其参数为一个表示本地时间的 8 元组。返回一个整数形式的时间，表示 2000 年 1 月 1 日零时以来的秒数
utime.sleep(seconds)	休眠给定的时间（单位为秒）。可为一个表示休眠时间的浮点数
utime.sleep_ms(ms)	延迟给定的时间（单位为毫秒）
utime.sleep_us(μs)	延迟给定的时间（单位为微秒）
utime.ticks_ms()	用在某些值结束后的任意引用点，返回一个递增的毫秒计数器
utime.ticks_us()	如上述的 ticks_ms，但以微秒为单位
utime.ticks_cpu()	与 ticks_ms 和 ticks_us 相似，但分辨率更高（通常为 CPU 时钟）
utime.ticks_add(ticks, delta)	用一个给定数字来抵消 ticks 值，该数字可为正或负
utime.ticks_diff(ticks1, ticks2)	测量连续调用 ticks_ms()、ticks_us()、icks_cpu()的周期
utime.time()	如果 RTC 是正常设置和维护的，则返回整数形式的时间（单位为秒）

示例如下：
```
import time
time.sleep(1)                    #睡眠 1s
time.sleep_ms(500)               #睡眠 500ms
time.sleep_us(10)                #睡眠 10μs
start = time.ticks_ms()          #获取毫秒计数器
delta = time.ticks_diff(time.ticks_ms(), start)      #计算时间差
```

3.6　本章小结

本章对 ESP32 系统的集成开发环境进行了介绍。首先，对 ESP32 官方开发环境 ESP-IDF 的安装和运行进行了说明；其次，分别介绍了 VS Code、Arduino、MicroPython 开发环境在 ESP32 开发板上的开发方法，本书后续代码开发将在这 3 种平台上展开；最后，针对 MicroPython 开发工具的特殊性，总结了其主要模块的使用方法，以方便读者系统学习该开发方法。

4 第4章 基础外设开发

本章介绍 ESP32 开发板的基础外设开发方法，首先对 IO_MUX 和 GPIO 交换矩阵进行系统描述，然后对 ESP32 的中断矩阵进行介绍，最后对 ADC、DAC 和定时器的类型定义进行阐述，并结合具体应用程序进行示范。

4.1 IO_MUX 和 GPIO 交换矩阵

IO_MUX 和 GPIO
交换矩阵

ESP32 的 I/O 是其与外部世界交互的基础。ESP32 芯片有 34 个物理 GPIO 引脚，每个引脚都可用作通用 I/O 引脚，或者连接一个内部的外设信号。

数字引脚（控制信号：FUN_SEL、IE、OE、WPU、WDU 等）、162 个外设输入信号和 176 个外设输出信号（控制信号：SIG_IN_SEL、SIG_OUT_SEL、IE、OE 等）、快速外设输入输出信号（控制信号：IE、OE 等），以及 RTC IO_MUX 之间的信号选择和连接关系，构成了 ESP32 的 I/O 复用和 GPIO 交换矩阵。

IO_MUX、RTC IO_MUX 和 GPIO 交换矩阵用于将信号从外设传输至 GPIO 引脚，它们共同组成了芯片的 I/O 控制，如图 4-1 所示。ESP32 芯片的 34 个物理 GPIO 引脚编号为 0～19、21～23、25～27、32～39。其中，编号为 34～39 的引脚仅用作输入引脚，其他引脚既可以作为输入引脚又可作为输出引脚。

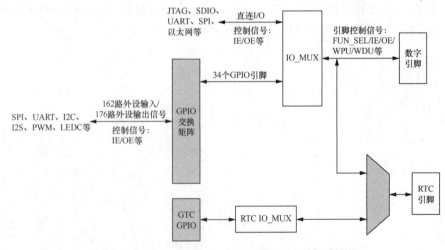

图 4-1　IO_MUX、RTC IO_MUX 和 GPIO 交换矩阵结构

1. IO_MUX 中每个 GPIO 引脚有一组寄存器

寄存器可以配置成 GPIO 功能，连接 GPIO 交换矩阵；也可以配置成直连功能，旁路 GPIO 交换矩阵，以传输高速信号，例如，以太网、SDIO、SPI、UART 等会旁路 GPIO 交换矩阵，以实现更好的高频数字特性，所以高速信号会直接通过 IO_MUX 输入输出。

2. RTC IO_MUX 用于控制 GPIO 引脚的低功耗和模拟功能

只有部分 GPIO 引脚具有这些功能，引脚编号为 0、2、4、12~15、25~27、32~39。

3. GPIO 交换矩阵是外设输入输出信号和引脚之间的全交换矩阵

- 芯片输入方向：162 个外设输入信号都可以选择任意一个 GPIO 引脚的输入信号。
- 芯片输出方向：每个 GPIO 引脚输出信号可为 176 个外设输出信号中的任意一个。

因此，输入输出的方式有如下几种：IO_MUX 的直接输入输出、RTC IO_MUX 的输入输出、GPIO 交换矩阵的外设输入输出。

4.1.1 IO_MUX 的直接 I/O 功能

ESP32 系统与外设交互的高速信号会直接通过 IO_MUX 输入输出。这种模式比使用 GPIO 交换矩阵的灵活度要低，即每个 GPIO 引脚的 IO_MUX 寄存器只有较少的功能选择，但可以实现更好的高频数字特性。为实现外设 I/O 旁路，GPIO 交换矩阵必须配置如下两个寄存器。

IO_MUX 引脚列表

（1）GPIO 引脚的 IO_MUX 寄存器必须设置为相应的引脚功能（请扫描二维码获取），不同引脚能够实现的功能不同，最多可以实现 6 个功能。

（2）对于输入信号，必须将 SIG_IN_SEL 寄存器清零，直接将输入信号输出到外设。

复位配置如下。

- 0-IE=0（输入关闭）。
- 1-IE=1（输入使能）。
- 2-IE=1,WPD=1（输入使能，下拉电阻）。
- 3-IE=1,WPU=1（输入使能，上拉电阻）。
- R 引脚通过 RTC_MUX 具有 RTC/模拟功能。
- I 引脚只能配置为输入 GPIO 引脚。

4.1.2 RTC IO_MUX 的 I/O 功能

18 个 GPIO 引脚具有低功耗（低功耗 RTC）性能和模拟功能，由 ESP32 的 RTC 子系统控制。这些功能不使用 IO_MUX 和 GPIO 交换矩阵，而是使用 RTC_MUX 将 I/O 指向 RTC 子系统。这些引脚被配置为 RTC GPIO 引脚，作为输出引脚使用时，能够在芯片处于深度睡眠模式时保持输出电平值；作为输入引脚使用时，可以将芯片从深度睡眠模式下唤醒。RTC_MUX 引脚清单请扫描二维码获取。

RTC_MUX 引脚清单

每个引脚的模拟功能和 RTC 功能是由 RTC_GPIO_PINx 寄存器中的 RTC_IO_TOUCH_PADx_TO_GPIO 位控制的。此位默认设置为 1，通过 IO_MUX 子系统输入和输出信号。

如果将 RTC_IO_TOUCH_PADx_TO_GPIO 位清零，则输入输出信号会经过 RTC 子系统。在这种模式下，RTC_GPIO_PINx 寄存器用于数字 I/O，引脚的模拟功能也可以实现。

GPIO 引脚与相应的 RTC 引脚及模拟功能有映射关系。请注意，RTC_IO_PINx 寄存器使用的是 RTC GPIO 引脚的编号，不是 GPIO 引脚的编号。

4.1.3　通过 GPIO 交换矩阵的外设输入

为实现通过 GPIO 交换矩阵接收外设输入信号，需要配置 GPIO 交换矩阵，从 34 个 GPIO 引脚（引脚编号为 0～19、21～23、25～27、32～39）中获取外设输入信号的索引（0～18、23～36、39～58、61～90、95～124、140～155、164～181、190～195、198～206）。输入信号通过 IO_MUX 从 GPIO 引脚中读取。IO_MUX 必须设置相应引脚为 GPIO 引脚，这样 GPIO 引脚的输入信号就可进入 GPIO 交换矩阵，然后通过 GPIO 交换矩阵进入选择的外设输入，如图 4-2 所示。

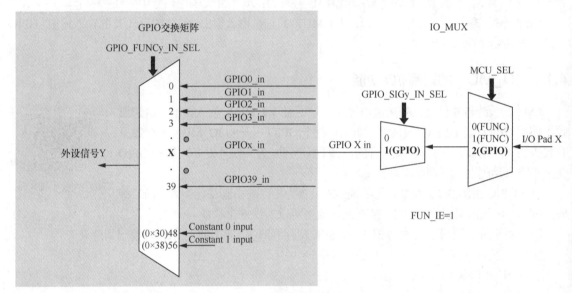

图 4-2　通过 GPIO 交换矩阵输入信号

把某个外设信号 Y 绑定到 GPIO 引脚 X 的配置过程如下。

（1）在 GPIO 交换矩阵中配置外设信号 Y 的 GPIO_FUNCy_IN_SEL_CFG 寄存器，设置 GPIO_FUNCy_IN_SEL 字段为要读取的 GPIO 引脚 X 的值，清空 GPIO 引脚的其他字段。

（2）在 GPIO 交换矩阵中配置 GPIO 引脚 X 的 GPIO_FUNCx_OUT_SEL_CFG 寄存器、清空 GPIO_ENABLE_DATA[x]字段。要强制引脚的输出状态始终由 GPIO_ENABLE_DATA[x]字段决定，应将 GPIO_FUNCx_OUT_SEL_CFG 寄存器的 GPIO_FUNCx_OEN_SEL 字段设置为 1。GPIO_ENABLE_DATA[x]字段在 GPIO_ENABLE_REG（GPIO 引脚编号为 0～31）或 GPIO_ENABLE1_REG（GPIO 引脚编号为 32～39）中，清空此位可以关闭 GPIO 引脚的输出。

（3）配置 IO_MUX 寄存器来选择 GPIO 交换矩阵。配置 GPIO 引脚 X 的 IO_MUX_x_REG。设置功能字段（MCU_SEL）为 GPIO 引脚 X 的 IO_MUX 功能（引脚功能 3，数值为 2）。置位 FUN_IE 使能输入。置位或清空 FUN_WPU 和 FUN_WPD 位，使能或关闭内部上拉/下拉电阻。

（4）GPIO_IN_REG/GPIO_IN1_REG 寄存器存储着每一个 GPIO 引脚的输入值。任意 GPIO 引脚的输入值都可以随时读取，而无须为某一个外设信号配置 GPIO 交换矩阵。但是，需要为引脚 X 的 IO_MUX_x_REG 寄存器配置 FUN_IE 位以使能输入。

4.1.4 通过 GPIO 交换矩阵的外设输出

为实现通过 GPIO 交换矩阵输出外设信号，需要配置 GPIO 交换矩阵，将输出索引为 0～18、23～37、61～121、140～215、224～228 的外设信号输出到 28 个 GPIO 引脚（引脚编号为 0～19、21～23、25～27、32～33）。输出信号从外设输出到 GPIO 交换矩阵，然后到达 IO_MUX。IO_MUX 必须设置相应引脚为 GPIO 引脚，这样输出 GPIO 信号就能连接到相应引脚，如图 4-3 所示。其中，输出索引为 224～228 的外设信号，可配置为从一个 GPIO 引脚输入后直接由另一个 GPIO 引脚输出。176 个输出信号中的某一个信号通过 GPIO 交换矩阵到达 IO_MUX，然后连接到某个引脚。输出外设信号 Y 到 GPIO 引脚 X 的步骤如下。

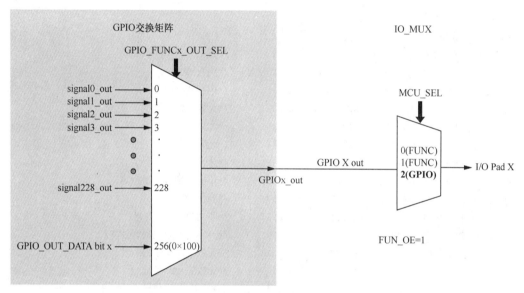

图 4-3　通过 GPIO 交换矩阵输出信号

（1）在 GPIO 交换矩阵里配置 GPIO 引脚 X 的 GPIO_FUNCx_OUT_SEL_CFG 寄存器和 GPIO_ENABLE_DATA[x]字段。设置 GPIO_FUNCx_OUT_SEL_CFG 寄存器的 GPIO_FUNCx_OUT_SEL 字段为外设信号 Y 的索引（Y）。要将信号强制使能为输出模式，应把 GPIO 引脚 X 的 GPIO_FUNCx_OUT_SEL_CFG 寄存器的 GPIO_FUNCx_OEN_SEL 置位，并且将 GPIO_ENABLE_REG 寄存器的 GPIO_ENABLE_DATA[x]字段置位；或者对 GPIO_FUNCx_OEN_SEL 清零，此时输出使能信号由内部逻辑功能决定。GPIO_ENABLE_DATA[x]字段在 GPIO_ENABLE_REG（GPIO 引脚编号为 0～31）或 GPIO_ENABLE1_REG（GPIO 引脚编号为 32～39）中，清空后可以关闭 GPIO 引脚的输出。

（2）选择以开漏方式输出，可以设置 GPIO 引脚 X 的 GPIO_PINx 寄存器中的 GPIO_PINx_PAD_DRIVER 位。

（3）配置 IO_MUX 寄存器选择 GPIO 交换矩阵。配置 GPIO 引脚 X 的 IO_MUX_x_REG。设置功能字段（MCU_SEL）为 GPIO 引脚 X 的 IO_MUX 功能（引脚功能 3，数值为 2）。设置 FUN_DRV 字段为特定的输出强度值（0～3），值越大，输出驱动能力越强。在开漏模式下，通过置位/清零 FUN_WPU 和 FUN_WPD 使能或关闭上拉/下拉电阻。

GPIO 交换矩阵也可以用于简单 GPIO 输出，设置 GPIO_OUT_DATA 寄存器中某一位的值可以写入对应的 GPIO 引脚。为实现某一引脚的 GPIO 输出，设置 GPIO 交换矩阵 GPIO_FUNCx_OUT_SEL

寄存器为特定的外设索引值 256（0x100）。

4.1.5　GPIO 类型定义

ESP32 开发环境定义了自身的常量、变量和函数，这些构成了 ESP32 开发的基础。下面简单介绍 ESP32 的 GPIO 编程基础知识。头文件 esp_err.h、gpio_types.h 和 gpio.h 中，有一些基于 C 语言的预定义。

1. esp_err_t 类型

esp_err_t 类型就是 int32 类型在 ESP32 开发环境中的名称，很多函数和方法的返回值都是这个类型，定义如下。

```
typedef int32_t esp_err_t;
```

主要定义的错误常量类型如下。

```
#define ESP_OK                      0          /*成功*/
#define ESP_FAIL                    -1         /*失败*/
#define ESP_ERR_NO_MEM              0x101      /*内存溢出*/
#define ESP_ERR_INVALID_ARG        0x102      /*无效参数*/
#define ESP_ERR_INVALID_STATE      0x103      /*无效状态*/
#define ESP_ERR_INVALID_SIZE       0x104      /*无效大小*/
#define ESP_ERR_NOT_FOUND          0x105      /*未发现请求资源*/
#define ESP_ERR_NOT_SUPPORTED      0x106      /*不支持操作或功能*/
#define ESP_ERR_TIMEOUT            0x107      /*操作超时*/
#define ESP_ERR_INVALID_RESPONSE   0x108      /*收到的回应无效 */
#define ESP_ERR_INVALID_CRC        0x109      /*!< CRC 或校验和无效*/
#define ESP_ERR_INVALID_VERSION    0x10A      /*无效的版本*/
#define ESP_ERR_INVALID_MAC        0x10B      /*无效的MAC地址*/
#define ESP_ERR_WIFI_BASE          0x3000     /*Wi-Fi 错误代码的起始编号*/
#define ESP_ERR_MESH_BASE          0x4000     /*MESH 错误代码的起始编号*/
#define ESP_ERR_FLASH_BASE         0x6000     /*闪存错误代码的起始编号*/
```

2. gpio_num_t 类型

gpio_num_t 是 ESP32 引脚的定义，是枚举类型，定义如下。

```
typedef enum {
    GPIO_NUM_NC = -1,    /*无连接引脚，用于信号*/
    GPIO_NUM_0 = 0,      /*GPIO0，输入输出 */
    GPIO_NUM_1 = 1,      /*GPIO1，输入输出*/
    GPIO_NUM_2 = 2,      /*GPIO2，输入输出*/
    ……
    GPIO_NUM_32 = 32,    /*GPIO32，输入输出*/
    GPIO_NUM_33 = 33,    /*GPIO33，输入输出*/
    GPIO_NUM_34 = 34,    /*GPIO34, 输入(ESP32)/输入输出(ESP32-S2) */
    GPIO_NUM_35 = 35,    /*GPIO35, 输入(ESP32)/输入输出(ESP32-S2) */
    GPIO_NUM_36 = 36,    /*GPIO36, 输入(ESP32)/输入输出(ESP32-S2) */
    GPIO_NUM_37 = 37,    /*GPIO37, 输入(ESP32)/输入输出(ESP32-S2) */
    GPIO_NUM_38 = 38,    /*GPIO38, 输入(ESP32)/输入输出(ESP32-S2) */
    GPIO_NUM_39 = 39,    /*GPIO39, 输入(ESP32)/输入输出(ESP32-S2) */
#if GPIO_PIN_COUNT > 40
```

```
    GPIO_NUM_40 = 40,     /*GPIO40，输入输出*/
    GPIO_NUM_41 = 41,     /*GPIO41，输入输出 */
    GPIO_NUM_42 = 42,     /*GPIO42，输入输出 */
    GPIO_NUM_43 = 43,     /*GPIO43，输入输出*/
    GPIO_NUM_44 = 44,     /*GPIO44，输入输出*/
    GPIO_NUM_45 = 45,     /*GPIO45，输入输出*/
    GPIO_NUM_46 = 46,     /*GPIO46，输入输出*/
#endif
    GPIO_NUM_MAX,
} gpio_num_t;
```

3. gpio_int_type_t 类型

gpio_int_type_t 是 ESP32 中断类型的定义，是枚举类型，定义如下。

```
typedef enum {
    GPIO_INTR_DISABLE = 0,        /*禁用 GPIO 中断*/
    GPIO_INTR_POSEDGE = 1,        /*GPIO 中断类型：上升沿*/
    GPIO_INTR_NEGEDGE = 2,        /*GPIO 中断类型：下降沿*/
    GPIO_INTR_ANYEDGE = 3,        /*GPIO 中断类型：上升沿和下降沿*/
    GPIO_INTR_LOW_LEVEL = 4,      /*GPIO 中断类型：低电平触发*/
    GPIO_INTR_HIGH_LEVEL = 5,     /*GPIO 中断类型：高电平触发*/
    GPIO_INTR_MAX,
} gpio_int_type_t;
```

4. gpio_mode_t 类型

gpio_mode_t 类型定义了 ESP32 的 GPIO 模式，是枚举类型，定义如下。

```
typedef enum {
    GPIO_MODE_DISABLE = GPIO_MODE_DEF_DISABLE,    /*禁用输入输出*/
    GPIO_MODE_INPUT = GPIO_MODE_DEF_INPUT,         /*仅为输入*/
    GPIO_MODE_OUTPUT = GPIO_MODE_DEF_OUTPUT,       /*仅为输出*/
    GPIO_MODE_OUTPUT_OD = ((GPIO_MODE_DEF_OUTPUT) | (GPIO_MODE_DEF_OD)),
        /*仅为输出开漏*/
    GPIO_MODE_INPUT_OUTPUT_OD = ((GPIO_MODE_DEF_INPUT) | (GPIO_MODE_DEF_OUTPUT) |
(GPIO_MODE_DEF_OD)), /*输入输出和开漏*/
    GPIO_MODE_INPUT_OUTPUT = ((GPIO_MODE_DEF_INPUT) | (GPIO_MODE_DEF_OUTPUT)),
        /*输入输出模式*/
} gpio_mode_t;
```

5. gpio_pullup_t 类型

gpio_pullup_t 类型定义了 ESP32 的 GPIO 的上拉功能，是枚举类型，定义如下。

```
typedef enum {
    GPIO_PULLUP_DISABLE = 0x0,     /*禁用 GPIO 上拉电阻*/
    GPIO_PULLUP_ENABLE = 0x1,      /*使能 GPIO 上拉电阻*/
} gpio_pullup_t;
```

6. gpio_pulldown_t 类型

gpio_pulldown_t 类型定义了 ESP32 的 GPIO 的下拉功能，是枚举类型，定义如下。

```
typedef enum {
    GPIO_PULLDOWN_DISABLE = 0x0,    /*禁用 GPIO 下拉电阻*/
    GPIO_PULLDOWN_ENABLE = 0x1,     /*使能 GPIO 下拉电阻*/
} gpio_pulldown_t;
```

7. gpio_config_t 类型

gpio_config_t 函数简要配置 GPIO 引脚的参数，定义如下。

```
typedef struct {
    uint64_t pin_bit_mask;              /*GPIO 引脚：设置位掩码，每个位映射到一个 GPIO*/
    gpio_mode_t mode;                   /*GPIO 模式：设置输入输出模式*/
    gpio_pullup_t pull_up_en;           /*GPIO 上拉*/
    gpio_pulldown_t pull_down_en;       /*GPIO 下拉*/
    gpio_int_type_t intr_type;          /*GPIO 中断类型*/
} gpio_config_t;
```

8. gpio_pull_mode_t 类型

gpio_pull_mode_t 定义输入输出接口 Pad 的拉取模式，是枚举类型，定义如下。

```
typedef enum {
    GPIO_PULLUP_ONLY,                   /*引脚上拉*/
    GPIO_PULLDOWN_ONLY,                 /*引脚下拉*/
    GPIO_PULLUP_PULLDOWN,               /*引脚上拉+下拉*/
    GPIO_FLOATING,                      /*引脚悬浮*/
}gpio_pull_mode_t;
```

9. gpio_drive_cap_t 类型

gpio_drive_cap_t 为 GPIO 的接口驱动能力的定义，是枚举类型，定义如下。

```
typedef enum {
    GPIO_DRIVE_CAP_0 = 0,               /*引脚驱动能力：弱*/
    GPIO_DRIVE_CAP_1 = 1,               /*引脚驱动能力：较强*/
    GPIO_DRIVE_CAP_2 = 2,               /*引脚驱动能力：中*/
    GPIO_DRIVE_CAP_DEFAULT = 2,         /*引脚默认驱动能力：中*/
    GPIO_DRIVE_CAP_3 = 3,               /*引脚驱动能力：强*/
    GPIO_DRIVE_CAP_MAX,
} gpio_drive_cap_t;
```

GPIO 相关 API

GPIO 使用的相关 API，请扫描二维码获取。

4.1.6 GPIO 示例程序

本小节包括基于 ESP-IDF 的 VS Code、Arduino 和 MicroPython 开发环境的 3 种代码实现。示例为经典的 LED 每隔 1s 闪烁实验。实验硬件连接方式：在 ESP32 开发板的引脚 GPIO18 上连接 LED 正极，再连接一个阻值为 1kΩ 的电阻器，开发板的 GND 引脚连接 LED 负极，如图 4-4 所示。电压的选择以不超过 LED 的驱动电压为准，一般情况下白色 LED 驱动电压为 3.0～3.3V，红色 LED 驱动电压为 1.8～2.2V，蓝色 LED 驱动电压为 3.0～3.2V，绿色 LED 驱动电压为 2.9～3.1V，黄色 LED 驱动电压为 1.8～2.0V。

1. 基于 ESP-IDF 的 VS Code 开发环境实现方式一

代码如下。

```
#include <stdio.h>
#include "freertos/FreeRTOS.h"
#include "freertos/task.h"
#include "driver/gpio.h"
#include "sdkconfig.h"
#define LED 18                                          //定义输出引脚
```

```
void LED_Task(void *pvParameter)
{
    gpio_pad_select_gpio(LED);                           //选择芯片引脚
    gpio_set_direction(LED, GPIO_MODE_OUTPUT);          //设置该引脚为输出模式
    while(1) {
        gpio_set_level(LED, 0);                         //电平为低
        vTaskDelay(1000 / portTICK_PERIOD_MS);          //延迟1s
        gpio_set_level(LED, 1);                         //电平为高
        vTaskDelay(1000 / portTICK_PERIOD_MS);          //延迟1s
    }
}
void app_main()                                         //主函数
{
xTaskCreate(&LED_Task,"LED_Task",configMINIMAL_STACK_SIZE,NULL,5,NULL);//新建一个任务
}
```

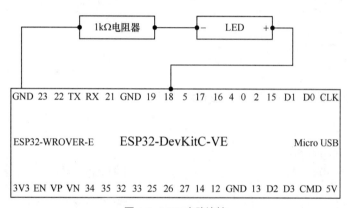

图 4-4 LED 电路连接

2. 基于 ESP-IDF 的 VS Code 开发环境实现方式二

代码如下。

```
#include <stdio.h>
#include <string.h>
#include <stdlib.h>
#include "freertos/FreeRTOS.h"
#include "freertos/task.h"
#include "freertos/queue.h"
#include "driver/gpio.h"
#define GPIO_OUTPUT_IO_0     18
#define GPIO_OUTPUT_PIN_SEL  1ULL<<GPIO_OUTPUT_IO_0
void app_main(void)
{
    gpio_config_t io_conf;                               //定义 GPIO 结构体
    io_conf.intr_type = GPIO_PIN_INTR_DISABLE;          //禁用中断
    io_conf.mode = GPIO_MODE_OUTPUT;                    //设置为输出模式
    io_conf.pin_bit_mask = GPIO_OUTPUT_PIN_SEL;         //位掩码 GPIO 18
    io_conf.pull_down_en = 0;                           //禁用下拉模式
    io_conf.pull_up_en = 0;                             //禁用上拉模式
    gpio_config(&io_conf);                              //使用上面的参数配置 GPIO
    int cnt = 0;                                        //计数变量
```

```
    while(1) {
        printf("cnt: %d\n", cnt++);                    //串口可以看到计数输出
        vTaskDelay(1000 / portTICK_RATE_MS);           //延时 1s
        gpio_set_level(GPIO_OUTPUT_IO_0, cnt % 2);     //求余设置电平
    }
}
```

3. 基于 ESP_IDF 的 Arduino 开发环境实现

代码如下。

```
#define LED 18                          //定义输出引脚
void setup() {
  Serial.begin(115200);                 //设置串口监视器波特率
  pinMode(LED, OUTPUT);                 //设置引脚状态为输出
}
void loop() {                           //主函数
  digitalWrite(LED, 0);                 //电平为低
  delay(1000);                          //延迟 1s
  digitalWrite(LED, 1);                 //电平为高
  delay(1000);                          //延迟 1s
}
```

4. 基于 ESP_IDF 的 MicroPython 开发环境实现

代码如下。

```
import time
from machine import Pin
led=Pin(18,Pin.OUT)                     #设置输出引脚
while True:
    led.value(0)                        #电平为低
    time.sleep(1)                       #延时 1s
    led.value(1)                        #电平为高
     time.sleep(1)                      #延时 1s
```

4.2 ESP32 系统中断矩阵

ESP32 系统中断
矩阵

　　ESP32 系统中断矩阵可将任一外部中断源单独分配给每个 CPU 的任一外部中断，提供了强大的灵活性，能适应不同的应用需求。本节对 ESP32 开发板的中断矩阵功能描述与实现、相关 API 和示例程序等进行介绍。

4.2.1 中断矩阵概述

　　ESP32 中断主要有以下特性：接收 71 个外部中断源作为输入，为两个 CPU 分别生成 26 个外部中断（共 52 个）作为输出，屏蔽 CPU 的 NMI 类型中断，查询外部中断源当前的中断状态。中断矩阵结构如图 4-5 所示，包括外部中断配置寄存器、外部中断源和外部中断源状态寄存器等。

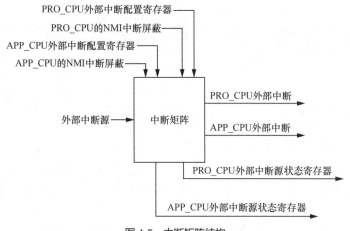

图 4-5 中断矩阵结构

4.2.2 中断功能描述

本小节主要介绍外部中断源、CPU 中断源、分配外部中断源至 CPU 外部中断、屏蔽 CPU 的 NMI 类型中断和查询外部中断源当前的中断状态。

1. 外部中断源

ESP32 共有 71 个外部中断源，有 67 个可以分配给两个 CPU，其余 4 个外部中断源只能分配给特定的 CPU，每个 CPU 分配 2 个。GPIO_INTERRUPT_PRO 和 GPIO_INTERRUPT_PRO_NMI 只可以分配给 PRO_CPU，GPIO_INTERRUPT_APP 和 GPIO_INTERRUPT_APP_NMI 只可以分配给 APP_CPU。因此，PRO_CPU 与 APP_CPU 各分配到 69 个外部中断源。外部中断配置寄存器、外部中断源中断状态寄存器、外部中断源请扫描二维码获取。

PRO_CPU、APP_CPU 外部中断配置寄存器、中断源、中断状态寄存器

2. CPU 中断源

两个 CPU（PRO_CPU 和 APP_CPU）各有 32 个中断，其中 26 个为外部中断。表 4-1 列出了每个 CPU 所有的中断。

表 4-1　　　　　　　　　　　　　　　　　CPU 中断

编 号	类 别	种 类	优先级	编 号	类 别	种 类	优先级
0	外部中断	电平触发	1	12	外部中断	电平触发	1
1	外部中断	电平触发	1	13	外部中断	电平触发	1
2	外部中断	电平触发	1	14	外部中断	NMI	NMI
3	外部中断	电平触发	1	15	内部中断	定时器 1	3
4	外部中断	电平触发	1	16	内部中断	定时器 2	5
5	外部中断	电平触发	1	17	外部中断	电平触发	1
6	内部中断	定时器 0	1	18	外部中断	电平触发	1
7	内部中断	软件	1	19	外部中断	电平触发	2
8	外部中断	电平触发	1	20	外部中断	电平触发	2
9	外部中断	电平触发	1	21	外部中断	电平触发	2
10	外部中断	边沿触发	1	22	外部中断	边沿触发	3
11	内部中断	解析	3	23	外部中断	电平触发	3

编 号	类 别	种 类	优先级	编 号	类 别	种 类	优先级
24	外部中断	电平触发	4	28	外部中断	边沿触发	4
25	外部中断	电平触发	4	29	内部中断	软件	3
26	外部中断	电平触发	5	30	外部中断	边沿触发	4
27	外部中断	电平触发	3	31	外部中断	电平触发	5

3. 分配外部中断源至 CPU 外部中断

首先，按照如下规则描述中断：记号 Source_X 代表某个外部中断源；记号 PRO_X_MAP_REG（或 APP_X_MAP_REG）表示 PRO_CPU（或 APP_CPU）的某个外部中断配置寄存器，且此外部中断配置寄存器与外部中断源 Source_X 相对应。

其次，根据中断源、寄存器、内外中断，可以这样描述中断矩阵控制器操作：将外部中断源 Source_X 分配到 CPU（PRO_CPU 或 APP_CPU）；将寄存器 PRO_X_MAP_REG（APP_X_MAP_REG）配成 Num_P，Num_P 可以取任意 CPU 外部中断值，CPU 中断可以被多个外设共享；关闭 CPU（PRO_CPU 或 APP_CPU）外部中断源 Source_X；将寄存器 PRO_X_MAP_REG（APP_X_MAP_REG）配成任意 Num_I，由于任何被配成 Num_I 的中断都没有连接到 CPU 上，选择特定内部中断值不会造成影响；将多个外部中断源 Source_Xn ORed 分配到 PRO_CPU（APP_CPU）的外部中断；将各个寄存器 PRO_Xn_MAP_REG（APP_Xn_MAP_REG）配成同样的 Num_P，这些外部中断都会触发 CPU 的 Interrupt_P。

4. 屏蔽 CPU 的 NMI 类型中断

中断矩阵能够根据信号 PRO_CPU 的 NMI 中断屏蔽（或 APP_CPU 的 NMI 中断屏蔽）暂时屏蔽所有被分配到 PRO_CPU（或 APP_CPU）的外部中断源的 NMI 类型中断。信号 PRO_CPU 的 NMI 类型中断屏蔽和 APP_CPU 的 NMI 中断屏蔽分别来自外设进程号控制器。

5. 查询外部中断源当前的中断状态

读寄存器 PRO_INTR_STATUS_REG_n（APP_INTR_STATUS_REG_n）中特定位的值就可以获知外部中断源当前的中断状态。寄存器 PRO_INTR_STATUS_REG_n（APP_INTR_STATUS_REG_n）与外部中断源有对应关系。

4.2.3 中断类型定义

中断的大多数功能与 GPIO 有关，GPIO 的头文件中有很多定义和函数是针对中断的，本小节对其主要的定义和函数进行总结。在 gpio_types.h 或 gpio.h 头文件中预定义的 gpio_int_type_t 是 ESP32 中断类型，属于枚举类型，定义如下。

```
typedef enum {
    GPIO_INTR_DISABLE = 0,      /*禁用 GPIO 中断*/
    GPIO_INTR_POSEDGE = 1,      /*GPIO 中断类型：上升沿*/
    GPIO_INTR_NEGEDGE = 2,      /*GPIO 中断类型：下降沿*/
    GPIO_INTR_ANYEDGE = 3,      /*GPIO 中断类型：上升沿和下降沿*/
    GPIO_INTR_LOW_LEVEL = 4,    /*GPIO 中断类型：低电平触发*/
    GPIO_INTR_HIGH_LEVEL = 5,   /*GPIO 中断类型：高电平触发*/
    GPIO_INTR_MAX,
} gpio_int_type_t;
```

中断使用的相关 API 请扫描二维码获取。

中断相关 API

4.2.4 中断示例程序

本小节包括基于 ESP-IDF 的 VS Code、Arduino 和 MicroPython 开发环境的 3 种代码实现。本程序将 GPIO 18 定义为输出、GPIO 4 定义为输入,上拉状态,上升沿触发中断;将 GPIO 18 与 GPIO 4 通过导线直接连接,GPIO 18 产生的脉冲触发计数,对 GPIO 4 进行余 4 运算,每隔 4s 产生中断,在串口输出中断信息。

1. 基于 ESP-IDF 的 VS Code 开发环境实现

代码如下。

```
#include <stdio.h>
#include <string.h>
#include <stdlib.h>
#include "freertos/FreeRTOS.h"
#include "freertos/task.h"
#include "freertos/queue.h"
#include "driver/gpio.h"
#define GPIO_OUTPUT_IO_0      18
#define GPIO_OUTPUT_PIN_SEL  (1ULL<<GPIO_OUTPUT_IO_0)
#define GPIO_INPUT_IO_0       4
#define GPIO_INPUT_PIN_SEL   (1ULL<<GPIO_INPUT_IO_0)
#define ESP_INTR_FLAG_DEFAULT 0
static xQueueHandle gpio_evt_queue = NULL;              //FreeRTOS 的队列句柄
static void IRAM_ATTR gpio_isr_handler(void* arg)    //函数 gpio_isr_handler 的调用规范
{
    uint32_t gpio_num = (uint32_t) arg;
    xQueueSendFromISR(gpio_evt_queue, &gpio_num, NULL);
}
static void gpio_task_example(void* arg)              //构建任务
{
    uint32_t io_num;
    for(;;) {
        if(xQueueReceive(gpio_evt_queue, &io_num, portMAX_DELAY)) {  //接收队列
            printf("GPIO[%d] intr, val: %d\n", io_num, gpio_get_level(io_num));
        }
    }
}
void app_main(void)                                   //主函数
{
    gpio_config_t io_conf;                            //定义结构体
    io_conf.intr_type = GPIO_PIN_INTR_DISABLE;        //禁用中断
    io_conf.mode = GPIO_MODE_OUTPUT;                  //设置输出模式
    io_conf.pin_bit_mask = GPIO_OUTPUT_PIN_SEL;       //GPIO18 的位掩码
    io_conf.pull_down_en = 0;                         //禁用下拉模式
    io_conf.pull_up_en = 0;                           //禁用上拉模式
    gpio_config(&io_conf);                            //使用以上参数初始化 GPIO
    io_conf.intr_type = GPIO_PIN_INTR_POSEDGE;        //上升沿触发中断
    io_conf.pin_bit_mask = GPIO_INPUT_PIN_SEL;        //GPIO4 的位掩码
    io_conf.mode = GPIO_MODE_INPUT;                   //设置输入模式
```

```
        io_conf.pull_up_en = 1;                              //使能上拉模式
        gpio_config(&io_conf);                                   //使用以上参数配置
        gpio_evt_queue = xQueueCreate(10, sizeof(uint32_t));   //创建队列处理中断
        xTaskCreate(gpio_task_example, "gpio_task_example", 2048, NULL, 10, NULL); //开启任务
        gpio_install_isr_service(ESP_INTR_FLAG_DEFAULT);         //安装GPIO中断服务
        gpio_isr_handler_add(GPIO_INPUT_IO_0, gpio_isr_handler, (void*) GPIO_INPUT_IO_0);
                    //GPIO引脚挂钩中断服务程序
        int cnt = 0;
        while(1) {
            printf("cnt: %d\n", cnt++);                          //输出计数
            vTaskDelay(1000 / portTICK_RATE_MS);               //延时1s
            gpio_set_level(GPIO_OUTPUT_IO_0, cnt % 4);         //每隔4个计数，输出一次中断
            //gpio_set_level(GPIO_OUTPUT_IO_1, cnt % 2);
        }
    }
```

读者可以使用 gpio_set_intr_type(GPIO_INPUT_IO_0, GPIO_INTR_ANYEDGE)语句改变中断类型，看看有什么中断效果。

2. Arduino 开发环境实现

代码如下。

```
void callBack(void)
{
  Serial.printf("GPIO 4 Interrupted\n");
}
void setup()
{
  Serial.begin(115200);                    //设置串口监视器波特率
  Serial.println();
  pinMode(18, OUTPUT);                     //GPIO18 为输出模式
  pinMode(4, INPUT);                       //GPIO4 为输入模式
  attachInterrupt(4, callBack, RISING);    //上升沿触发中断
}
int cnt = 0;
void loop()                              //主函数
{
    Serial.printf("cnt: %d\n", cnt++);     //输出计数
    digitalWrite(18, cnt % 4);            //每隔4个计数，输出一次中断
    delay(1000);                          //延时1s
    //detachInterrupt(4);                 //关闭中断
}
```

3. MicroPython 开发环境实现

代码如下。

```
import time
import machine
from machine import Pin
GPIO_OUTPUT=Pin(18,Pin.OUT)
GPIO_INPUT=Pin(4,Pin.IN, Pin.PULL_UP)
cnt=0                                    #定义计数
```

```
interrupt = 0
interruptsCounter = 0                        #计算中断次数
def callback(pin):                           #定义回调函数
  global interrupt, interruptsCounter   #声明为全局变量
  interrupt = 1
  interruptsCounter = interruptsCounter+1
GPIO_INPUT.irq(trigger=Pin.IRQ_RISING, handler=callback)
while True:
    GPIO_OUTPUT.value(cnt%4)
    time.sleep(1)
    cnt=cnt+1
    if interrupt:
        #state = machine.disable_irq()   #禁用计数器
        interrupt = 0
        #machine.enable_irq(state)       #重新启动计数器
        print("Interrupt has occurred: " + str(interruptsCounter))
```

4.3 ADC

ADC

ESP32 采用逐次逼近式 ADC，在每一次转换过程中，通过遍历所有的量化值并将其转化为模拟值，将输入信号与其逐一比较，最终得到要输出的数字信号。

4.3.1 ADC 概述

ESP32 集成了 12 位 ADC，共支持 18 个模拟通道输入。为了实现更低功耗，ESP32 的协处理器也可以在睡眠模式下测量电压。此时，可通过设置阈值或其他触发方式唤醒 CPU。

通过适当的设置，最多可配置 ADC 的 18 个引脚用于模数转换。每个 ADC 单元都支持两种工作模式，即 ADC-RTC 模式和 ADC-DMA 模式。ADC-RTC 由 RTC 控制器控制，适用于低频采样操作；ADC-DMA 由数字控制器控制，适用于高频连续采样操作。

ESP32 的 ADC 由 5 个专用转换器控制器管理，RTC ADC1 控制器、RTC ADC2 控制器、数字ADC1 控制器、数字 ADC2 控制器及功率/峰值监测器可测量来自 18 个引脚的模拟信号，还可测量内部信号。ADC 使用的 5 个控制器均为专用控制器，其中 2 个支持高性能多通道扫描、2 个经过优化可支持深度睡眠模式下的低功耗运行，另外 1 个专门用于 PWDET/PKDET（功率监测/峰值监测）。ADC 的基本结构如图 4-6 所示。

1. RTC ADC 控制器

RTC 电源域中的 ADC 控制器可在低频状态下提供低功耗 ADC 测量。对于每个控制器来说，转换由寄存器 SENS_SAR_MEASn_START_SAR 触发，测量结果保存在寄存器 SENS_SAR_MEASn_DATA_SAR。RTC ADC 控制器的功能概况如图 4-7 所示。

ULP 协处理器与控制器之间的关系非常紧密，已经内置指令来使用 ADC。很多情况下，控制器均需要与 ULP 协处理器协同工作，例如，可在深度睡眠模式下对通道进行周期性检测。在深度睡眠模式下，ULP 协处理器是唯一的触发器，可按一定顺序对通道进行连续扫描。尽管控制器无法支持连续扫描或 DMA，但 ULP 协处理器可协助实现这部分功能。

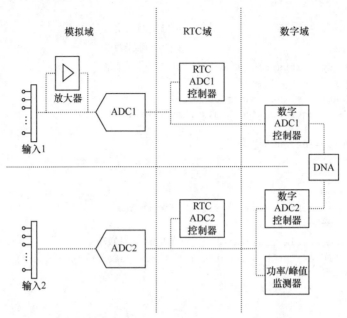

图 4-6　ADC 的基本结构

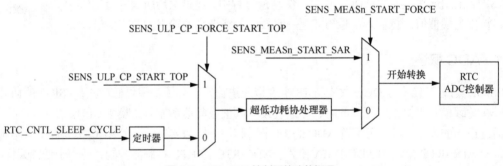

图 4-7　RTC ADC 控制器的功能概况

2. 数字 ADC 控制器

与 RTC ADC 控制器相比，数字 ADC 控制器的性能和吞吐量均实现了一定的优化，具备以下特点：高性能；时钟更快，因此采样速率实现了大幅提升；支持多通道扫描模式；扫描模式可配置为单通道模式、双通道模式或交替模式；扫描可由软件或 I2S 总线发起；支持 DMA；扫描完成即发生中断。

数字 ADC 控制器需要遵守各项测量规则，每个表拥有 16 个项目，可存储通道选择信息、分辨率和衰减信息等内容。当扫描开始时，控制器逐条读取样式表中的测量规则。对于每个控制器而言，每个扫描序列最多拥有 16 条不同的规则。

样式表寄存器的长度为 8 位，包括 3 个字段，分别存储了通道选择信息、分辨率和衰减信息（请扫描二维码获取）。

扫描模式可配置为单通道模式、双通道模式或交替模式。单通道模式：仅 ADC1 或 ADC2 的通道被扫描。双通道模式：ADC1 和 ADC2 的通道都被扫描。交替模式：ADC1 和 ADC2 的通道被交替扫描。

样式表寄存器的
字段信息

ESP32 的 ADC 最终向 DMA 传递的 16 位数据包括 ADC 转换结果及一些因扫描模式不同而有差别的相关信息：单通道模式仅增加 4 位通道选择信息；双通道模式或交替模式，增加 4 位通道选择信息及 1 位 ADC 选择信息。每种扫描模式均有其对应的数据格式，即 I 型和 II 型。有关这两种数据格式的具体描述请扫描二维码获取。

I 型数据格式的 ADC 分辨率最高可支持 12 位，II 型数据格式的 ADC 分辨率最高可支持 11 位。数字 ADC 控制器允许通过 I2S 总线实现直接内存访问，I2S 总线的 WS（Word Select，字段选择）信号可用作测量触发信号；可通过 DATA 信号获得测量结果是否完成的信息；可通过软件配置 APB_SARADC_DATA_TO_I2S，将 ADC 连接至 I2S 总线。

I 型、II 型 DMA
数据格式

3. ADC 引脚

ADC 驱动程序 API 支持 ADC1（8 个通道，连接到 GPIO 引脚，引脚编号为 32～39）和 ADC2（10 个通道，连接到 GPIO 引脚，引脚编号为 0、2、4、12～15、25～27）。但是，由于 Wi-Fi 驱动程序使用 ADC2，因此该应用程序只能在未启动 Wi-Fi 驱动程序时使用 ADC2。一些 ADC2 引脚用作捆绑引脚（GPIO 引脚，引脚编号为 0、2、15），因此不能自由使用。ADC 引脚如表 4-2 所示。

表 4-2　　　　　　　　　　　　　　　　ADC 引脚

信　号	引脚名称	GPIO 引脚
ADC1_CH0	SENSOR_VP	GPIO36
ADC1_CH1	SENSOR_CAPP	GPIO37
ADC1_CH2	SENSOR_CAPN	GPIO38
ADC1_CH3	SENSOR_VN	GPIO39
ADC1_CH4	32K_XP	GPIO32
ADC1_CH5	32K_XN	GPIO33
ADC1_CH6	VDET_1	GPIO34
ADC1_CH7	VDET_2	GPIO35
ADC2_CH0	GPIO4	GPIO4
ADC2_CH1	GPIO0	GPIO0
ADC2_CH2	GPIO2	GPIO2
ADC2_CH3	MTDO	GPIO15
ADC2_CH4	MTCK	GPIO13
ADC2_CH5	MTDI	GPIO12
ADC2_CH6	MTMS	GPIO14
ADC2_CH7	GPIO27	GPIO27
ADC2_CH8	GPIO25	GPIO25
ADC2_CH9	GPIO26	GPIO26

4.3.2　ADC 类型定义

为了方便 ESP32 开发，系统在 adc_common.h、adc.h 和 adc_types.h 头文件中定义了关于 ADC 的数据类型。

1. adc_unit_t 类型

ADC 的单元枚举类型。对于数字 ADC 控制器（DMA 模式），ESP32 不支持 ADC_UNIT_2、ADC_UNIT_BOTH、ADC_UNIT_ALTER。定义如下。

```
typedef enum {
    ADC_UNIT_1 = 1,          /*SAR ADC 1*/
    ADC_UNIT_2 = 2,          /*SAR ADC 2*/
    ADC_UNIT_BOTH = 3,       /*SAR ADC 1 和2*/
```

```
    ADC_UNIT_ALTER = 7,            /*SAR ADC 1 和 2 交替模式*/
    ADC_UNIT_MAX,
} adc_unit_t;
```

2. adc_channel_t 类型

ADC 的通道枚举类型。对于 ESP32 ADC1，请勿使用 ADC_CHANNEL_8、ADC_CHANNEL_9。
定义如下。

```
typedef enum {
    ADC_CHANNEL_0 = 0,    /*!< ADC channel */
    ADC_CHANNEL_1,        /*!< ADC channel */
    ADC_CHANNEL_2,        /*!< ADC channel */
    ADC_CHANNEL_3,        /*!< ADC channel */
    ADC_CHANNEL_4,        /*!< ADC channel */
    ADC_CHANNEL_5,        /*!< ADC channel */
    ADC_CHANNEL_6,        /*!< ADC channel */
    ADC_CHANNEL_7,        /*!< ADC channel */
    ADC_CHANNEL_8,        /*!< ADC channel */
    ADC_CHANNEL_9,        /*!< ADC channel */
    ADC_CHANNEL_MAX,
} adc_channel_t;
```

3. adc1_channel_t 类型

adc1_channel_t 将被弃用，合并为 adc_channel_t，定义如下。

```
typedef enum {
    ADC1_CHANNEL_0 = 0,    /*GPIO36 (ESP32), GPIO1 (ESP32-S2) */
    ADC1_CHANNEL_1,        /*GPIO37 (ESP32), GPIO2 (ESP32-S2) */
    ADC1_CHANNEL_2,        /*GPIO38 (ESP32), GPIO3 (ESP32-S2) */
    ADC1_CHANNEL_3,        /*GPIO39 (ESP32), GPIO4 (ESP32-S2) */
    ADC1_CHANNEL_4,        /*GPIO32 (ESP32), GPIO5 (ESP32-S2) */
    ADC1_CHANNEL_5,        /*GPIO33 (ESP32), GPIO6 (ESP32-S2) */
    ADC1_CHANNEL_6,        /*GPIO34 (ESP32), GPIO7 (ESP32-S2) */
    ADC1_CHANNEL_7,        /*GPIO35 (ESP32), GPIO8 (ESP32-S2) */
#if CONFIG_IDF_TARGET_ESP32
    ADC1_CHANNEL_MAX,
#elif CONFIG_IDF_TARGET_ESP32S2
    ADC1_CHANNEL_8,        /*GPIO9(ESP32-S2)*/
    ADC1_CHANNEL_9,        /*GPIO10(ESP32-S2) */
    ADC1_CHANNEL_MAX,
#endif
} adc1_channel_t;
```

4. adc2_channel_t 类型

adc2_channel_t 将被弃用，合并为 adc_channel_t，定义如下。

```
typedef enum {
    ADC2_CHANNEL_0 = 0,    /*GPIO4(ESP32), GPIO11 (ESP32-S2) */
    ADC2_CHANNEL_1,        /*GPIO0(ESP32), GPIO12 (ESP32-S2) */
    ADC2_CHANNEL_2,        /*GPIO2(ESP32), GPIO13 (ESP32-S2) */
    ADC2_CHANNEL_3,        /*GPIO15 (ESP32), GPIO14 (ESP32-S2) */
    ADC2_CHANNEL_4,        /*GPIO13 (ESP32), GPIO15 (ESP32-S2) */
    ADC2_CHANNEL_5,        /*GPIO12 (ESP32), GPIO16 (ESP32-S2) */
    ADC2_CHANNEL_6,        /*GPIO14 (ESP32), GPIO17 (ESP32-S2) */
    ADC2_CHANNEL_7,        /*GPIO27 (ESP32), GPIO18 (ESP32-S2) */
    ADC2_CHANNEL_8,        /*GPIO25 (ESP32), GPIO19 (ESP32-S2) */
    ADC2_CHANNEL_9,        /*GPIO26 (ESP32), GPIO20 (ESP32-S2) */
```

```
    ADC2_CHANNEL_MAX,
} adc2_channel_t;
```

5. adc_atten_t 类型

ADC 衰减参数，不同的参数对应 ADC 的不同测量范围，定义如下。

```
typedef enum {
    ADC_ATTEN_DB_0   = 0,     /*无输入衰减，ADC 最多可测量 800 mV */
    ADC_ATTEN_DB_2_5 = 1,     /*ADC 输入电压衰减，测量范围约为 0～1100 mV*/
    ADC_ATTEN_DB_6   = 2,     /*ADC 输入电压衰减，测量范围约为 0～1350 mV*/
    ADC_ATTEN_DB_11  = 3,     /*ADC 输入电压衰减，测量范围约为 0～2600 mV*/
    ADC_ATTEN_MAX,
} adc_atten_t;
```

6. adc_i2s_source_t 类型

ESP32 的 ADC DMA 源选择，定义如下。

```
typedef enum {
    ADC_I2S_DATA_SRC_IO_SIG = 0,   /*I2S 数据源于 GPIO 交换矩阵信号*/
    ADC_I2S_DATA_SRC_ADC = 1,      /*I2S 数据源于 ADC*/
    ADC_I2S_DATA_SRC_MAX,
} adc_i2s_source_t;
```

7. adc_bits_width_t 类型

ADC 分辨率设置选项，定义如下。

```
typedef enum {
    ADC_WIDTH_BIT_9 = 0,     /*ADC 捕获宽度为 9 位，仅支持 ESP32*/
    ADC_WIDTH_BIT_10 = 1,    /*ADC 捕获宽度为 10 位，仅支持 ESP32*/
    ADC_WIDTH_BIT_11 = 2,    /*ADC 捕获宽度为 11 位，仅支持 ESP32*/
    ADC_WIDTH_BIT_12 = 3,    /*ADC 捕获宽度为 12 位，仅支持 ESP32*/
#if !CONFIG_IDF_TARGET_ESP32
    ADC_WIDTH_BIT_13 = 4,    /*ADC 捕获宽度为 13 位，仅支持 ESP32-S2*/
#endif
    ADC_WIDTH_MAX,
} adc_bits_width_t;
```

8. adc_digi_convert_mode_t 类型

数字 ADC 控制器（DMA 模式）扫描模式。扫描模式会影响采样频率：SINGLE_UNIT_1，触发测量时仅对 ADC1 采样一次；SINGLE_UNIT_2，触发测量时仅对 ADC2 采样一次；BOTH_UNIT，触发测量时将同时采样 ADC1 和 ADC2；ALTER_UNIT，触发测量时对 ADC1 和 ADC2 交替采样。定义如下。

```
typedef enum {
    ADC_CONV_SINGLE_UNIT_1 = 1, /*SAR ADC1 */
    ADC_CONV_SINGLE_UNIT_2 = 2, /*SAR ADC2*/
    ADC_CONV_BOTH_UNIT     = 3, /*SAR ADC1 和 ADC2*/
    ADC_CONV_ALTER_UNIT    = 7, /*SAR ADC 1 和 ADC2 交替*/
    ADC_CONV_UNIT_MAX,
} adc_digi_convert_mode_t;
```

9. adc_digi_pattern_table_t 类型

数字 ADC 控制器（DMA 模式）转换规则设置，定义如下。

```
typedef struct {
    union {
```

```
        struct {
                uint8_t atten: 2;    /* ADC 采样电压衰减配置，衰减的修改会影响测量范围。 0：测量范围
0～800mV。1：测量范围0～1100mV。2：测量范围0～1350mV。3：测量范围0～2600mV*/
    #ifdef CONFIG_IDF_TARGET_ESP32
                uint8_t bit_width: 2;    /*ADC 精度，0 表示 9 位，1 表示 10 位，2 表示 11 位，3 表示 12
位*/
    #elif CONFIG_IDF_TARGET_ESP32S2
                uint8_t reserved: 2;    /*保留 0*/
    #endif
                uint8_t channel:    4;    /*ADC 通道索引 */
        };
        uint8_t val;
    };
} adc_digi_pattern_table_t;
```

10. adc_digi_output_format_t 类型

数字 ADC 控制器（DMA 模式）输出数据格式选项。12 位的 ADC 到 DMA 数据格式，[15:12]
表示通道，[11:0]表示 12 位 ADC 数据，适用于单次转换模式；11 位的 ADC 到 DMA 数据格式，[15]
表示 ADC 单元，[14:11]表示通道，[10:0]表示 11 位 ADC 数据，适用于多模式或变更转换模式。定
义如下。

```
typedef enum {
    ADC_DIGI_FORMAT_12BIT,    //12 位的格式
    ADC_DIGI_FORMAT_11BIT,    //11 位的格式
    ADC_DIGI_FORMAT_MAX,
} adc_digi_output_format_t;
```

11. adc_digi_output_data_t 类型

数字 ADC 控制器（DMA 模式）输出数据格式，用于分析采集的 ADC（DMA）数据，定义如下。

```
typedef struct {
    union {
        struct {
            uint16_t data:      12;   /*ADC 实际输出数据信息，分辨率12 位*/
            uint16_t channel:    4;   /*ADC 通道索引信息，对于 ESP32-S2，通道值小于 ADC_
CHANNEL_MAX)，数据有效*/
        } type1;              /*配置输出格式为12 位，ADC_DIGI_FORMAT_12BIT` */
        struct {
            uint16_t data:      11;   /*ADC 实际输出数据信息，分辨率11 位*/
            uint16_t channel:    4;   /*ADC 通道索引信息，对于 ESP32-S2， 通道值小于 ADC_
CHANNEL_MAX)，数据有效*/
            uint16_t unit:       1;   /*ADC 单元索引信息，0 表示 ADC1，1 表示 ADC2*/
        } type2;              /*配置输出格式为11 位，ADC_DIGI_FORMAT_11BIT*/
        uint16_t val;
    };
} adc_digi_output_data_t;
```

12. adc_digi_clk_t 类型

针对 ESP32-S2 定义的数字 ADC 控制器（DMA 模式）时钟系统设置，定义如下。

```
typedef struct {
    bool use_apll;       /*True: 使用 APLL 时钟。False: 使用 APB 时钟*/
    uint32_t div_num;    /*分频因子，范围 0～255。使用较高频率的时钟（分频系数小于 9 时），ADC 读数
```

值将略有偏移*/

```
    uint32_t div_b;        /*分频因子, 范围 1～63*/
    uint32_t div_a;        /*分频因子, 范围 0～63*/
} adc_digi_clk_t;
```

时钟计算公式为 controller_clk =(APLL 或 APB)/(div_num + div_a/div_b +1)。

13. adc_digi_config_t 类型

数字 ADC 控制器（DMA 模式）配置参数。其中，模式表定义每个 ADC 的转换规则。每个表有 16 个项目，存储了通道选择信息、分辨率和衰减信息。开始转换后，控制器会从模式表中逐一读取转换规则。对于每个控制器，扫描序列在重复自身之前最多具有 16 个不同的规则。定义如下。

```
typedef struct {
    bool conv_limit_en;   /*启用限制 ADC 转换时间的功能, 超过限制则转换停止*/
    uint32_t conv_limit_num;   /*设置 ADC 转换触发次数的上限, 范围 1～255*/
    uint32_t adc1_pattern_len;   /*数字控制器的样式表长度, 范围 0～16*/
    uint32_t adc2_pattern_len;              /*同 adc1_pattern_len*/
    adc_digi_pattern_table_t *adc1_pattern;   /*指向数字控制器模式表的指针*/
    adc_digi_pattern_table_t *adc2_pattern;   /*指向数字控制器模式表的指针*/
    adc_digi_convert_mode_t conv_mode;         /*数字控制器的 ADC 转换模式*/
    adc_digi_output_format_t format;      /*用于数字控制器的 ADC 输出数据格式*/
#ifdef CONFIG_IDF_TARGET_ESP32S2
    uint32_t interval;              /*数字控制器触发测量的间隔时钟周期数*/
    adc_digi_clk_t dig_clk;        /*数字 ADC 控制器时钟分频器设置*/
    uint32_t dma_eof_num;          /*DMA 控制器的数据数量*/
#endif
} adc_digi_config_t;
```

14. adc_arbiter_mode_t 类型

ADC 仲裁器工作模式选项, 适用于 ESP32-S 系列开发板, 定义如下。

```
typedef enum {
    ADC_ARB_MODE_SHIELD,   /*强制屏蔽仲裁器, 选择最高优先级工作*/
    ADC_ARB_MODE_FIX,      /*固定优先级开关控制器模式*/
    ADC_ARB_MODE_LOOP,     /*循环优先级切换控制器模式*/
} adc_arbiter_mode_t;
```

15. adc_arbiter_t 类型

ADC 仲裁器工作模式和优先级设置, 适用于 ESP32-S 系列开发板, 定义如下。

```
typedef struct {
    adc_arbiter_mode_t mode;   /*只支持 ADC2*/
    uint8_t rtc_pri;           /*RTC 控制器优先级, 范围 0～2*/
    uint8_t dig_pri;           /*数字控制器优先级, 范围 0～2*/
    uint8_t pwdet_pri;         /*Wi-Fi 控制器优先级, 范围 0～2*/
} adc_arbiter_t;
```

仲裁器的默认配置如下。

```
ADC_ARBITER_CONFIG_DEFAULT() { \
    .mode = ADC_ARB_MODE_FIX, \
    .rtc_pri = 1, \
    .dig_pri = 0, \
    .pwdet_pri = 2, \
}
```

16. adc_digi_intr_t 类型

数字 ADC 控制器（DMA 模式）中断类型选项，适用于 ESP32-S 系列开发板，定义如下。

```
typedef enum {
    ADC_DIGI_INTR_MASK_MONITOR = 0x1,
    ADC_DIGI_INTR_MASK_MEAS_DONE = 0x2,
    ADC_DIGI_INTR_MASK_ALL = 0x3,
} adc_digi_intr_t;
```

17. adc_digi_filter_idx_t 类型

数字 ADC 控制器（DMA 模式）滤波器索引选项，适用于 ESP32-S 系列开发板，定义如下。

```
typedef enum {
    ADC_DIGI_FILTER_IDX0 = 0,   /*滤波器索引为 0*/
    ADC_DIGI_FILTER_IDX1,        /*滤波器索引为 1*/
    ADC_DIGI_FILTER_IDX_MAX
} adc_digi_filter_idx_t;
```

18. adc_digi_filter_mode_t 类型

数字 ADC 控制器（DMA 模式）滤波器模式选项，适用于 ESP32-S 系列开发板，定义如下。

```
typedef enum {
    ADC_DIGI_FILTER_IIR_2 = 0,   /*滤波器模式是一阶 IIR 滤波器，系数为 2*/
    ADC_DIGI_FILTER_IIR_4,        /*滤波器模式是一阶 IIR 滤波器，系数为 4*/
    ADC_DIGI_FILTER_IIR_8,        /*滤波器模式是一阶 IIR 滤波器，系数为 8*/
    ADC_DIGI_FILTER_IIR_16,       /*滤波器模式是一阶 IIR 滤波器，系数为 16*/
    ADC_DIGI_FILTER_IIR_64,       /*滤波器模式是一阶 IIR 滤波器，系数为 64*/
    ADC_DIGI_FILTER_IIR_MAX
} adc_digi_filter_mode_t;
```

19. adc_digi_filter_t 类型

数字 ADC 控制器（DMA 模式）滤波器配置，适用于 ESP32-S 系列开发板，定义如下。

```
typedef struct {
    adc_unit_t adc_unit;              /*设置滤波器的 ADC 单元编号*/
    adc_channel_t channel;            /*设置滤波器的通道编号*/
    adc_digi_filter_mode_t mode; /*设置 ADC 滤波器模式*/
} adc_digi_filter_t;
```

20. adc_digi_monitor_idx_t 类型

数字 ADC 控制器（DMA 模式）监视器索引选项，适用于 ESP32-S 系列开发板，定义如下。

```
typedef enum {
    ADC_DIGI_MONITOR_IDX0 = 0,   /*设置监视器索引 0*/
    ADC_DIGI_MONITOR_IDX1,        /*设置监视器索引 1*/
    ADC_DIGI_MONITOR_IDX_MAX
} adc_digi_monitor_idx_t;
```

21. adc_digi_monitor_mode_t 类型

数字 ADC 控制器的监视模式选项，适用于 ESP32-S 系列开发板，定义如下。

```
typedef enum {
    ADC_DIGI_MONITOR_HIGH = 0,   /*如果 ADC_OUT 大于门槛，产生监控中断*/
    ADC_DIGI_MONITOR_LOW,         /*如果 ADC_OUT 小于门槛，产生监控中断*/
    ADC_DIGI_MONITOR_MAX
} adc_digi_monitor_mode_t;
```

22. adc_digi_monitor_t 类型

数字 ADC 控制器（DMA 模式）监视器配置，适用于 ESP32-S 系列开发板，定义如下。

```
typedef struct {
    adc_unit_t adc_unit;                /*为监视器设置 ADC 单元*/
    adc_channel_t channel;              /*为监视器设置通道*/
    adc_digi_monitor_mode_t mode;       /*设置监视器模式*/
    uint32_t threshold;                 /*设置监视器门槛*/
} adc_digi_monitor_t;
```

23. adc_i2s_encode_t 类型

数字 ADC 控制器编码选项，规范 ADC 至 DMA 数据格式，定义如下。

```
typedef enum {
    ADC_ENCODE_12BIT, /*[15:12]通道, [11：0]ADC 数据*/
    ADC_ENCODE_11BIT, /*[15]单元, [14:11]通道, [10：0] ADC 数据*/
    ADC_ENCODE_MAX,
} adc_i2s_encode_t;
```

ADC 相关 API 请扫描二维码获取。

ADC 相关 API

4.3.3　ADC 示例程序

本小节包括基于 ESP-IDF 的 VS Code、Arduino 和 MicroPython 开发环境的 3 种代码实现。ESP32 有两个 12 位的 ADC，即 ADC1（8 个通道，连接到 GPIO 引脚，引脚编号为 32～39）和 ADC2（10 个通道，连接到 GPIO 引脚，引脚编号为 0、2、4、12～15、25～27）。编程的重点主要是在程序中配置精度、衰减倍数、通道引脚，也就是 ADC 的位数配置、检测范围、连接引脚。

1. 基于 ESP-IDF 的 VS Code 开发环境 ADC1 示例

ESP32 开发板内置霍尔传感器，可检测其周围磁场的变化，也可将磁感应强度转换为电压，送入放大器，通过 SENSOR_VP 和 SENSOR_VN 引脚输出。ESP32 内置 ADC 可将信号转换为数值，由 CPU 在数字域内完成操作。霍尔传感器结构如图 4-8 所示。

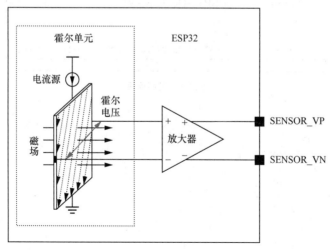

图 4-8　霍尔传感器结构

本示例使用 ADC1 检测开发板自带的霍尔传感器数值。霍尔传感器使用 ADC1 的通道 0 和 3

85

（GPIO 36、39 号引脚），获取霍尔传感器的数值并输出到串口。如果有磁铁，将之在开发板的金属片附近移动，可看见串口输出数值的变化，代码如下。

```
#include <stdio.h>
#include <string.h>
#include "freertos/FreeRTOS.h"
#include "freertos/task.h"
#include "freertos/queue.h"
#include "driver/uart.h"
#include <driver/adc.h>
void app_main()
{
 adc1_config_width(ADC_WIDTH_BIT_12);    //设置位宽
 adc1_config_channel_atten(ADC1_CHANNEL_0, ADC_ATTEN_DB_0);//设置衰减
 while(1){
        int val = hall_sensor_read();               //读取霍尔传感器的值
        printf("The hall val: %d\n",val);            //串口输出值
        vTaskDelay(100);                             //延时
        }
}
```

2. 基于 ESP-IDF 的 VS Code 开发环境 ADC2 示例

本示例使用 ADC2 读取光敏电阻器的采样值和电压，并在串口输出数值。通过这个示例，读者可更加明确 ADC1 和 ADC2 使用方法的不同。ADC2 的通道 0 在 GPIO 4 号引脚上，电路连接如图 4-9 所示。代码如下。

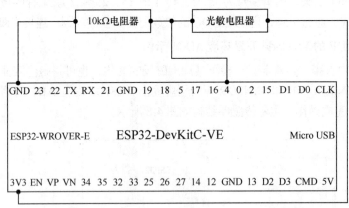

图 4-9　电路连接

```
/*ADC2 示例*/
#include <stdio.h>
#include <stdlib.h>
#include "freertos/FreeRTOS.h"
#include "freertos/task.h"
#include "driver/gpio.h"
#include "driver/adc.h"
#include "esp_adc_cal.h"
#include <esp_log.h>
//ADC 初始化
//ADC_ATTEN_DB_0：表示参考电压为 1.1V
//ADC_ATTEN_DB_2_5：表示参考电压为 1.5V
//ADC_ATTEN_DB_6：表示参考电压为 2.2V
```

```
//ADC_ATTEN_DB_11：表示参考电压为 3.9V
void adc_Init()
{
adc2_config_channel_atten(ADC2_CHANNEL_0,ADC_ATTEN_DB_6);
        //ADC2 设置通道 0 和 2.2V 参考电压
}
void app_main()     //用户函数入口，相当于 main() 函数
{
    int read_raw;
    printf("APP Start......\n");
    adc_Init();
    while(1){
    adc2_get_raw(ADC2_CHANNEL_0, ADC_WIDTH_12Bit, &read_raw);
        //采集 ADC
        //ADC 的结果转换成电压
        //参考电压是 2.2V，所以是 2200mV；12 位分辨率，所以是 4096
        printf("ADV_Value: %d Voltage: %d mV \r\n", read_raw,(read_raw*2200)/4096);
        vTaskDelay(1000 / portTICK_RATE_MS);    //延迟
    }
}
```

3. Arduino 开发环境实现

代码如下。

```
#include "driver/gpio.h"
#include "driver/adc.h"
#include "esp_adc_cal.h"
void setup() {
  Serial.begin(115200);      //设置串口监视器波特率
  adc2_config_channel_atten(ADC2_CHANNEL_0,ADC_ATTEN_DB_6);
  //ADC2 设置通道 0 和 2.2V 参考电压
}
void loop() {
  int read_raw;
  Serial.printf("APP Start......\n");
  adc2_get_raw(ADC2_CHANNEL_0, ADC_WIDTH_12Bit, &read_raw);
  //ADC 的结果转换成电压，参考电压是 2.2V，所以是 2200mV；12 位分辨率，所以是 4096
  Serial.printf("ADV_Value: %d    Voltage:  %d mV \r\n", read_raw, (read_raw*2200)/4096);
  delay(1000); //延迟
}
```

4. MicroPython 开发环境实现

代码如下。

```
from machine import ADC, Pin
from time import sleep_ms
adc = ADC(Pin(32))     #在 32 号引脚实例化 ADC（MicroPython 只支持在 32～39 号引脚对 ADC 实例化）
adc.atten(ADC.ATTN_6DB)
adc.width(ADC.WIDTH_12BIT)     #12 位分辨率，范围 0～4095
while 1:
    adc.read()
    sleep_ms(1000)     #延时
    print("ADC Value: " + str(adc.read()*2200/4096))
```

DAC

4.4 DAC

DAC 是把数字量转变成模拟量的设备。本节介绍 DAC 的工作原理、DAC 的类型定义及示例程序等。

4.4.1 DAC 概述

ESP32 有 2 个 8 位 DAC 通道，将 2 路数字信号分别转换为 2 个模拟电压信号输出，2 个通道可以独立工作。DAC 电路由内置电阻串和 1 个缓冲器组成。这 2 个 DAC 的输出可以作为参考电压使用。ESP32 有两个数模转换器通道，分别连接到 GPIO 25 号引脚（通道 1）和 GPIO 26 号引脚（通道 2）。

DAC 的主要特点：2 个 8 位 DAC 通道；支持双通道的独立/同时转换；可从 VDD3P3_RTC 引脚获得参考电压；含有余弦波发生器；支持 DMA 功能；可通过软件或 SAR ADC FSM 开始转换；可由 ULP 协处理器通过控制寄存器实现完全控制。

单通道 DAC 的功能选择如图 4-10 所示。双通道 DAC 的 2 个 8 位通道可实现独立配置，每个通道的输出模拟电压计算方式如下。

DACn_OUT = VDD3P3_RTC × PDACn_DAC/256

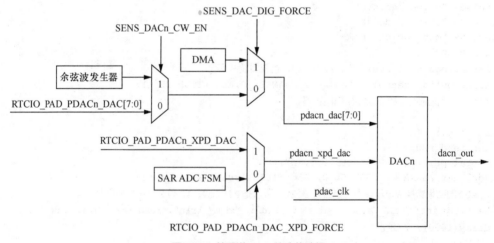

图 4-10　单通道 DAC 的功能选择

其中，VDD3P3_RTC 代表引脚的电压（通常为 3.3V）；PDACn_DAC 拥有多个来源，即余弦波发生器、寄存器 RTCIO_PAD_DACn_REG 及 DMA。可通过寄存器 RTCIO_PAD_PDACn_XPD_DAC 决定转换是否开始，软件或 SAR ADC FSM 控制转换流程。

余弦波发生器可用于生成余弦波/正弦波，具体工作流程如图 4-11 所示。

余弦波发生器的特点如下：频率可调节，余弦波的频率可通过寄存器 SENS_SAR_SW_FSTEP[15:0]调节，频率为 dig_clk_rtc_freq × SENS_SAR_SW_FSTEP/65536，通常 dig_clk_rtc 的频率为 8MHz；振幅可调节，可通过寄存器 SENS_SAR_DAC_SCALEn[1:0]设置波形振幅，调整为 1、1/2、1/4 或 1/8；直流偏移，寄存器 SENS_SAR_DAC_DCn[7:0]可能引入一些直流偏移，导致结果饱和；相位偏移，可通过寄存器 SENS_SAR_DAC_INVn[1:0]增加 0°/90°/180°/270° 相位偏移；支持 DMA，双通道 DAC 的 DMA 控制器可对 2 个 DAC 通道的输出进行设置。通过配置 SENS_SAR_DAC_

DIG_FORCE，I2S_CLK 可连接至 DAC_CLK，I2S_DATA_OUT 可连接至 DAC_DATA，实现直接内存访问。

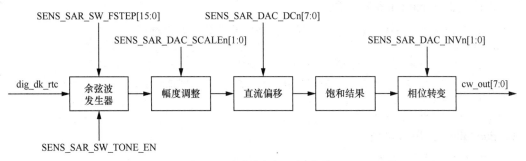

图 4-11　余弦波发生器的工作流程

4.4.2　DAC 类型定义

为了方便 ESP32 开发，系统在 dac.h、dac_common.h、dac_channel.h、dac_types.h 头文件中定义了关于 DAC 的数据类型。

1. dac_channel_t 类型

DAC 通道是枚举类型，定义如下。

```
typedef enum {
    DAC_CHANNEL_1 = 0,     /*DAC 通道 1, GPIO25(ESP32) / GPIO17(ESP32-S2) */
    DAC_CHANNEL_2 = 1,     /*DAC 通道 2, GPIO26(ESP32) / GPIO18(ESP32-S2) */
    DAC_CHANNEL_MAX,
} dac_channel_t;
```

2. dac_cw_scale_t 类型

余弦波发生器振幅的倍数是枚举类型，最大幅度为 VDD3P3_RTC，定义如下。

```
typedef enum {
    DAC_CW_SCALE_1 = 0x0,    /*1, 默认*/
    DAC_CW_SCALE_2 = 0x1,    /*1/2*/
    DAC_CW_SCALE_4 = 0x2,    /*1/4*/
    DAC_CW_SCALE_8 = 0x3,    /*1/8*/
} dac_cw_scale_t;
```

3. dac_cw_phase_t 类型

余弦波发生器输出的相位是枚举类型，定义如下。

```
typedef enum {
    DAC_CW_PHASE_0   = 0x2, /*相位偏移+0° */
    DAC_CW_PHASE_180 = 0x3, /*相位偏移+180° */
} dac_cw_phase_t;
```

4. dac_cw_config_t 类型

在 DAC 模块中配置余弦波发生器的功能，定义如下。

```
typedef struct {
    dac_channel_t en_ch;       /*启用 DAC 通道的余弦波发生器*/
    dac_cw_scale_t scale;      /*设置余弦波发生器输出的幅度*/
    dac_cw_phase_t phase;      /*设置余弦波发生器输出的相位*/
    uint32_t freq;   /*设置余弦波发生器输出的频率范围为 130(130Hz)~55000(100kHz)*/
```

```
        int8_t offset;    /*设置余弦波发生器输出的直流分量的电压值范围为-128～127V*/
} dac_cw_config_t;
```

5. dac_digi_convert_mode_t 类型

数字 DAC 控制器（DMA 模式）工作模式，是枚举类型，定义如下。

```
typedef enum {
    DAC_CONV_NORMAL, /* DMA 缓冲器中的数据同时输出到 DAC 的使能通道*/
    DAC_CONV_ALTER,   /* DMA 缓冲器中的数据交替输出到 DAC 的使能通道*/
    DAC_CONV_MAX
} dac_digi_convert_mode_t;
```

6. dac_digi_config_t 类型

数字 DAC 控制器（DMA 模式）配置参数，定义如下。

```
typedef struct {
    dac_digi_convert_mode_t mode;    /*数字 DAC 控制器（DMA 模式）工作模式*/
    uint32_t interval; /*数字 DAC 控制器输出电压的间隔时钟周期数，单位是分
频时钟，范围为1～4095，表达式为 dac_output_freq =controller_clk/时间间隔*/
    adc_digi_clk_t dig_clk;          /*数字 DAC 控制器时钟分频器设置*/
} dac_digi_config_t;
```

DAC 相关 API

DAC 相关 API 请扫描二维码获取。

4.4.3 DAC 示例程序

本小节包括基于 ESP-IDF 的 VS Code、Arduino 和 MicroPython 开发环境的 3 种代码实现。

1. 基于 ESP-IDF 的 VS Code 开发环境实现 DAC 控制 LED

本示例将 GPIO 26 号引脚（也就是 DAC2）接到 LED 上，通过 DAC 输出变化的电压值，实现控制 DAC 完成 LED 的亮灭，并将 DAC 的信息输出到串口，电路连接如图 4-12 所示。代码如下。

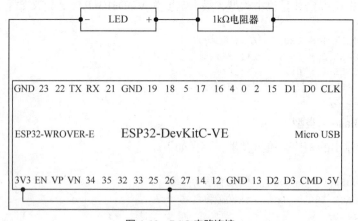

图 4-12　DAC 电路连接

```
#include <stdio.h>
#include <stdlib.h>
#include "freertos/FreeRTOS.h"
#include "freertos/task.h"
#include "freertos/queue.h"
#include "driver/gpio.h"
#include "driver/adc.h"
#include "driver/dac.h"
```

```
#include "esp_system.h"
#include "esp_adc_cal.h"
void app_main(void)
{
    uint8_t output_data=0;          //输出数据变量
    esp_err_t r;                    //判断结果变量
    gpio_num_t dac_gpio_num;        //引脚变量
    r = dac_pad_get_io_num( DAC_CHANNEL_2, &dac_gpio_num );   //获取引脚信息
    assert( r == ESP_OK );          //正确与否
    printf("DAC channel %d @ GPIO %d.\n",DAC_CHANNEL_2, dac_gpio_num );
    dac_output_enable( DAC_CHANNEL_2 );   //DAC 输出使能
    vTaskDelay(2 * portTICK_PERIOD_MS);   //延时
    printf("start conversion.\n");
    while(1) {
        dac_output_voltage( DAC_CHANNEL_2, output_data++ );   //输出数据
    printf("output_data %d @ GPIO %d.\n",output_data, dac_gpio_num );
    vTaskDelay(10);
    }
}
```

2. Arduino 开发环境实现 DAC 控制 LED

代码如下。

```
#include "driver/gpio.h"
#include "driver/adc.h"
#include "driver/dac.h"
#include "esp_system.h"
#include "esp_adc_cal.h"
uint8_t output_data=0;          //输出数据变量
esp_err_t r;                    //判断结果变量
gpio_num_t dac_gpio_num;        //引脚变量
void setup() {
  Serial.begin(115200);         //设置串口监视器波特率
}
void loop()
{
    r = dac_pad_get_io_num( DAC_CHANNEL_2, &dac_gpio_num );   //获取引脚信息
    assert( r == ESP_OK );      //正确与否
    Serial.printf("DAC channel %d @ GPIO %d.\n",DAC_CHANNEL_2, dac_gpio_num );
    dac_output_enable( DAC_CHANNEL_2 );   //DAC 输出使能
    delay(2 * portTICK_PERIOD_MS);   //延时
    Serial.printf("start conversion.\n");
    dac_output_voltage( DAC_CHANNEL_2, output_data++ );   //输出数据
    Serial.printf("output_data %d @ GPIO %d.\n",output_data, dac_gpio_num );
    delay(10);
}
```

3. MicroPython 开发环境实现 DAC 控制 LED

代码如下。

```
from machine import DAC, Pin
import utime, math
dac_pin = 26
dac = DAC(Pin(dac_pin, Pin.OUT), bits=12)
```

```python
def pulse(dac, period, gears):
    '''
    呼吸灯函数参数:
    dac {[DAC]}为[DAC 对象], period {[type]}为[周期 ms], gears {[type]}为[亮度档位]
    '''
    for i in range(2 * gears):
        dac.write(int(math.sin(i / gears * math.pi) * 127) + 128)
        #延时
        utime.sleep_ms(int(period / (2 * gears)))
print("DAC gpio_num: " + str(dac_pin))    #呼吸 10 次
for i in range(10):
    print('第' + str(i + 1) + '次')
    pulse(dac, 1000, 50)
```

4. 基于 ESP-IDF 的 VS Code 开发环境实现 ADC-DAC 变换

本示例介绍 ADC 到 DAC 的变换。ESP32 平台默认使用 ADC1_CHANNEL_7（GPIO27）和 DAC_CHANNEL_1（GPIO25），将两个 GPIO 短路。ESP32-S2 系列默认使用 ADC1_CHANNEL_7（GPIO18）和 DAC_CHANNEL_1（GPIO17），将两个 GPIO 短路。从程序运行的结果可以看到 DAC 从 0 到 255 变化，ADC 从 0 到 4095 变化。代码如下。

```c
/*ADC-DAC 示例*/
#include <stdio.h>
#include <stdlib.h>
#include "freertos/FreeRTOS.h"
#include "freertos/task.h"
#include "freertos/queue.h"
#include "driver/gpio.h"
#include "driver/adc.h"
#include "driver/dac.h"
#include "esp_system.h"
#define DAC_EXAMPLE_CHANNEL     CONFIG_EXAMPLE_DAC_CHANNEL
#define ADC2_EXAMPLE_CHANNEL    CONFIG_EXAMPLE_ADC2_CHANNEL
#if CONFIG_IDF_TARGET_ESP32
static const adc_bits_width_t width = ADC_WIDTH_BIT_12;
#elif CONFIG_IDF_TARGET_ESP32S2
static const adc_bits_width_t width = ADC_WIDTH_BIT_13;
#endif
void app_main(void)
{
    uint8_t output_data=0;    //DAC 数据变量
    int read_raw;             //ADC 数据变量
    esp_err_t r;              //初始化返回变量
    gpio_num_t adc_gpio_num, dac_gpio_num;  //DAC 引脚定义
    r = adc2_pad_get_io_num( ADC2_EXAMPLE_CHANNEL, &adc_gpio_num );//ADC 配置
    assert( r == ESP_OK );  //确认正确与否
    r = dac_pad_get_io_num( DAC_EXAMPLE_CHANNEL, &dac_gpio_num ); //DAC 配置
    assert( r == ESP_OK );  //确认正确与否
    printf("ADC2 channel %d @ GPIO %d, DAC channel %d @ GPIO %d.\n", ADC2_EXAMPLE_CHANNEL, adc_gpio_num, DAC_EXAMPLE_CHANNEL + 1, dac_gpio_num );    //输出信息
    dac_output_enable( DAC_EXAMPLE_CHANNEL );  //DAC 使能
    printf("adc2_init...\n");
    adc2_config_channel_atten( ADC2_EXAMPLE_CHANNEL, ADC_ATTEN_11db );
```

```
//ADC 初始化
vTaskDelay(2 * portTICK_PERIOD_MS);
printf("start conversion.\n");
while(1) {
    dac_output_voltage( DAC_EXAMPLE_CHANNEL, output_data++ );   //DAC 输出
    r = adc2_get_raw( ADC2_EXAMPLE_CHANNEL, width, &read_raw); //ADC 输出
    if ( r == ESP_OK ) {
        printf("%d: %d\n", output_data, read_raw );
    } else if ( r == ESP_ERR_INVALID_STATE ) {
        printf("%s: ADC2 not initialized yet.\n", esp_err_to_name(r));
    } else if ( r == ESP_ERR_TIMEOUT ) { //使用 Wi-Fi 出现的情况
        printf("%s: ADC2 is in use by WiFi.\n", esp_err_to_name(r));
    } else {
        printf("%s\n", esp_err_to_name(r));
    }
    vTaskDelay( 2 * portTICK_PERIOD_MS );
}
}
```

5. Arduino 开发环境实现 ADC-DAC 变换

代码如下。

```
#include "driver/gpio.h"
#include "driver/adc.h"
#include "driver/dac.h"
#include "esp_system.h"
#define DAC_EXAMPLE_CHANNEL      DAC_CHANNEL_1
#define ADC2_EXAMPLE_CHANNEL     ADC2_CHANNEL_7
#if CONFIG_IDF_TARGET_ESP32
static const adc_bits_width_t width = ADC_WIDTH_BIT_12;
#elif CONFIG_IDF_TARGET_ESP32S2
static const adc_bits_width_t width = ADC_WIDTH_BIT_13;
#endif
void setup() {
  Serial.begin(115200);        //设置串口监视器波特率
}
void loop()
{
    uint8_t output_data=0;   //DAC 数据变量
    int read_raw;            //ADC 数据变量
    esp_err_t r;             //初始化返回变量
    gpio_num_t adc_gpio_num, dac_gpio_num;   //DAC 引脚定义
    r = adc2_pad_get_io_num( ADC2_EXAMPLE_CHANNEL, &adc_gpio_num );//ADC 配置
    assert( r == ESP_OK );   //确认正确与否
    r = dac_pad_get_io_num( DAC_EXAMPLE_CHANNEL, &dac_gpio_num ); //DAC 配置
    assert( r == ESP_OK );   //确认正确与否
    Serial.printf("ADC2 channel %d @ GPIO %d, DAC channel %d @ GPIO %d.\n", ADC2_EXA
MPLE_CHANNEL, adc_gpio_num, DAC_EXAMPLE_CHANNEL + 1, dac_gpio_num );//输出信息
    dac_output_enable( DAC_EXAMPLE_CHANNEL );   //DAC 使能
    Serial.printf("adc2_init...\n");
  adc2_config_channel_atten( ADC2_EXAMPLE_CHANNEL, ADC_ATTEN_11db );//ADC 初始化
    delay(2 * portTICK_PERIOD_MS);
    Serial.printf("start conversion.\n");
```

```
dac_output_voltage( DAC_EXAMPLE_CHANNEL, output_data++ );   //DAC 输出
r = adc2_get_raw( ADC2_EXAMPLE_CHANNEL, width, &read_raw); //ADC 输入
if ( r == ESP_OK ) {
    printf("%d: %d\n", output_data, read_raw );
} else if ( r == ESP_ERR_INVALID_STATE ) {
    printf("%s: ADC2 not initialized yet.\n", esp_err_to_name(r));
} else if ( r == ESP_ERR_TIMEOUT ) { //使用 Wi-Fi 出现的情况
    printf("%s: ADC2 is in use by WiFi.\n", esp_err_to_name(r));
} else {
    printf("%s\n", esp_err_to_name(r));
}
delay( 2 * portTICK_PERIOD_MS );
}
```

6. MicroPython 开发环境实现 ADC-DAC 变换

代码如下。

```
#短接 GPIO 26 号引脚和 GPIO 32 号引脚
from machine import ADC, DAC, Pin
from time import sleep_ms
adc = ADC(Pin(32))
adc.atten(ADC.ATTN_11DB)
adc.width(ADC.WIDTH_12BIT)
dac = DAC(Pin(26, Pin.OUT), bits=12)
for i in range(256):
    dac.write(i)
    print(' DAC: ' + str(i) + '\tADC: ' + str(adc.read()))
    sleep_ms(10)
```

4.5 定时器

定时器

定时器，顾名思义，用于设置定时执行一个操作，在芯片中使用晶振作为计时单位，通过对晶振的计数来实现计时，当时间达到定时器设定的时长时，会跳入对应的函数执行对应的操作。本节介绍定时器的工作原理、定时器的类型定义及示例程序等。

4.5.1 定时器概述

ESP32 提供两组硬件定时器，每组包含两个通用硬件定时器。所有定时器均为 64 位通用定时器，包括 16 位预分频器和 64 位自动重载向上/向下计数器。

TIMGn_Tx 的 n 代表组别，x 代表定时器编号。定时器特点：16 位预分频器，分频系数为 2～65536；64 位时基计数器为可配置的向上 / 向下（增加或减少）时基计数器，可暂停和恢复计数，报警时自动重新加载；当报警值溢出/低于保护值时报警；软件控制即时重新加载；电平触发中断和边沿触发中断。

1. 16 位预分频器

每个定时器都以 APB 时钟（APB_CLK，频率通常为 80MHz）作为基础时钟。16 位预分频器对 APB 时钟进行分频，产生时基计数器时钟（TB_clk）。TB_clk 每过一个周期，时基计数器会向上数 1 或者向下数 1。在使用寄存器 TIMGn_Tx_DIVIDER 配置分频器除数前，必须关闭定时器（将 TIMGn_Tx_DIVIDER 清零）。定时器使能时配置预分频器会导致不可预知的结果。预分频器可以对

APB 时钟进行 2~65536 的分频。具体来说，TIMGn_Tx_DIVIDER 为 1 或 2 时，时钟分频系数是 2；TIMGn_Tx_DIVIDER 为 0 时，时钟分频系数是 65536；TIMGn_Tx_DIVIDER 为其他任意值时，时钟会以该数值分频。

2. 64 位时基计数器

TIMGn_Tx_INCREASE 置 1 或清零可以将 64 位时基计数器分别配置为向上计数或向下计数。同时，64 位时基计数器支持自动重新加载和软件即时重新加载，计数器达到软件设定值时会触发报警事件。

TIMGn_Tx_EN 置 1 或清零可以使能或关闭计数。清零后计数器暂停计数，并会在 TIMGn_Tx_EN 重新置 1 前保持其值不变。将 TIMGn_Tx_EN 清零会重新加载计数器并改变计数器的值，但在设置 TIMGn_Tx_EN 前计数不会恢复。

软件可以通过寄存器 TIMGn_Tx_LOAD_LO 和 TIMGn_Tx_LOAD_HI 重置计数器的值。重新加载时，寄存器 TIMGn_Tx_LOAD_LO 和 TIMGn_Tx_LOAD_HI 的值才会被更新到 64 位时基计数器内。报警（报警时自动重新加载）或软件（软件即时重新加载）会触发重新加载。寄存器 TIMGn_Tx_AUTORELOAD 置 1 可以使能报警时自动重新加载。如果报警时自动重新加载未被使能，64 位时基计数器会在报警后继续向上计数或向下计数。在寄存器 TIMGn_Tx_LOAD_REG 上写任意值可以触发软件即时重新加载，写值时计数器的值会立刻改变。软件也能通过改变 TIMGn_Tx_INCREASE 的值立刻改变 64 位时基计数器的计数方向。

软件也能读取 64 位时基计数器的值，但由于计数器是 64 位，因此 CPU 只能以两个 32 位值的形式读值。计数器值首先需要被锁入 TIMGn_TxLO_REG 和 TIMGn_TxHI_REG。在 TIMGn_TxUPDATE_REG 上写任意值可以将 64 位定时器值锁入两个寄存器。之后，软件可以在任何时间读寄存器，防止读取计数器低字和高字时出现读值错误。

3. 报警产生

定时器可以触发报警，报警则会引发重新加载或触发中断。如报警寄存器 TIMGn_Tx_ALARMLO_REG 和 TIMGn_Tx_ALARMHI_REG 的值等于当前定时器的值，则触发报警。为解决寄存器设置过晚、计数器值超过报警值的问题，当前定时器的值高于（适用于向上定时器）或低于（适用于向下定时器）当前报警值也会触发报警。在这种情况下，使能报警功能会马上触发报警。报警使能后，使能位自动清零。

4. 中断

看门狗定时器、定时器 1 和定时器 0 上的报警事件会产生中断。

- TIMGn_Tx_INT_WDT_INT：该中断在看门狗定时器中断阶段超时后产生。
- TIMGn_Tx_INT_T1_INT：该中断由定时器 1 上的报警事件产生。
- TIMGn_Tx_INT_T0_INT：该中断由定时器 0 上的报警事件产生。

4.5.2　定时器类型定义

为了方便 ESP32 开发，系统在 timer.h、timer_types.h 和 esp_timer.h 头文件中定义了关于定时器的数据类型。

1. timer_group_t 类型
从 2 个可用组中选择一个定时器组，是枚举类型，定义如下。
```
typedef enum {
```

```
    TIMER_GROUP_0 = 0, /*选择定时器组 0*/
    TIMER_GROUP_1 = 1, /*选择定时器组 1*/
    TIMER_GROUP_MAX,
} timer_group_t;
```

2. timer_idx_t 类型

从定时器组中选择一个硬件定时器，是枚举类型，定义如下。

```
typedef enum {
    TIMER_0 = 0, /*选择硬件定时器 0*/
    TIMER_1 = 1, /*选择硬件定时器 1*/
    TIMER_MAX,
} timer_idx_t;
```

3. timer_count_dir_t 类型

确定定时器的方向，是枚举类型，定义如下。

```
typedef enum {
    TIMER_COUNT_DOWN = 0, /*降序，从最高到最低计数*/
    TIMER_COUNT_UP = 1,    /*从 0 开始升序*/
    TIMER_COUNT_MAX
} timer_count_dir_t;
```

4. timer_start_t 类型

确定定时器打开还是暂停，是枚举类型，定义如下。

```
typedef enum {
    TIMER_PAUSE = 0, /*暂停*/
    TIMER_START = 1, /*打开*/
} timer_start_t;
```

5. timer_intr_t 类型

定时器的中断，是枚举类型，定义如下。

```
typedef enum {
    TIMER_INTR_T0 = BIT(0),   /*定时器 0 中断*/
    TIMER_INTR_T1 = BIT(1),   /*定时器 1 中断*/
    TIMER_INTR_WDT = BIT(2),  /*看门狗中断*/
    TIMER_INTR_NONE = 0
} timer_intr_t;
```

6. timer_alarm_t 类型

确定是否开启报警模式，是枚举类型，定义如下。

```
typedef enum {
    TIMER_ALARM_DIS = 0,   /*禁用定时器报警*/
    TIMER_ALARM_EN = 1,    /*开启定时器报警*/
    TIMER_ALARM_MAX
} timer_alarm_t;
```

7. timer_intr_mode_t 类型

如果运行报警模式选择中断类型，是枚举类型，定义如下。

```
typedef enum {
    TIMER_INTR_LEVEL = 0,    /*中断类型：电平触发*/
    //TIMER_INTR_EDGE = 1,   /*中断类型：边沿触发（目前不支持）*/
    TIMER_INTR_MAX
```

```
} timer_intr_mode_t;
```

8. timer_autoreload_t 类型

选择是否需要通过软件加载报警或通过硬件自动重新加载报警，是枚举类型，定义如下。

```
typedef enum {
    TIMER_AUTORELOAD_DIS = 0,   /*禁用*/
    TIMER_AUTORELOAD_EN = 1,    /*启用*/
    TIMER_AUTORELOAD_MAX,
} timer_autoreload_t;
```

9. timer_src_clk_t 类型

选择定时器时钟源，是枚举类型，定义如下。

```
#ifdef SOC_TIMER_GROUP_SUPPORT_XTAL
typedef enum {
    TIMER_SRC_CLK_APB = 0,   /*选择 APB*/
    TIMER_SRC_CLK_XTAL = 1,  /*选择 XTAL*/
} timer_src_clk_t;
#endif
```

10. timer_config_t 类型

定时器配置的数据结构，定义如下。

```
typedef struct {
    timer_alarm_t alarm_en;          /*定时器报警启动*/
    timer_start_t counter_en;        /*计数器启动*/
    timer_intr_mode_t intr_type;     /*中断类型*/
    timer_count_dir_t counter_dir;   /*计数方向*/
    timer_autoreload_t auto_reload;  /*定时器自动加载*/
    uint32_t divider;                /*计数器分频范围为2~65536*/
#ifdef SOC_TIMER_GROUP_SUPPORT_XTAL
    timer_src_clk_t clk_src;         /*使用 XTAL 为时钟源*/
#endif
} timer_config_t;
```

11. esp_timer_dispatch_t 类型

调度定时器回调的方法是枚举类型，定义如下。

```
typedef enum {
    ESP_TIMER_TASK,       /*从定时器任务调用回调*/
        ESP_TIMER_ISR,    /*从定时器中断调用回调*/
} esp_timer_dispatch_t;
```

12. esp_timer_create_args_t 类型

简要的定时器配置传递给 esp_timer_create()，定义如下。

```
typedef struct {
    esp_timer_cb_t callback;               /*定时器到期时调用的函数*/
    void* arg;                             /*传递给回调的参数*/
    esp_timer_dispatch_t dispatch_method;  /*从任务或 ISR 调用回调*/
    const char* name;            /*定时器名称，用于 esp_timer_dump()函数*/
} esp_timer_create_args_t;
```

定时器相关 API 请扫描二维码获取。

定时器相关 API

4.5.3 定时器示例程序

本小节包括基于 ESP-IDF 的 VS Code、Arduino 和 MicroPython 开发环境的 3 种代码实现，包括定时器控制 LED 和定时器重启控制 LED。

1. 基于 ESP-IDF 的 VS Code 开发环境实现定时器控制 LED

本示例采用定时器，实现 LED 的亮灭，将 GPIO 2 号引脚接到 LED 上，通过输出设置变化的电压值，实现 LED 的亮灭，并将信息输出到串口，电路连接如图 4-13 所示。代码如下。

```
#include <stdio.h>
#include "esp_types.h"
#include "freertos/FreeRTOS.h"
#include "freertos/task.h"
#include "freertos/queue.h"
#include "soc/timer_group_struct.h"
#include "driver/periph_ctrl.h"
#include "driver/timer.h"
#include "driver/gpio.h"
#define LED 2
esp_timer_handle_t test_p_handle = 0;
void test_timer_periodic_cb(void *arg) {            //回调程序
 gpio_set_level(LED, 0);                            //电平为低
    vTaskDelay(1000 / portTICK_PERIOD_MS);          //延迟1s
    gpio_set_level(LED, 1);                         //电平为高
    vTaskDelay(1000 / portTICK_PERIOD_MS);          //延迟1s
    printf("Hello, LED\n");
}
void app_main()                                     //主程序入口
{
 gpio_pad_select_gpio(LED);                         //选择芯片引脚
    gpio_set_direction(LED, GPIO_MODE_OUTPUT);      //设置该引脚为输出模式
    //定义一个重复运行的定时器结构体
 esp_timer_create_args_t test_periodic_arg = {
        .callback =
        &test_timer_periodic_cb,                    //设置回调函数
        .arg = NULL, //不携带参数
        .name = "TestPeriodicTimer"                 //定时器名字
 };
 esp_err_t err = esp_timer_create(&test_periodic_arg, &test_p_handle);  //创建定时器
 err = esp_timer_start_periodic(test_p_handle, 1000 * 1000);  //开启周期定时
    if (err==0)  //判断并输出信息
        printf("Timer Start: ESP_OK!\n" );
}
```

读者可尝试对程序的参数进行修改，将定时器的延迟改为 10s，观察 LED 的现象。

另外，可以使用 err = esp_timer_start_periodic(test_p_handle, 1000 * 1000)语句开启一次定时，观察 LED 的现象。在回调函数中，在 GPIO 2 号引脚上先输出 1，再输出 0，观察 LED 的现象。

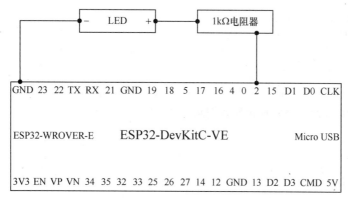

图 4-13 电路连接

2. Arduino 开发环境实现定时器控制 LED

代码如下。

```
#define LED 2                      //定义输出引脚
hw_timer_t * timer = NULL;
volatile SemaphoreHandle_t timerSemaphore;
portMUX_TYPE timerMux = portMUX_INITIALIZER_UNLOCKED;
volatile uint32_t isrCounter = 0;
volatile uint32_t lastIsrAt = 0;
void IRAM_ATTR onTimer(){      //回调函数
  portENTER_CRITICAL_ISR(&timerMux);    //令计数递增并设置中断时间
  isrCounter++;
  lastIsrAt = millis();
  portEXIT_CRITICAL_ISR(&timerMux);
  xSemaphoreGiveFromISR(timerSemaphore, NULL);  //给出一个可以在循环中检查的信号量
  //如果想切换输出, 在此处使用digitalRead/Write
  digitalWrite(LED, !digitalRead(LED));         //电平翻转
  Serial.printf("Hello, LED\n");
}
void setup() {
  Serial.begin(115200);
  pinMode(LED, OUTPUT);       //设置引脚状态为输出
  timerSemaphore = xSemaphoreCreateBinary();   //创建信号标, 标记定时器启动
  //使用第1个定时器(从零开始计数), 预设80分频器(更多信息请参阅ESP32技术参考手册)
  timer = timerBegin(0, 80, true);
  timerAttachInterrupt(timer, &onTimer, true);   //将onTimer()函数附加到定时器
  //将报警设置为每秒(以微秒为单位的值)调用一次onTimer()函数, 重复报警(第三个参数)
  timerAlarmWrite(timer, 1000 * 1000, true);
  timerAlarmEnable(timer);   //启动报警
}
void loop() {
  if (xSemaphoreTake(timerSemaphore, 0) == pdTRUE){   //如果定时器已启动
    uint32_t isrCount = 0, isrTime = 0;       //读取中断计数和时间
    portENTER_CRITICAL(&timerMux);
    isrCount = isrCounter;
    isrTime = lastIsrAt;
    portEXIT_CRITICAL(&timerMux);
    Serial.print("onTimer no. ");
```

```
        Serial.print(isrCount);
        Serial.print(" at ");
        Serial.print(isrTime);
        Serial.println(" ms");
    }
}
```

3. MicroPython 开发环境实现定时器控制 LED

代码如下。

```
from machine import Timer, Pin
from time import sleep_ms
def toggle_led(timer):
    led_pin.value(0)        #电平为低
    sleep_ms(1000)          #延时
    led_pin.value(1)        #电平为高
    sleep_ms(1000)          #延时
    print('Hello, LED')
#声明 2 号引脚作为 LED 的引脚
led_pin = Pin(2, Pin.OUT)
timer = Timer(1)            #创建定时器对象
timer.init(period = 1000, mode = Timer.PERIODIC, callback = toggle_led)
```

4. 基于 ESP-IDF 的 VS Code 开发环境实现定时器重启控制 LED

本示例通过定时器回调程序实现 50s 的 LED 亮灭，然后重新启动定时器，在串口输出时间和信息，代码如下。

```
#include <stdio.h>
#include "esp_types.h"
#include "freertos/FreeRTOS.h"
#include "freertos/task.h"
#include "freertos/queue.h"
#include "soc/timer_group_struct.h"
#include "driver/periph_ctrl.h"
#include "driver/timer.h"
#include "driver/gpio.h"
#define LED 2
esp_timer_handle_t led_timer_handle = 0;
void led_timer_cb(void *arg)
{
int64_t tick = esp_timer_get_time();//获取时间戳
printf("timer cnt = %lld \r\n", tick);
if (tick > 50000000)          //50s 结束
{
esp_timer_stop(led_timer_handle);   //定时器暂停
esp_timer_delete(led_timer_handle);
printf("timer stop and delete!!! \r\n");
esp_restart();                //重启
}
gpio_set_level(LED, 0);          //设置 0 电平
vTaskDelay(1000/ portTICK_PERIOD_MS);
gpio_set_level(LED, 1);          //设置 1 电平
vTaskDelay(1000 / portTICK_PERIOD_MS);
}
```

```
void app_main() {    //主程序入口
    gpio_pad_select_gpio(LED);    //选择 I/O
    gpio_set_direction(LED, GPIO_MODE_OUTPUT);        //设置 I/O 为输出
esp_timer_create_args_t led_timer =   //定时器结构体初始化
{
.callback = &led_timer_cb,               //回调函数
.arg = NULL,                             //参数
.name = "led_timer"                      //定时器名称
};
esp_err_t err = esp_timer_create(&led_timer, &led_timer_handle); //定时器创建、启动
err = esp_timer_start_periodic(led_timer_handle, 1000 * 1000);   //1s 回调
if(err == ESP_OK)
{
printf("led timer cteate and start ok!\r\n");
}
}
```

5. Arduino 开发环境实现定时器重启控制 LED

代码如下。

```
#define LED 2      //定义输出引脚
hw_timer_t * timer = NULL;
volatile SemaphoreHandle_t timerSemaphore;
portMUX_TYPE timerMux = portMUX_INITIALIZER_UNLOCKED;
volatile uint32_t isrCounter = 0;
volatile uint32_t lastIsrAt = 0;
void IRAM_ATTR onTimer(){      //回调函数
  if(millis() > 50000) {       // millis()函数获取时间戳（单位为毫秒），50s 结束
    if (timer) {     //如果定时器仍在运行
      timerEnd(timer);         //停止并释放定时器
      timer = NULL;
      esp_restart();           //重启
    }
  }
  portENTER_CRITICAL_ISR(&timerMux);    //令计数递增并设置中断时间
  isrCounter++;
  lastIsrAt = millis();
  portEXIT_CRITICAL_ISR(&timerMux);
  //给出一个可以在循环中检查的信号量
  xSemaphoreGiveFromISR(timerSemaphore, NULL);
  //如果想切换输出，在此处使用 digitalRead/digitalWrite
  digitalWrite(LED, !digitalRead(LED));       //电平翻转
}
void setup() {
  Serial.begin(115200);
  pinMode(LED, OUTPUT);      //设置引脚状态为输出
  //创建信号标，标记定时器启动
  timerSemaphore = xSemaphoreCreateBinary();
  //使用第 1 个定时器（从零开始计数），预设 80 分频器（更多信息请参阅 ESP32 技术参考手册）
  timer = timerBegin(0, 80, true);
  timerAttachInterrupt(timer, &onTimer, true);   //将 onTimer()函数附加到定时器
```

```
      //将报警设置为每秒（以微秒为单位）调用一次 onTimer()函数，重复报警（第三个参数）
      timerAlarmWrite(timer, 1000 * 1000, true);
      timerAlarmEnable(timer);   //启动报警
}
void loop() {
   if (xSemaphoreTake(timerSemaphore, 0) == pdTRUE){   //如果定时器已启动
      uint32_t isrCount = 0, isrTime = 0;
      //读取中断计数和时间
      portENTER_CRITICAL(&timerMux);
      isrCount = isrCounter;
      isrTime = lastIsrAt;
      portEXIT_CRITICAL(&timerMux);
      Serial.print("onTimer no. ");
      Serial.print(isrCount);
      Serial.print(" at ");
      Serial.print(isrTime);
      Serial.println(" ms");
   }
}
```

6. MicroPython 开发环境实现定时器重启控制 LED

代码如下。

```
import machine
from machine import Pin, Timer
import utime
start = utime.ticks_ms()
def led(t):
   led_pin.value(0)          #电平为低
   utime.sleep_ms(1000)      #延时
   led_pin.value(1)          #电平为高
   utime.sleep_ms(1000)      #延时
   times = utime.ticks_diff(utime.ticks_ms(), start)
   print(times)
   if times > 50000:
      t.deinit()      #反初始化定时器：停用定时器，并禁用定时器外设
      print('timer stop and delete!!!')
      machine.soft_reset()      #软复位，注意 MicroPython 开发环境下进行硬复位（如按复位键）后必须
先断开串口，然后重新连接，才能再次烧录
   led_pin = Pin(2, Pin.OUT)
   cnt = 0
   t = Timer(1)
   t.init(period = 2000, mode = Timer.PERIODIC, callback = led)
```

4.6 本章小结

本章详细介绍了 ESP32 开发板的基础外设开发：首先，对 ESP32 开发板的 GPIO 控制方法以示例进行说明，给出了 3 种开发环境下详细的开发代码；其次，介绍了 ESP32 系统的中断矩阵，对中断源和中断方法进行了总结，并给出了中断处理方法的示例程序；最后，针对 ESP32 开发板的常用功能 ADC、DAC 和定时器的开发方法进行总结，分别给出了 3 种开发环境下的示例程序。

第 5 章　高级外设开发

本章介绍 ESP32 开发板的高级外设开发方法，首先对 UART、I2C、I2S 和 SPI 进行系统描述，然后分别对这 4 种高级外设的类型定义、相关 API 和示例程序进行介绍。

UART

5.1　UART

通用异步接收/发送设备（UART）是一种硬件设备，可使用广泛的异步串行通信接口（如 RS232、RS422、RS485）处理通信（即时序要求和数据成帧）。UART 提供了一种可广泛采用且便宜的方法来实现不同设备之间的全双工或半双工数据交换。

5.1.1　UART 概述

UART 使用以字符为导向的通用数据链，可以实现设备间的通信。异步传输的意思是不需要在发送数据上添加时钟信息。这也要求发送端和接收端的速率、停止位、奇偶校验位等都必须相同，通信才能成功。一个典型的 UART 帧开始于一个起始位；其次，是有效数据；再次，是奇偶校验位（可有可无）；最后，是停止位。

TXD 和 RXD 是串口输出通常用到的数据写出和读入的引脚。RTS（Request To Send）表示请求发送，用于传输计算机发往串口调制解调器等设备的信号，该信号表示 PC 是否允许设备发数据。CTS（Clear To Send）在计算机 UART 引脚中定义为允许发送，在通信过程中常与 RTS 一起使用。RTS 和 CTS 是 UART 通信中用于流控的两个引脚，它们是成对出现的。

ESP32 有 3 个串口，UART0 默认作为日志和控制台输出，用户可以使用 UART1 和 UART2。UART 默认的引脚请扫描二维码获取。如果使用 ESP32 的模组连接 SPI Flash，会占用 GPIO 6～11 号引脚，所以 UART1 使用默认引脚会产生冲突，需要把 UART 配置到其他 GPIO 引脚上。

UART 默认的引脚

ESP32 上的 UART 控制器支持多种字长和停止位。另外，控制器还支持软硬件流控和 DMA，以实现无缝、高速的数据传输。开发者可以使用多个 UART 串口，同时又能很好地控制软件开销。

1. 主要功能

ESP32 上有 3 个 UART 控制器可供使用，并且兼容不同的 UART。另外，

UART 还可以用作红外数据交换（IrDA）或 RS485 调制解调器。3 个 UART 控制器有一组功能相同的寄存器。本书以 UARTn 指代 3 个 UART 控制器，n 为 0、1、2。

UART 控制器主要特性：可编程收发波特率；3 个 UART 的发送 FIFO（First In First Out，先进先出）队列及接收 FIFO 队列共享 1024×8 位的 RAM；全双工异步通信；支持输入信号波特率自检功能；支持 5/6/7/8 位数据长度；支持 1/1.5/2/3 个停止位；支持奇偶校验位；支持 RS485 协议；支持 IrDA 协议；支持 DMA 高速数据通信；支持 UART 唤醒模式；支持软件流控和硬件流控。

2. UART 架构

图 5-1 所示为 UART 基本架构。UART 有两个时钟源：80MHz 的 APB_CLK 和参考时钟 REF_TICK。可以通过配置 UART_TICK_REF_ALWAYS_ON 来选择时钟源。时钟中的分频器用于对时钟源进行分频，然后产生时钟信号来驱动 UART 模块。UART_CLKDIV_REG 将分频系数分成两个部分：UART_CLKDIV 用于配置整数部分，UART_CLKDIV_FRAG 用于配置小数部分。

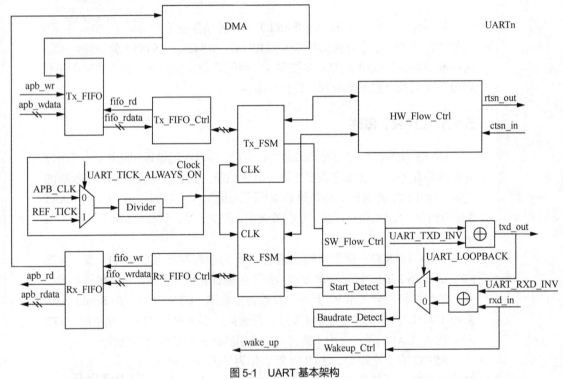

图 5-1　UART 基本架构

UART 控制器可以分为两个功能模块：发送块和接收块。

发送块包含一个发送 FIFO，用于缓存待发送的数据。软件可以通过 APB 总线写 Tx_FIFO，也可以通过 DMA 将数据搬入 Tx_FIFO。Tx_FIFO_Ctrl 用于控制 Tx_FIFO 的读/写过程，当 Tx_FIFO 非空时，Tx_FSM 通过 Tx_FIFO_Ctrl 读取数据，并将数据按照配置的帧格式转化成比特流。比特流输出信号 txd_out 可以通过配置 UART_TXD_INV 寄存器实现取反功能。

接收块包含一个接收 FIFO，用于缓存待接收的数据。输入比特流 rxd_in 可以输入 UART 控制器，通过 UART_RXD_INV 寄存器实现取反。Baudrate_Detect 通过检测最小比特流输入信号的脉宽来测量输入信号的波特率。Start_Detect 用于检测数据的起始位，当检测到起始位之后，Rx_FSM 通过 Rx_FIFO_Ctrl 将帧解析后的数据存入 Rx_FIFO。

软件可以通过 APB 总线读取 Rx_FIFO 中的数据。为了提高数据传输率，可以采用 DMA 方式进行数据发送或接收。

HW_Flow_Ctrl 通过标准 UART RTS 和 CTS(rtsn_out 和 ctsn_in)流控信号来控制 rxd_in 和 txd_out 的数据流。

SW_Flow_Ctrl 通过在发送数据流中插入特殊字符以及在接收数据流中检测特殊字符来进行数据流控。当 UART 处于 Light-sleep 状态时，Wakeup_Ctrl 开始计算 rxd_in 的脉冲个数，当输入 rxd_in 脉冲变化的次数大于或等于 UART_ACTIVE_THRESHOLD+2 时，产生的 wake_up 信号传给 RTC 模块，由 RTC 来唤醒 UART 控制器。注意：只有 UART0 和 UART1 具有 Light-sleep 状态，且 rxd_in 不能通过 GPIO 交换矩阵输入，只能通过 IO_MUX 输入。

3. UART RAM

芯片中 3 个 UART 控制器共用 1024×8 位的 RAM 空间。RAM 以 block 为单位进行分配，1 个 block 为 128×8 位。默认情况下 3 个 UART 控制器的 Tx_FIFO 和 Rx_FIFO 占用 RAM 的情况如图 5-2 所示。通过配置 UART_TX_SIZE 可以对 UARTn 的 Tx_FIFO 进行扩展；通过配置 UART_RX_SIZE 可以对 UARTn 的 Rx_FIFO 进行扩展。需要注意的是，扩展某一个 UART 的 FIFO 空间可能会占用其他 UART 的 FIFO 空间。

当 3 个 UART 控制器都不工作时，可以通过置位 UART_MEM_PD、UART1_MEM_PD、UART2_MEM_PD 来使 RAM 进入低功耗状态。UART0 的 Tx_FIFO 和 Rx_FIFO 可以通过置位 UART_TXFIFO_RST 和 UART_RXFIFO_RST 复位。UART1 的 Tx_FIFO 和 Rx_FIFO 可以通过置位 UART1_TXFIFO_RST 和 UART1_RXFIFO_RST 复位。

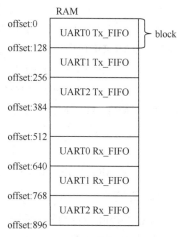

图 5-2　UART 共享 RAM 情况

4. 波特率检测

置位 UART_AUTOBAUD_EN 可以开启 UART 波特率检测功能。波特率检测可以滤除信号脉宽小于 UART_GLITCH_FILT 的噪声。

在 UART 双方进行通信之前，可以通过发送几个随机数据让具有波特率检测功能的数据接收方进行波特率分析。UART_LOWPULSE_MIN_CNT 存储了最小低电平脉冲宽度，UART_HIGHPULSE_MIN_CNT 存储了最小高电平脉冲宽度，软件可以通过读取这两个寄存器获取发送方的波特率。

5. UART 数据帧

如图 5-3 所示，数据帧从 START（起始）位开始，以 STOP（停止）位结束。START 位占用 1 位，STOP 位可以通过配置 UART_STOP_BIT_NUM、UART_DL1_EN 和 UART_DL0_EN 实现 1/1.5/2/3 位宽。START 位低电平有效，STOP 位高电平有效。

数据位宽（BIT0～BITn）为 5～8 位，可以通过 UART_BIT_NUM 进行配置。当置位 UART_PARITY_EN 时，数据帧会在数据之后添加 1 位奇偶校验位。UART_PARITY 用于选择奇校验或偶校验。当接收器检测到输入数据的校验位错误时会产生 UART_PARITY_ERR_INT 中断，当接收器检测到数据帧格式错误时会产生 UART_FRM_ERR_INT 中断。

Tx_FIFO 中数据都发送完成后会产生 UART_TX_DONE_INT 中断。置位 UART_TXD_BRK 时，发送端会发送几个连续的特殊数据帧 NULL，NULL 的数量可由 UART_TX_BRK_NUM 进行配置。发送器发送完所有的 NULL 之后会产生 UART_TX_BRK_DONE_INT 中断。数据帧之间可以通过配置 UART_TX_IDLE_NUM 保持最小间隔时间。当一帧数据之后的空闲时间大于或等于 UART_TX_IDLE_NUM 寄存器的配置值时产生 UART_TX_BRK_IDLE_DONE_INT 中断。

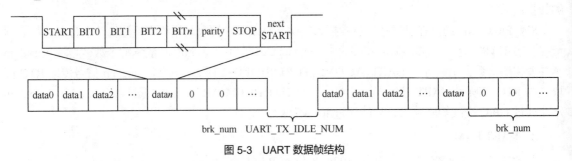

图 5-3　UART 数据帧结构

当接收器连续收到 UART_AT_CMD_CHAR 且字符之间满足如下条件时，会产生 UART_AT_CMD_CHAR_DET_INT 中断。

- 接收到的第一个 UART_AT_CMD_CHAR 与上一个非 UART_AT_CMD_CHAR 之间至少保持 UART_PER_IDLE_NUM 个 APB 时钟。
- UART_AT_CMD_CHAR 之间必须小于 UART_RX_GAP_TOUT 个 APB 时钟。
- 接收的 UART_AT_CMD_CHAR 个数必须大于或等于 UART_CHAR_NUM。
- 接收到的最后一个 UART_AT_CMD_CHAR 与下一个非 UART_AT_CMD_CHAR 之间至少保持 UART_POST_IDLE_NUM 个 APB 时钟。

6. 流控

UART 控制器有两种数据流控方式：硬件流控和软件流控。硬件流控通过输出信号 rtsn_out 以及输入信号 dsrn_in 实现数据流控功能。软件流控通过在发送数据流中插入特殊字符以及在接收数据流中检测特殊字符来实现数据流控功能。

UART 硬件流控如图 5-4 所示。当使用硬件流控功能时，输出信号 rtsn_out 为高电平表示请求对方发送数据，rtsn_out 为低电平表示通知对方中止数据发送直到 rtsn_out 恢复高电平。发送器的硬件流控有两种方式：UART_RX_FLOW_EN 等于 0，可以通过配置 UART_SW_RTS 改变 rtsn_out 的电平；UART_RX_FLOW_EN 等于 1，当 Rx_FIFO 中的数据大于 UART_RXFIFO_FULL_THRHD 时拉低 rtsn_out 的电平。

当 UART 检测到输入信号 ctsn_in 的沿变化时会产生 UART_CTS_CHG_INT 中断，并且在发送完当前数据后停止接下来的数据发送。

输出信号 dtrn_out 为高电平表示发送方数据已经准备完毕，UART 在检测到输入信号 dsrn_in 的沿变化时会产生 UART_DSR_CHG_INT 中断。软件在检测到中断后，通过读取 UART_DSRN 可以获取输入信号 dsrn_in 的电平，从而判断当前是否可以接收数据。

置位 UART_LOOPBACK 即开启 UART 的回环测试功能。此时 UART 的输出信号 txd_out 和其输入信号 rxd_in 相连，rtsn_out 和 ctsn_in 相连，dtrn_out 和 dsrn_in 相连。当接收的数据与发送的数据相同时，表明 UART 能够正常发送和接收数据。

软件流控，既可以通过置位 UART_FORCE_XOFF 来强制发送器停止发送数据，也可以通过置位 UART_FORCE_XON 来强制发送器发送数据。

UART 还可以通过传输特殊字符实现软件流控。置位 UART_SW_FLOW_CON_EN 可以开启软件流控功能。当 UART 接收的数据字节数超过 UART_XOFF 的阈值时，可以通过发送 UART_XOFF_CHAR 来告知对方停止发送数据。

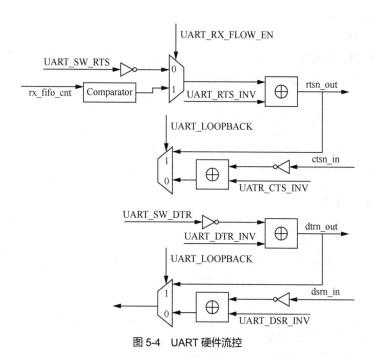

图 5-4　UART 硬件流控

当 UART_SW_FLOW_CON_EN 为 1 时，软件可以在任意时候发送流控字符。置位 UART_SEND_
XOFF，发送器会在发送完当前数据之后发送一个 UART_XOFF_CHAR；置位 UART_SEND_XON，
发送器会在发送完当前数据之后发送一个 UART_XON_CHAR。

5.1.2　UART 类型定义

为方便 ESP32 开发，系统在 uart.h 和 uart_types.h 头文件中定义了如下数据类型。

1. uart_mode_t 类型

UART 模式选择，是枚举类型，定义如下。

```
typedef enum {
    UART_MODE_UART = 0x00,        /*常规 UART 模式*/
    UART_MODE_RS485_HALF_DUPLEX = 0x01,
        /*通过 RTS 引脚控制半双工 RS485 UART 模式*/
    UART_MODE_IRDA = 0x02,        /*IrDA UART 模式*/
    UART_MODE_RS485_COLLISION_DETECT = 0x03,
    /* RS485 冲突检测 UART 模式（用于测试）*/
    UART_MODE_RS485_APP_CTRL = 0x04,
    /*应用程序控制 RS485 UART 模式（用于测试）*/
} uart_mode_t;
```

2. uart_word_length_t 类型

UART 字长，是枚举类型，定义如下。

```
typedef enum {
    UART_DATA_5_BITS   = 0x0,    /*5 位*/
    UART_DATA_6_BITS   = 0x1,    /*6 位*/
    UART_DATA_7_BITS   = 0x2,    /*7 位*/
    UART_DATA_8_BITS   = 0x3,    /*8 位*/
```

```
    UART_DATA_BITS_MAX = 0x4,
} uart_word_length_t;
```

3. uart_stop_bits_t 类型

UART 停止位数，是枚举类型，定义如下。

```
typedef enum {
    UART_STOP_BITS_1    = 0x1,  /*1 位*/
    UART_STOP_BITS_1_5 = 0x2,   /*1.5 位*/
    UART_STOP_BITS_2    = 0x3,  /*2 位*/
    UART_STOP_BITS_MAX = 0x4,
} uart_stop_bits_t;
```

4. uart_parity_t 类型

UART 校验常量，是枚举类型，定义如下。

```
typedef enum {
    UART_PARITY_DISABLE  = 0x0,  /*无校验*/
    UART_PARITY_EVEN     = 0x2,  /*偶校验*/
    UART_PARITY_ODD      = 0x3   /*奇校验*/
} uart_parity_t;
```

5. uart_hw_flowcontrol_t 类型

UART 硬件流控模式，是枚举类型，定义如下。

```
typedef enum {
    UART_HW_FLOWCTRL_DISABLE = 0x0,     /*禁用*/
    UART_HW_FLOWCTRL_RTS      = 0x1,    /*开启 RX*/
    UART_HW_FLOWCTRL_CTS      = 0x2,    /*开启 TX*/
    UART_HW_FLOWCTRL_CTS_RTS = 0x3,     /*开启硬件流控*/
    UART_HW_FLOWCTRL_MAX      = 0x4,
} uart_hw_flowcontrol_t;
```

6. uart_signal_inv_t 类型

UART 信号位反转映射，是枚举类型，定义如下。

```
typedef enum {
    UART_SIGNAL_INV_DISABLE  = 0,            /*禁用反转*/
    UART_SIGNAL_IRDA_TX_INV  = (0x1 << 0),   /*反转 UART irda_tx*/
    UART_SIGNAL_IRDA_RX_INV  = (0x1 << 1),   /*反转 UART irda_rx*/
    UART_SIGNAL_RXD_INV      = (0x1 << 2),   /*反转 UART rxd*/
    UART_SIGNAL_CTS_INV      = (0x1 << 3),   /*反转 UART cts*/
    UART_SIGNAL_DSR_INV      = (0x1 << 4),   /*反转 UART dsr*/
    UART_SIGNAL_TXD_INV      = (0x1 << 5),   /*反转 UART txd*/
    UART_SIGNAL_RTS_INV      = (0x1 << 6),   /*反转 UART rts*/
    UART_SIGNAL_DTR_INV      = (0x1 << 7),   /*反转 UART dtr*/
} uart_signal_inv_t;
```

7. uart_sclk_t 类型

UART 时钟源选择，是枚举类型，定义如下。

```
typedef enum {
    UART_SCLK_APB = 0x0,              /*APB*/
    UART_SCLK_REF_TICK = 0x01,        /*REF_TICK*/
} uart_sclk_t;
```

8. art_at_cmd_t 类型

UART AT 指令字符配置参数，是结构体类型，定义如下。

```
typedef struct {
    uint8_t   cmd_char;              /*UART AT 指令字符*/
    uint8_t   char_num;             /*AT 指令字符重复次数*/
    uint32_t gap_tout;              /*AT 指令字符之间的间隔时间（波特率）*/
    uint32_t pre_idle;      /*非AT 字符和第一个AT 字符之间的空闲时间（波特率）*/
    uint32_t post_idle;     /*最后一个AT 字符和无AT 字符之间的空闲时间（波特率）*/
} uart_at_cmd_t;
```

9. uart_sw_flowctrl_t 类型

UART 软件流控配置参数，是结构体类型，定义如下。

```
typedef struct {
    uint8_t   xon_char;      /* xon 流控字符*/
    uint8_t   xoff_char;     /*xoff 流控字符*/
    uint8_t xon_thrd;
/*启用软件流控，并且Rx_FIFO 中的数据量小于xon_thrd，则发送xon_char */
    uint8_t xoff_thrd;
    /*启用软件流控，并且Rx_FIFO 中的数据量大于xoff_thrd，则发送xoff_char */
} uart_sw_flowctrl_t;
```

10. uart_config_t 类型

UART 配置参数，是结构体类型，定义如下。

```
typedef struct {
    int baud_rate;                      /*UART 波特率*/
    uart_word_length_t data_bits;       /* UART 字长*/
    uart_parity_t parity;               /*UART 校验模式*/
    uart_stop_bits_t stop_bits;         /*UART 停止模式*/
    uart_hw_flowcontrol_t flow_ctrl;    /*UART HW 流控模式(cts/rts)*/
    uint8_t rx_flow_ctrl_thresh;        /*UART HW RTS 阈值*/
    union {
        uart_sclk_t source_clk;         /*UART 时钟源选择*/
        bool use_ref_tick __attribute__((deprecated));
    };
} uart_config_t;
```

11. uart_intr_config_t 类型

UART 中断配置参数，是结构体类型，定义如下。

```
typedef struct {
    uint32_t intr_enable_mask;          /*UART 中断使能屏蔽*/
    uint8_t  rx_timeout_thresh;         /*UART 超时中断阈值*/
    uint8_t  txfifo_empty_intr_thresh;  /*UART TX 空中断阈值*/
    uint8_t  rxfifo_full_thresh;        /*UART RX 全中断阈值*/
} uart_intr_config_t;
```

12. uart_event_type_t 类型

环形缓冲区中使用的 UART 事件类型，是枚举类型，定义如下。

```
typedef enum {
    UART_DATA,                  /*UART 数据事件*/
```

```
        UART_BREAK,                    /*UART 中断事件*/
        UART_BUFFER_FULL,              /*UART RX 缓冲区已满事件*/
        UART_FIFO_OVF,                 /*UART FIFO 溢出事件*/
        UART_FRAME_ERR,                /*UART RX 帧错误事件*/
        UART_PARITY_ERR,               /*UART RX 校验事件*/
        UART_DATA_BREAK,               /*UART TX 数据和中断事件*/
        UART_PATTERN_DET,              /*UART 模式检测*/
        UART_EVENT_MAX,                /*UART 事件最大索引*/
    } uart_event_type_t;
```

13. uart_event_t 类型

UART 事件队列中使用的事件，是结构体类型，定义如下。

```
typedef struct {
    uart_event_type_t type;    /*UART 事件类型*/
    size_t size;               /*UART_DATA 事件数据大小*/
    bool timeout_flag;         /*UART_DATA 事件的数据读取超时标志*/
} uart_event_t;
```

5.1.3 UART 相关 API

ESP32 的串口使用可以分为 4 步：设置通信参数，包括波特率、数据位、奇偶校验位与停止位等；设置串口使用的 GPIO 引脚；安装驱动程序，为 UART 分配资源；进行串口通信。

1. 设置通信参数

```
uart_config_t uart_config = {
    .baud_rate = 115200,                       //波特率
    .data_bits = UART_DATA_8_BITS,             //数据位
    .parity = UART_PARITY_DISABLE,             //奇偶校验位
    .stop_bits = UART_STOP_BITS_1,             //停止位
    .flow_ctrl = UART_HW_FLOWCTRL_CTS_RTS,     //流控位
    .rx_flow_ctrl_thresh = UART_HW_FLOWCTRL_DISABLE,   //控制模式
};
esp_err_t uart_param_config(uart_port_t uart_num, const uart_config_t *uart_config)
uart_port_t uart_num                //串口编号 UART0、UART1、UART2
const uart_config_t *uart_config     //串口配置信息
```

2. 设置 GPIO 引脚

设置 UART 和具体的物理 GPIO 引脚关联。

```
esp_err_t uart_set_pin(uart_port_t uart_num, int tx_io_num, int rx_io_num, int rts_io_num, int cts_io_num)
uart_port_t uart_num      //串口编号 UART0、UART1、UART2
rx_io_num                 //串口接收引脚
tx_io_num                 //串口发送引脚
rts_io_num                //流控引脚
cts_io_num                //流控引脚
```

3. 安装驱动程序

分配接收、发送空间及函数调用参数。

```
esp_err_t uart_driver_install(uart_port_t uart_num, int rx_buffer_size, int tx_buffer_
```

```
size, int queue_size, QueueHandle_t *uart_queue, int intr_alloc_flags)
```

uart_num	//串口编号
rx_buffer_size	//接收缓存大小
tx_buffer_size	//发送缓存大小
queue_size	//队列大小
uart_queue	//串口队列指针
intr_alloc_flags	//分配中断标识

4. 进行串口通信

接收函数如下。

```
int uart_read_bytes(uart_port_t uart_num, uint8_t* buf, uint32_t length, TickType_t
ticks_to_wait)
```

uart_port_t uart_num	//串口编号
uint8_t* buf	//接收数据缓冲地址
uint32_t length	//接收缓冲区长度
TickType_t ticks_to_wait	//等待时间

发送函数如下。

```
int uart_write_bytes(uart_port_t uart_num, const char* src, size_t
size)
```

uart_port_t uart_num	//串口编号
const char* src	//待发送数据
size_t size	//发送数据大小

UART 相关 API 请扫描二维码获取。

UART 相关 API

5.1.4　UART 示例程序

本小节包括 UART0 和 UART1 示例。UART1 示例包括基于 ESP-IDF 的 VS Code、Arduino 和 MicroPython 开发环境的 3 种代码实现。

1. 基于 ESP-IDF 的 VS Code 开发环境 UART0 示例

本示例通过 Micro USB 电缆将 ESP32 开发板连接到计算机，使用 UART 驱动程序来处理特殊的 UART 事件，直接从键盘输入字符，也就是 UART0 从键盘读取数据，并将其回显到控制台。代码如下。

```
#include <stdio.h>
#include <string.h>
#include "freertos/FreeRTOS.h"
#include "freertos/task.h"
#include "freertos/queue.h"
#include "driver/uart.h"
#include "esp_log.h"
static const char *TAG = "uart_events";
//UART0，接收缓存开，发送缓冲关，流控关闭，事件队列打开，收发为默认引脚
#define EX_UART_NUM UART_NUM_0
#define PATTERN_CHR_NUM    (3)   /*定义 UART 模式*/
#define BUF_SIZE (1024)
#define RD_BUF_SIZE (BUF_SIZE)
static QueueHandle_t uart0_queue;
static void uart_event_task(void *pvParameters)    //定义事件任务
{
```

```
        uart_event_t event;
        size_t buffered_size;
        uint8_t* dtmp = (uint8_t*) malloc(RD_BUF_SIZE);
        for(;;) {          //等待 UART 事件
            if(xQueueReceive(uart0_queue, (void * )&event, (portTickType)portMAX_DELAY)) {
                bzero(dtmp, RD_BUF_SIZE);
                ESP_LOGI(TAG, "uart[%d] event:", EX_UART_NUM);
                switch(event.type) {  // UART 接收数据的事件
                    case UART_DATA: /*快速处理数据事件，防止队列填满 */
                        ESP_LOGI(TAG, "[UART DATA]: %d", event.size);
                        uart_read_bytes(EX_UART_NUM,dtmp,event.size, portMAX_DELAY);
                        ESP_LOGI(TAG, "[DATA EVT]:");
                        uart_write_bytes(EX_UART_NUM, (const char*) dtmp, event.size);
                        break;
                    case UART_FIFO_OVF: //HW FIFO 溢出事件检测
                        ESP_LOGI(TAG, "hw fifo overflow");
                        //如果发生溢出，则应考虑用应用程序添加流控
                        // ISR 已经重置了 Rx_FIFO
                        //例如，直接在此处刷新 RX 缓冲区以读取更多数据
                        uart_flush_input(EX_UART_NUM);
                        xQueueReset(uart0_queue);
                        break;
                    case UART_BUFFER_FULL:     //UART 环形缓冲区满事件
                        ESP_LOGI(TAG, "ring buffer full");
                        //如果缓冲区已满，则应考虑增加缓冲区大小
                        //例如，直接在此处刷新 RX 缓冲区以读取更多数据
                        uart_flush_input(EX_UART_NUM);
                        xQueueReset(uart0_queue);
                        break;
                    case UART_BREAK:        //检测到 UART RX 中断事件
                        ESP_LOGI(TAG, "uart rx break");
                        break;
                    case UART_PARITY_ERR:     //UART 奇偶校验错误事件
                        ESP_LOGI(TAG, "uart parity error");
                        break;
                    case UART_FRAME_ERR:      //UART 帧错误事件
                        ESP_LOGI(TAG, "uart frame error");
                        break;
                    case UART_PATTERN_DET:     //UART_PATTERN_DET 模式检测
                        uart_get_buffered_data_len(EX_UART_NUM, &buffered_size);
                        int pos = uart_pattern_pop_pos(EX_UART_NUM);
                        ESP_LOGI(TAG, "[UART PATTERN DETECTED] pos: %d, buffered size:
%d", pos, buffered_size);
                        if (pos == -1) {
                            //过去的 UART_PATTERN_DET 事件
                            //模式队列已满，无法记录位置。应该设置更大的队列
                            //例如，直接刷新 RX 缓冲区
                            uart_flush_input(EX_UART_NUM);
                        } else {
                            uart_read_bytes(EX_UART_NUM, dtmp, pos, 100 / portTICK_PERIOD
_MS);
                            uint8_t pat[PATTERN_CHR_NUM + 1];
```

```
                        memset(pat, 0, sizeof(pat));
                        uart_read_bytes(EX_UART_NUM,pat, PATTERN_CHR_NUM, 100 / port
TICK_PERIOD_MS);
                        ESP_LOGI(TAG, "read data: %s", dtmp);
                        ESP_LOGI(TAG, "read pat : %s", pat);
                    }
                    break;
                default: //其他情况
                    ESP_LOGI(TAG, "uart event type: %d", event.type);
                    break;
            }
        }
    }
    free(dtmp);
    dtmp = NULL;
    vTaskDelete(NULL);
}
void app_main(void)
{
    esp_log_level_set(TAG, ESP_LOG_INFO);
    /*配置 UART 驱动程序的参数、通信引脚并安装驱动程序*/
    uart_config_t uart_config = {
        .baud_rate = 115200,
        .data_bits = UART_DATA_8_BITS,
        .parity = UART_PARITY_DISABLE,
        .stop_bits = UART_STOP_BITS_1,
        .flow_ctrl = UART_HW_FLOWCTRL_DISABLE,
        .source_clk = UART_SCLK_APB,
    };
    //安装 UART 驱动程序, 并获取队列
    uart_driver_install(EX_UART_NUM,BUF_SIZE *2,BUF_SIZE*2,20,&uart0_queue, 0);
    uart_param_config(EX_UART_NUM, &uart_config);
    //设置 UART 日志级别
    esp_log_level_set(TAG, ESP_LOG_INFO);
    //设置 UART 引脚, 使用 UART0 默认引脚, 即没有变化
    uart_set_pin(EX_UART_NUM,UART_PIN_NO_CHANGE, UART_PIN_NO_CHANGE, UART_PIN_NO_CHA
NGE, UART_PIN_NO_CHANGE);
    //设置 UART 模式检测功能
    uart_enable_pattern_det_baud_intr(EX_UART_NUM,'+',PATTERN_CHR_NUM,9,0, 0);
    //重置模式队列长度以最多记录 20 个位置
    uart_pattern_queue_reset(EX_UART_NUM, 20);
    //创建任务以处理来自 ISR 的 UART 事件
    xTaskCreate(uart_event_task, "uart_event_task", 2048, NULL, 12, NULL);
}
```

2. 基于 ESP-IDF 的 VS Code 开发环境 UART1 示例

本示例可以在任何常用的 ESP32 开发板上运行。使用 Micro USB 电缆连接开发板到计算机, 一条单线电缆用于短接开发板的两个引脚。需要在代码中配置 "TXD_PIN" 和 "RXD_PIN"(本例中为 GPIO 4 号引脚和 GPIO 5 号引脚)。为了接收已发送的相同数据, 启动两个 FreeRTOS 任务: 第一项任务通过 UART 定期发送 "Hello world"; 第二项任务监听、接收并输出来自 UART 的数据。代码如下。

```
#include "freertos/FreeRTOS.h"
#include "freertos/task.h"
```

```c
#include "esp_system.h"
#include "esp_log.h"
#include "driver/uart.h"
#include "string.h"
#include "driver/gpio.h"
static const int RX_BUF_SIZE = 1024;
#define TXD_PIN (GPIO_NUM_4)
#define RXD_PIN (GPIO_NUM_5)
void init(void) {     //初始化串口
    const uart_config_t uart_config = {
        .baud_rate = 115200,
        .data_bits = UART_DATA_8_BITS,
        .parity = UART_PARITY_DISABLE,
        .stop_bits = UART_STOP_BITS_1,
        .flow_ctrl = UART_HW_FLOWCTRL_DISABLE,
        .source_clk = UART_SCLK_APB,
    };
    //不使用缓冲区发送数据
    uart_driver_install(UART_NUM_1, RX_BUF_SIZE * 2, 0, 0, NULL, 0);
    uart_param_config(UART_NUM_1, &uart_config);
    uart_set_pin(UART_NUM_1, TXD_PIN, RXD_PIN, UART_PIN_NO_CHANGE, UART_PIN_NO_CHANGE);
}
int sendData(const char* logName, const char* data)    //发送数据函数
{
    const int len = strlen(data);
    const int txBytes = uart_write_bytes(UART_NUM_1, data, len);
    ESP_LOGI(logName, "Wrote %d bytes", txBytes);
    return txBytes;
}
static void tx_task(void *arg)     //发送任务函数
{
    static const char *TX_TASK_TAG = "TX_TASK";
    esp_log_level_set(TX_TASK_TAG, ESP_LOG_INFO);
    while (1) {
        sendData(TX_TASK_TAG, "Hello world");
        vTaskDelay(2000 / portTICK_PERIOD_MS);
    }
}
static void rx_task(void *arg)      //接收任务函数
{
    static const char *RX_TASK_TAG = "RX_TASK";
    esp_log_level_set(RX_TASK_TAG, ESP_LOG_INFO);
    uint8_t* data = (uint8_t*) malloc(RX_BUF_SIZE+1);
    while (1) {
        const int rxBytes = uart_read_bytes(UART_NUM_1, data, RX_BUF_SIZE, 1000 / portTICK_RATE_MS);
        if (rxBytes > 0) {
            data[rxBytes] = 0;
            ESP_LOGI(RX_TASK_TAG, "Read %d bytes: '%s'", rxBytes, data);
            ESP_LOG_BUFFER_HEXDUMP(RX_TASK_TAG,data,rxBytes, ESP_LOG_INFO);
        }
    }
    free(data);
}
void app_main(void)    //主程序入口
```

```
{
    init();              //初始化
    xTaskCreate(rx_task, "uart_rx_task", 1024*2, NULL, configMAX_PRIORITIES, NULL);
                //创建接收任务
    xTaskCreate(tx_task, "uart_tx_task", 1024*2, NULL, configMAX_PRIORITIES-1, NULL);
                //创建发送任务
}
```

3. Arduino 开发环境 UART1 示例

本示例通过 Arduino 开发环境实现在串口写入数据后，串口可以读取写入的数据，并输出到串口监视器，代码如下。

```
void setup() {
    //设定串口波特率
    Serial.begin(115200);
}
void loop() {
  if (Serial.available()) {
    delay (100); //等待数据传输完毕
    int n = Serial.available();
    Serial.print("接收到 ");
    Serial.print(n);
    Serial.print("字节数据: ");
    delay (100);
    for (int i = 0; i < n; ++i) {
      Serial.print((char)Serial.read());
    }
    Serial.println();
  }
}
```

4. MicroPython 开发环境 UART1 示例

本示例为 ESP32 串口通信-字符串数据自发实验,将开发板的 5 号引脚与 4 号引脚用杜邦线连接。

```
from machine import UART,Pin
import utime
#初始化一个 UART 对象
uart = UART(2, baudrate=115200, rx=5,tx=4,timeout=10)
count = 1
while True:
    print('\n\n===============CNT {}==============='.format(count))
    #发送一条消息
    print('Send: {}'.format('hello world {}\n'.format(count)))
    print('Send Byte :',len('hello world {}\n')) # 发送字节数
    uart.write('hello world {}\n'.format(count))
    #等待 1s
    utime.sleep_ms(1000)
    if uart.any():
        #如果有数据, 读入一行数据, 返回数据为字节类型
        #例如: b'hello 1\n'
        bin_data = uart.readline()
        #将收到的信息输出到终端
        print('Echo Byte: {}'.format(bin_data))
        #将字节数据转换为字符串, 默认为 UTF-8 编码
```

```
        print('Echo String: {}'.format(bin_data.decode()))
    #计数+1
    count += 1
    print('----------------------------------------')
```

I2C

5.2 I2C

I2C（Inter-Integrated Circuit）是一种串行、同步、半双工通信总线，它允许在同一总线上同时存在多个主机和从机。I2C 为两线总线，由 SDA 和 SCL 两条线构成，两条线都设置为漏极开漏输出，两条线都需要上拉电阻。因此，I2C 总线上可以挂载多个外设，通常是一个或多个主机以及一个或多个从机，主机通过总线访问从机。

主机发出开始信号，则通信开始：在 SCL 为高电平时拉低 SDA，主机通过 SCL 发出 9 个时钟脉冲。前 8 个脉冲用于按位传输，该字节包括 7 位地址和 1 个读/写标志位。如果从机地址与该 7 位地址一致，那么从机可以通过在第 9 个脉冲上拉低 SDA 来应答。然后，根据读/写标志位，主机和从机可以发送/接收更多的数据。

应答位的逻辑电平决定是否停止发送数据。在数据传输中，SDA 仅在 SCL 为低电平时才发生变化。主机完成通信时，会发送一个停止信号：在 SCL 为高电平时拉高 SDA。

5.2.1 I2C 概述

I2C 总线用于 ESP32 和多个外设进行通信，多个外设可以共用一条 I2C 总线。ESP32 的 I2C 控制器可以处理 I2C 协议，腾出处理器核用于其他任务。ESP32 有两个 I2C 控制器（也称为端口），负责处理两条 I2C 总线上的通信。每个控制器都可以作为主机或从机运行。例如，一个控制器可以同时充当主机控制器和从机控制器。任何引脚都可以设置为 SDA 引脚或 SCL 引脚。

1. 主要特性

I2C 具有以下特点：支持主机模式和从机模式；支持多主机、多从机通信；支持标准模式（100kbit/s）；支持快速模式（400kbit/s）；支持 7 位及 10 位寻址；支持关闭 SCL 时钟实现连续数据传输；支持可编程数字噪声滤波功能。

2. I2C 架构

I2C 控制器可以工作于主机模式或从机模式，I2C_MS_MODE 寄存器用于模式选择。图 5-5 所示为 I2C 主机基本架构，图 5-6 所示为 I2C 从机基本架构。从图中可知，I2C 控制器内部主要有以下几个单元。

- RAM：大小为 32×8 位，直接映射到 CPU 核的地址上，地址为 REG_I2C_BASE+0x100，I2C 数据的每一个字节占据一个字的存储地址（因此首字节在+0x100，第二字节在+0x104，第三字节在+0x108，以此类推），用户需要置位 I2C_NONFIFO_EN 寄存器。
- 16 个命令寄存器（cmd0~cmd15）及一个 CMD_Controller：用于 I2C 主机控制数据传输。I2C 控制器每次执行一个命令。
- SCL_FSM：用于控制 SCL（时钟线），I2C_SCL_HIGH_PERIOD_REG 和 I2C_SCL_LOW_PERIOD_REG 寄存器用于配置 SCL 的频率和占空比。
- SDA_FSM：用于控制 SDA（数据线）。
- DATA_Shifter：用于将字节数据转化成比特流或者将比特流转化成字节数据。I2C_RX_

LSB_FIRST 和 I2C_TX_LSB_FIRST 用于配置最高有效位或最低有效位的优先储存或传输。

- SCL_Filter 和 SDA_Filter：用于 I2C_Slave 滤除输入噪声。通过配置 I2C_SCL_FILTER_EN 和 I2C_SDA_FILTER_EN 寄存器可以开启或关闭滤波器。滤波器可以滤除脉宽低于 I2C_SCL_FILTER_THRES 和 I2C_SDA_FILTER_THRES 的毛刺。

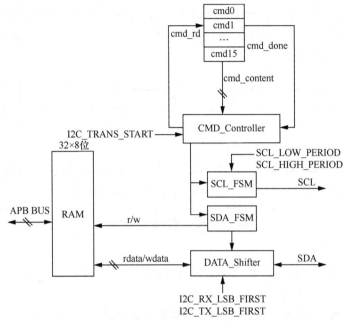

图 5-5　I2C 主机基本架构

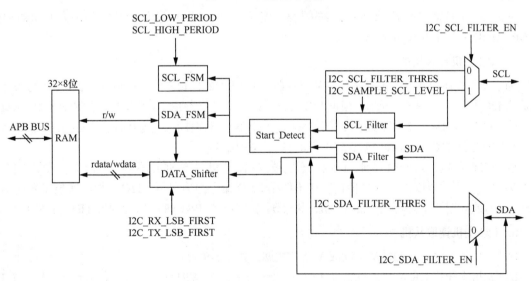

图 5-6　I2C 从机基本架构

3. I2C cmd 结构

命令寄存器只在 I2C 主机中有效，其内部结构如图 5-7 所示。软件可以通过读取每条命令的 CMD_DONE 位来判断一条命令是否执行完毕。op_code 用于命令编码，I2C 控制器支持 5 种命令，如下所示。

- RSTART：op_code 等于 0 为 RSTART 命令，该命令用于控制 I2C 协议中 START 位及 RESTART 位的发送。
- WRITE：op_code 等于 1 为 WRITE 命令，该命令表示当前主机要发送数据。
- READ：op_code 等于 2 为 READ 命令，该命令表示当前主机要接收数据。
- STOP：op_code 等于 3 为 STOP 命令，该命令用于控制协议中 STOP 位的发送。
- END：op_code 等于 4 为 END 命令，该命令用于主机模式下连续发送数据。主要实现方式为关闭 SCL 时钟，当数据准备完毕时继续完成上次传输。一个完整的命令序列始于 RSTART 命令，结束于 STOP 命令。

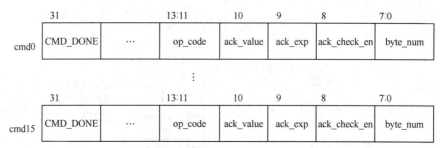

图 5-7　I2C 命令寄存器内部结构

图 5-7 中的其余位功能如下。

ack_value：当接收数据时，在字节被接收后，该位用于表示接收方将发送一个 ACK 位。

ack_exp：该位用于设置发送方期望的 ACK 值。

ack_check_en：该位用于控制发送方是否对 ACK 位进行检测。1 表示检测 ACK 值，0 表示不检测 ACK 值。

byte_num：该寄存器用于说明读/写的数据长度（单位为字节），最大为 255，最小为 1。RSTART、STOP、END 命令中 byte_num 无意义。

4. I2C 主机写入从机

为了便于描述，此处的 I2C 主机和从机都假定为 ESP32 的 I2C 外设控制器，I2C 主机写 N 字节数据到 I2C 从机，如图 5-8 所示。根据 I2C 协议，第一个字节为 I2C 从机地址，如图 5-8 中 RAM 所示，第一个数据为从机 7 位地址加 1 位读/写标志位，其中读/写标志位为 0 时表示写操作，后续连续空间存储待发送的数据，cmd 包含了用于运行的一系列命令。

要使 I2C 主机开始传输数据，总线就不能被占用，也就是说 SCL 不能被其他主机或从机拉低，SCL 恢复高电平才可以进行数据传输。在不使用 END 命令的情况下，I2C 主机一次最多发送 14× 255−1 个有效数据给 7 位地址的 I2C 从机，其命令配置为 1 个 RSTART+14 个 WRITE+1 个 STOP。

5. I2C 主机读取从机

I2C 主机从 7 位地址 I2C 从机读取 N 字节数据，如图 5-9 所示。

I2C 主机需要将 I2C 从机的地址发送出去，所以 cmd1 为 WRITE。该命令发送的字节是一个 I2C 从机地址及其读/写标志位，1 表示这是一个读操作。I2C 从机在匹配好地址之后开始发送数据给 I2C 主机。I2C 主机根据 READ 命令中的 ack_value 在每个接收的数据之后回复 ACK。图 5-9 中 READ 分成两次，I2C 主机对 cmd2 中 N−1 个数据均回复 ACK，对 cmd3 中的数据即传输的最后一个数据不回复 ACK，实际使用时可以根据需要进行配置。在存储接收的数据时，I2C 主机从 RAM 的首地址开始存储，图 5-9 中 byte0 会覆盖从机地址加 1 位读/写标志位。在不使用 END 命令的情况下，I2C 主机一次最多从 I2C 从机读取 13×255 个有效数据，其命令配置为 1 个 RSTART+1 个 WRITE+13 个 READ+1 个 STOP。

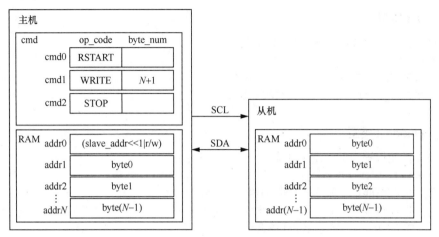

图 5-8　I2C 主机写 7 位地址从机

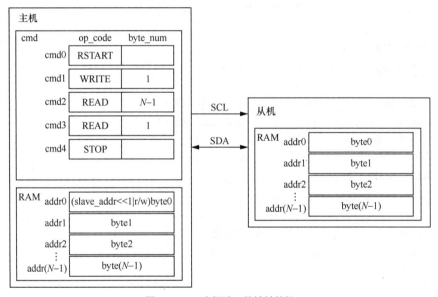

图 5-9　I2C 主机读 7 位地址从机

5.2.2　I2C 类型定义

为了方便 ESP32 开发，系统在 i2c_types.h、i2c.h 头文件中定义了相关的数据类型。

1. i2c_port_t 类型

I2C 端口编号或单元编号，I2C_NUM_0～(I2C_NUM_MAX−1)，是整型，定义如下。

```
typedef int i2c_port_t;
```

2. i2c_mode_t 类型

I2C 的工作模式，是枚举类型，定义如下。

```
typedef enum{
    I2C_MODE_SLAVE = 0,     /*I2C 从机模式*/
```

```
    I2C_MODE_MASTER,           /*I2C 主机模式*/
    I2C_MODE_MAX,
} i2c_mode_t;
```

3. i2c_rw_t 类型

I2C 的读写模式，是枚举类型，定义如下。

```
typedef enum {
    I2C_MASTER_WRITE = 0,      /*I2C 写数据*/
    I2C_MASTER_READ,           /*I2C 读数据*/
} i2c_rw_t;
```

4. i2c_opmode_t 类型

I2C 的命令，是枚举类型，定义如下。

```
typedef enum{
    I2C_CMD_RESTART = 0,      /*重启命令*/
    I2C_CMD_WRITE,            /*写命令*/
    I2C_CMD_READ,             /*读命令*/
    I2C_CMD_STOP,             /*停止命令*/
    I2C_CMD_END               /*结束命令*/
} i2c_opmode_t;
```

5. i2c_trans_mode_t 类型

I2C 的数据传输模式，是枚举类型，定义如下。

```
typedef enum {
    I2C_DATA_MODE_MSB_FIRST = 0,    /*数据最高位优先*/
    I2C_DATA_MODE_LSB_FIRST = 1,    /*数据最低位优先*/
    I2C_DATA_MODE_MAX
} i2c_trans_mode_t;
```

6. i2c_addr_mode_t 类型

I2C 的地址模式，是枚举类型，定义如下。

```
typedef enum {
    I2C_ADDR_BIT_7 = 0,      /*7 位地址从机模式*/
    I2C_ADDR_BIT_10,         /*10 位地址从机模式*/
    I2C_ADDR_BIT_MAX,
} i2c_addr_mode_t;
```

7. i2c_ack_type_t 类型

I2C 的确认类型，是枚举类型，定义如下。

```
typedef enum {
    I2C_MASTER_ACK = 0x0,           /*每个读取字节 ACK 确认*/
    I2C_MASTER_NACK = 0x1,          /*每个读取字节 NACK 确认*/
    I2C_MASTER_LAST_NACK = 0x2,     /*最后字节的 NACK 确认*/
    I2C_MASTER_ACK_MAX,
} i2c_ack_type_t;
```

8. i2c_sclk_t 类型

I2C 的时钟源选择，是枚举类型，定义如下。

```
typedef enum {
    I2C_SCLK_REF_TICK,         /*时钟源为 REF_TICK */
    I2C_SCLK_APB,              /*时钟源为 APB */
```

```
    } i2c_sclk_t;
```

9. i2c_config_t 类型

I2C 初始化参数，是结构体类型，定义如下。

```
typedef struct{
    i2c_mode_t mode;            /*I2C 模式*/
    int sda_io_num;             /*数据信号的 GPIO 引脚*/
    int scl_io_num;             /*时钟信号的 GPIO 引脚*/
    bool sda_pullup_en;         /*数据引脚的内部 GPIO 上拉模式*/
    bool scl_pullup_en;         /*时钟引脚的内部 GPIO 上拉模式*/
    union {
        struct {
            uint32_t clk_speed;         /*I2C 主机的时钟频率*/
        } master;                       /*I2C 主机配置*/
        struct {
            uint8_t addr_10bit_en;      /*I2C 从机 10 位地址模式*/
            uint16_t slave_addr;        /*I2C 从机地址*/
        } slave;                        /*I2C 从机配置*/
    };
} i2c_config_t;
```

5.2.3 I2C 相关 API

I2C 驱动程序控制通过总线进行的设备通信。该驱动程序支持以下功能：在主机模式下读/写字节，在从机模式下读取和写入寄存器。API 是指对驱动程序使用方法的描述。配置和操作 I2C 驱动程序的典型步骤包括：配置初始化参数（主机模式或从机模式，用于 SDA 和 SCL 的 GPIO 引脚、时钟速度等）；安装驱动程序，将两个 I2C 控制器之一的驱动程序激活为主机或从机；选择适当的参数，由主机控制通信，从机通信响应来自主机（从机）的消息；中断处理，主要配置和服务 I2C 中断；自定义配置，调整默认的 I2C 通信参数（时序、位顺序等）；错误处理识别和处理驱动程序配置、通信错误；通信结束时删除 I2C 驱动程序，释放资源。

1. 配置初始化参数

建立 I2C 通信步骤如下：设置结构体类型 i2c_config_t 的参数，完成驱动程序配置；设置 I2C 操作模式 i2c_mode_t 为主机或从机；配置通信引脚，为 SDA 和 SCL 信号分配 GPIO 引脚；设置是否启用 ESP32 的内部上拉电路；仅限主机设置 I2C 时钟速度；仅限从机设置是否启用 10 位地址模式，定义从机地址；初始化给定 I2C 端口的配置。为此，调用函数 i2c_param_config() 并将端口编号和结构体 i2c_config_t 传递给该函数。在此阶段，i2c_param_config() 还将其他一些 I2C 配置参数设置为 I2C 协议定义的默认值。

2. 安装驱动程序

配置 I2C 驱动程序后，通过使用以下参数调用函数 i2c_driver_install() 进行安装：端口编号，i2c_port_t 定义的两个端口编号之一；主机或从机，从 i2c_mode_t 中选择；为发送和接收数据分配缓冲区的大小（仅限从机）。由于 I2C 是以主机为中心的总线，数据只能根据主机的请求由从机传输到主机，因此从机通常有一个发送缓冲区，从机向其中写入数据。数据保留在发送缓冲区中，主机自行决定是否读取，用于分配中断的标志。

3. 主机通信

安装 I2C 驱动程序后，ESP32 准备与其他 I2C 设备通信。ESP32 的 I2C 控制器充当主机，负责与 I2C 从机建立通信，并发送命令以触发从机采取行动，例如，进行测量并将读数发送回主机。为了更好地进行流程组织，驱动程序提供了一个称为"命令链接"的容器，可将该容器填充一系列命令后传递给 I2C 控制器来执行。

图 5-10 所示为主机写操作，显示了如何为 I2C 主机构建命令链接，以向从机发送 n 字节。

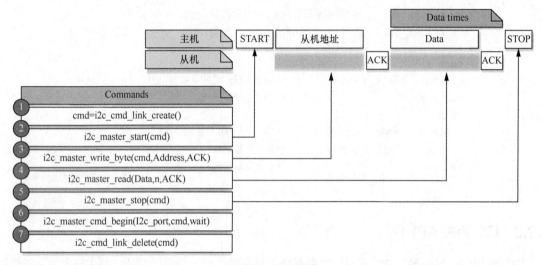

图 5-10　主机写操作

下面介绍如何设置"主机写"的命令链接及内容。

（1）首先，使用 i2c_cmd_link_create()创建命令链接；其次，用要发送到从机的一系列数据填充它：起始位 i2c_master_start()、从机地址 i2c_master_write_byte()、提供单字节地址作为此函数调用的参数、一个或多个字节数据作为 i2c_master_write()的参数、停止位 i2c_master_stop()。函数 i2c_master_write_byte()和 i2c_master_write()各有一个附加参数，用于指定主机是否应确保已接收 ACK 位。

（2）通过调用 i2c_master_cmd_begin()触发 I2C 控制器执行命令链接中的命令。一旦触发执行，就不能修改。

（3）传输命令后，通过调用 i2c_cmd_link_delete()释放命令链接使用的资源。

图 5-11 所示为主机读操作，显示了如何为 I2C 主机构建命令链接，由从机读取 n 字节。

与写入数据相比，读操作不是使用 i2c_master_write()函数，而是使用 i2c_master_read_byte()或 i2c_master_read()函数填充。同样，最后一次读取，主机不提供 ACK 位指示写或读，发送从机地址后，主机将向从机写入或读取。有关主机实际操作的信息隐藏在从机地址的最低有效位中。

4. 从机通信

安装 I2C 驱动程序后，ESP32 准备与其他 I2C 设备通信。该 API 为从机提供以下功能。

- i2c_slave_read_buffer()：当主机将数据写入从机时，从机自动将其存储在接收缓冲区中。此时，从属应用程序自行决定调用函数 i2c_slave_read_buffer()。如果接收缓冲区中没有数据，此函数还具有一个参数，用于指定块时间，允许从属应用程序在指定的超时时间内等待数据到达缓冲区。

- i2c_slave_write_buffer()：发送缓冲区用于存储从机要以 FIFO 顺序发送给主机的所有数据。

数据保留到主服务器发出请求为止。函数 i2c_slave_write_buffer()具有一个参数，用于指定发送缓冲区已满的超时时间，使从属应用程序在指定的超时时间内等待发送缓冲区中有足够的可用空间。

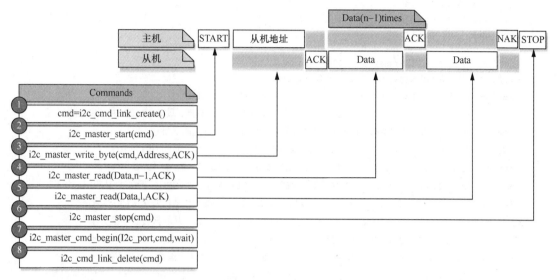

图 5-11　主机读操作

5.　中断处理

在驱动程序安装期间，默认情况下会安装中断处理程序。但是，用户可以通过调用函数 i2c_isr_register()注册自己的中断处理程序，而不是用默认中断处理程序。删除中断处理程序需要调用 i2c_isr_free()。

6.　定制配置与删除

函数 i2c_param_config()初始化 I2C 端口的驱动程序配置时，会将几个 I2C 通信参数设置为默认值。通过调用专用功能，可以将所有参数更改为用户定义的值，为 SDA 和 SCL 选择不同的引脚，并使用函数 i2c_set_pin()更改上拉电路的配置。修改已经输入的值可使用函数 i2c_param_config()。

当使用 i2c_driver_install()建立 I2C 通信，并且在相当长的时间内不需要该 I2C 通信时，可以通过调用 i2c_driver_delete()删除初始化驱动程序以释放分配的资源。

I2C 相关 API 请扫描二维码获取。

I2C 相关 API

5.2.4　I2C 示例程序

本小节包括基于 ESP-IDF 的 VS Code、Arduino 和 MicroPython 开发环境的 3 种代码实现，功能为测试 I2C 的主机和从机之间的通信，使用 GPIO 4 号引脚、GPIO 5 号引脚、GPIO 18 号引脚、GPIO 19 号引脚。其中，GPIO 4 号引脚为 I2C 的从机时钟引脚，GPIO 5 号引脚为 I2C 的从机数据引脚，GPIO 18 号引脚为主机时钟引脚，GPIO 19 号引脚为主机数据引脚，GPIO 4 号引脚与 GPIO 18 号引脚短接，GPIO 5 号引脚与 GPIO 19 号引脚短接。使用 BH1750/GY-30 光强传感器，SDA 连接 GPIO 4 号引脚，SCL 连接 GPIO 5 号引脚，VCC 连接 ESP32 开发板的 3.3V，GND 连接开发板的 GND。本示例是主机写数据到从机，然后主机读取从机的数据，并在串口输出。

1. 基于 ESP-IDF 的 VS Code 开发环境实现

代码如下。

```c
#include <stdio.h>
#include "esp_log.h"
#include "driver/i2c.h"
#include "sdkconfig.h"
static const char *TAG = "i2c-example";
#define _I2C_NUMBER(num) I2C_NUM_##num
#define I2C_NUMBER(num) _I2C_NUMBER(num)
#define DATA_LENGTH 512                        /*数据缓冲区长度*/
#define RW_TEST_LENGTH 128                     /*读/写测试数据长度，[0,DATA_LENGTH] */
#define DELAY_TIME_BETWEEN_ITEMS_MS 1000 /*不同测试项之间的延迟*/
#define I2C_SLAVE_SCL_IO CONFIG_I2C_SLAVE_SCL    /*从机 SCL 的 GPIO 引脚*/
#define I2C_SLAVE_SDA_IO CONFIG_I2C_SLAVE_SDA    /*从机 SDA 的 GPIO 引脚*/
#define I2C_SLAVE_NUM I2C_NUMBER(CONFIG_I2C_SLAVE_PORT_NUM) /*I2C 从机端口号*/
#define I2C_SLAVE_TX_BUF_LEN (2 * DATA_LENGTH)   /* I2C 从机发送缓冲区大小*/
#define I2C_SLAVE_RX_BUF_LEN (2 * DATA_LENGTH)   /* I2C 从机接收缓冲区大小*/
#define I2C_MASTER_SCL_IO CONFIG_I2C_MASTER_SCL /*主机 SCL 的 GPIO 引脚 */
#define I2C_MASTER_SDA_IO CONFIG_I2C_MASTER_SDA /*主机 SDA 的 GPIO 引脚*/
#define I2C_MASTER_NUM I2C_NUMBER(CONFIG_I2C_MASTER_PORT_NUM) /*I2C 主机端口号*/
#define I2C_MASTER_FREQ_HZ CONFIG_I2C_MASTER_FREQUENCY /*I2C 主机时钟频率*/
#define I2C_MASTER_TX_BUF_DISABLE 0              /* I2C 主机不用发送缓冲*/
#define I2C_MASTER_RX_BUF_DISABLE 0              /* I2C 主机不用接收缓冲*/
#define BH1750_SENSOR_ADDR CONFIG_BH1750_ADDR    /*BH1750 传感器地址*/
#define BH1750_CMD_START CONFIG_BH1750_OPMODE    /* BH1750 操作模式*/
#define ESP_SLAVE_ADDR CONFIG_I2C_SLAVE_ADDRESS /*ESP32 从机地址*/
#define WRITE_BIT I2C_MASTER_WRITE               /*I2C 主机写入*/
#define READ_BIT I2C_MASTER_READ                 /* I2C 主机读取*/
#define ACK_CHECK_EN 0x1                         /*I2C 主机检查 ACK*/
#define ACK_CHECK_DIS 0x0                        /*I2C 主机不检查 ACK*/
#define ACK_VAL 0x0                              /* I2C 的 ACK 值 */
#define NACK_VAL 0x1                             /*I2C 的 NACK 的值*/
SemaphoreHandle_t print_mux = NULL;
/*主机读取从机数据*/
static esp_err_t __attribute__((unused)) i2c_master_read_slave(i2c_port_t i2c_num,
uint8_t *data_rd, size_t size)
{
    if (size == 0) {
        return ESP_OK;
    }
    i2c_cmd_handle_t cmd = i2c_cmd_link_create();
    i2c_master_start(cmd);
    i2c_master_write_byte(cmd, (ESP_SLAVE_ADDR << 1) | READ_BIT, ACK_CHECK_EN);
    if (size > 1) {
        i2c_master_read(cmd, data_rd, size - 1, ACK_VAL);
    }
    i2c_master_read_byte(cmd, data_rd + size - 1, NACK_VAL);
    i2c_master_stop(cmd);
    esp_err_t ret = i2c_master_cmd_begin(i2c_num, cmd, 1000 / portTICK_RATE_MS);
    i2c_cmd_link_delete(cmd);
```

```
        return ret;
    }
    /*主机写数据到从机*/
    static esp_err_t __attribute__((unused)) i2c_master_write_slave(i2c_port_t i2c_num,
uint8_t *data_wr, size_t size)
    {
        i2c_cmd_handle_t cmd = i2c_cmd_link_create();
        i2c_master_start(cmd);
        i2c_master_write_byte(cmd, (ESP_SLAVE_ADDR << 1) | WRITE_BIT, ACK_CHECK_EN);
        i2c_master_write(cmd, data_wr, size, ACK_CHECK_EN);
        i2c_master_stop(cmd);
        esp_err_t ret = i2c_master_cmd_begin(i2c_num, cmd, 1000 / portTICK_RATE_MS);
        i2c_cmd_link_delete(cmd);
        return ret;
    }
    /*传感器操作 */
    static esp_err_t i2c_master_sensor_test(i2c_port_t i2c_num, uint8_t *data_h, uint8_t
*data_l)
    {
        int ret;
        i2c_cmd_handle_t cmd = i2c_cmd_link_create();
        i2c_master_start(cmd);
        i2c_master_write_byte(cmd, BH1750_SENSOR_ADDR << 1 | WRITE_BIT, ACK_CHECK_EN);
        i2c_master_write_byte(cmd, BH1750_CMD_START, ACK_CHECK_EN);
        i2c_master_stop(cmd);
        ret = i2c_master_cmd_begin(i2c_num, cmd, 1000 / portTICK_RATE_MS);
        i2c_cmd_link_delete(cmd);
        if (ret != ESP_OK) {
            return ret;
        }
        vTaskDelay(30 / portTICK_RATE_MS);
        cmd = i2c_cmd_link_create();
        i2c_master_start(cmd);
        i2c_master_write_byte(cmd, BH1750_SENSOR_ADDR << 1 | READ_BIT, ACK_CHECK_EN);
        i2c_master_read_byte(cmd, data_h, ACK_VAL);
        i2c_master_read_byte(cmd, data_l, NACK_VAL);
        i2c_master_stop(cmd);
        ret = i2c_master_cmd_begin(i2c_num, cmd, 1000 / portTICK_RATE_MS);
        i2c_cmd_link_delete(cmd);
        return ret;
    }
    /*主机初始化*/
    static esp_err_t i2c_master_init(void)
    {
        int i2c_master_port = I2C_MASTER_NUM;
        i2c_config_t conf = {
            .mode = I2C_MODE_MASTER,
            .sda_io_num = I2C_MASTER_SDA_IO,
            .sda_pullup_en = GPIO_PULLUP_ENABLE,
            .scl_io_num = I2C_MASTER_SCL_IO,
            .scl_pullup_en = GPIO_PULLUP_ENABLE,
            .master.clk_speed = I2C_MASTER_FREQ_HZ,
            // .clk_flags = 0,              /*可选, 使用 I2C_SCLK_SRC_FLAG_*选择时钟源*/
        };
        esp_err_t err = i2c_param_config(i2c_master_port, &conf);
```

```
        if (err != ESP_OK) {
            return err;
        }
        return i2c_driver_install(i2c_master_port, conf.mode, I2C_MASTER_RX_BUF_DISABLE,
    I2C_MASTER_TX_BUF_DISABLE, 0);
    }
    #if !CONFIG_IDF_TARGET_ESP32C3
    /*从机初始化*/
    static esp_err_t i2c_slave_init(void)
    {
        int i2c_slave_port = I2C_SLAVE_NUM;
        i2c_config_t conf_slave = {
            .sda_io_num = I2C_SLAVE_SDA_IO,
            .sda_pullup_en = GPIO_PULLUP_ENABLE,
            .scl_io_num = I2C_SLAVE_SCL_IO,
            .scl_pullup_en = GPIO_PULLUP_ENABLE,
            .mode = I2C_MODE_SLAVE,
            .slave.addr_10bit_en = 0,
            .slave.slave_addr = ESP_SLAVE_ADDR,
        };
        esp_err_t err = i2c_param_config(i2c_slave_port, &conf_slave);
        if (err != ESP_OK) {
            return err;
        }
        return i2c_driver_install(i2c_slave_port, conf_slave.mode, I2C_SLAVE_RX_BUF_LEN,
    I2C_SLAVE_TX_BUF_LEN, 0);
    }
    /*显示缓冲区数据*/
    static void disp_buf(uint8_t *buf, int len)
    {
        int i;
        for (i = 0; i < len; i++) {
            printf("%02x ", buf[i]);
            if ((i + 1) % 16 == 0) {
                printf("\n");
            }
        }
        printf("\n");
    }
    #endif //!CONFIG_IDF_TARGET_ESP32C3
    /*构建测试任务*/
    static void i2c_test_task(void *arg)
    {
        int ret;
        uint32_t task_idx = (uint32_t)arg;
    #if !CONFIG_IDF_TARGET_ESP32C3
        int i = 0;
        uint8_t *data = (uint8_t *)malloc(DATA_LENGTH);
        uint8_t *data_wr = (uint8_t *)malloc(DATA_LENGTH);
        uint8_t *data_rd = (uint8_t *)malloc(DATA_LENGTH);
    #endif //!CONFIG_IDF_TARGET_ESP32C3
        uint8_t sensor_data_h, sensor_data_l;
        int cnt = 0;
        while (1) {
            ESP_LOGI(TAG, "TASK[%d] test cnt: %d", task_idx, cnt++);
```

```
        ret = i2c_master_sensor_test(I2C_MASTER_NUM, &sensor_data_h, &sensor_data_l);
        xSemaphoreTake(print_mux, portMAX_DELAY);
        if (ret == ESP_ERR_TIMEOUT) {
            ESP_LOGE(TAG, "I2C Timeout");
        } else if (ret == ESP_OK) {
            printf("*******************\n");
            printf("TASK[%d]  MASTER READ SENSOR( BH1750 )\n", task_idx);
            printf("*******************\n");
            printf("data_h: %02x\n", sensor_data_h);
            printf("data_l: %02x\n", sensor_data_l);
            printf("sensor val: %.02f [Lux]\n", (sensor_data_h << 8 | sensor_data_l)
 / 1.2);
        } else {
            ESP_LOGW(TAG, "%s: No ack, sensor not connected...skip...", esp_err_to_
name(ret));
        }
        xSemaphoreGive(print_mux);
        vTaskDelay((DELAY_TIME_BETWEEN_ITEMS_MS * (task_idx + 1)) / portTICK_RATE_MS);
        //----------------------------------------------------
    #if !CONFIG_IDF_TARGET_ESP32C3
        for (i = 0; i < DATA_LENGTH; i++) {
            data[i] = i;
        }
        xSemaphoreTake(print_mux, portMAX_DELAY);
        size_t d_size = i2c_slave_write_buffer(I2C_SLAVE_NUM, data, RW_TEST_LENGTH,
1000 / portTICK_RATE_MS);
        if (d_size == 0) {
            ESP_LOGW(TAG, "i2c slave tx buffer full");
            ret = i2c_master_read_slave(I2C_MASTER_NUM, data_rd, DATA_LENGTH);
        } else {
            ret = i2c_master_read_slave(I2C_MASTER_NUM, data_rd, RW_TEST_LENGTH);
        }
        if (ret == ESP_ERR_TIMEOUT) {
            ESP_LOGE(TAG, "I2C Timeout");
        } else if (ret == ESP_OK) {
            printf("*******************\n");
            printf("TASK[%d]  MASTER READ FROM SLAVE\n", task_idx);
            printf("*******************\n");
            printf("====TASK[%d] Slave buffer data ====\n", task_idx);
            disp_buf(data, d_size);
            printf("====TASK[%d] Master read ====\n", task_idx);
            disp_buf(data_rd, d_size);
        } else {
            ESP_LOGW(TAG, "TASK[%d] %s: Master read slave error, IO not connected...
\n",
                     task_idx, esp_err_to_name(ret));
        }
        xSemaphoreGive(print_mux);
        vTaskDelay((DELAY_TIME_BETWEEN_ITEMS_MS * (task_idx + 1)) / portTICK_RATE_MS);
        //----------------------------------------------------
        int size;
        for (i = 0; i < DATA_LENGTH; i++) {
            data_wr[i] = i + 10;
        }
        xSemaphoreTake(print_mux, portMAX_DELAY);
        //填充从机的缓冲区，以便主机读取
```

```
                ret = i2c_master_write_slave(I2C_MASTER_NUM, data_wr, RW_TEST_LENGTH);
            if (ret == ESP_OK) {
                size = i2c_slave_read_buffer(I2C_SLAVE_NUM, data, RW_TEST_LENGTH, 1000 /
  portTICK_RATE_MS);
            }
            if (ret == ESP_ERR_TIMEOUT) {
                ESP_LOGE(TAG, "I2C Timeout");
            } else if (ret == ESP_OK) {
                printf("*******************\n");
                printf("TASK[%d]  MASTER WRITE TO SLAVE\n", task_idx);
                printf("*******************\n");
                printf("----TASK[%d] Master write ----\n", task_idx);
                disp_buf(data_wr, RW_TEST_LENGTH);
                printf("----TASK[%d] Slave read: [%d] bytes ----\n", task_idx, size);
                disp_buf(data, size);
            } else {
                ESP_LOGW(TAG, "TASK[%d] %s: Master write slave error, IO not connected..
..\n",
                         task_idx, esp_err_to_name(ret));
            }
            xSemaphoreGive(print_mux);
            vTaskDelay((DELAY_TIME_BETWEEN_ITEMS_MS * (task_idx + 1)) / portTICK_RATE_MS);
    #endif //!CONFIG_IDF_TARGET_ESP32C3
        }
        vSemaphoreDelete(print_mux);
        vTaskDelete(NULL);
    }
    void app_main(void)
    {
        print_mux = xSemaphoreCreateMutex();
    #if !CONFIG_IDF_TARGET_ESP32C3
        ESP_ERROR_CHECK(i2c_slave_init());
    #endif
        ESP_ERROR_CHECK(i2c_master_init());
        xTaskCreate(i2c_test_task, "i2c_test_task_0", 1024 * 2, (void *)0, 10, NULL);
        xTaskCreate(i2c_test_task, "i2c_test_task_1", 1024 * 2, (void *)1, 10, NULL);
    }
```

2. Arduino 开发环境实现

在 Arduino 开发环境中使用 ESP32 时，默认的 I2C 引脚为 GPIO 21 号引脚（SDA）、GPIO 22 号引脚（SCL）。本示例采用 GY-30 光强传感器，读取 I2C 设备地址，并输出到串口监视器上。将 GY-30 的 SDA 引脚连接 GPIO 21 号引脚，SCL 引脚连接 GPIO 22 号引脚，VCC 接 3.3V，GND 接 GND。代码如下。

```
    #include "Wire.h"
    void setup() {
      Serial.begin(115200);
      Wire.begin();
    }
    void loop() {
      byte error, address;
      int nDevices = 0;
      delay(5000);
      Serial.println("Scanning for I2C devices ...");
      for(address = 0x01; address < 0x7f; address++){
        Wire.beginTransmission(address);
```

```
    error = Wire.endTransmission();
    if (error == 0){
      Serial.printf("I2C device found at address 0x%02X\n", address);
      nDevices++;
    } else if(error != 2){
      Serial.printf("Error %d at address 0x%02X\n", error, address);
    }
  }
  if (nDevices == 0){
    Serial.println("No I2C devices found");
  }
}
```

3. MicroPython 开发环境实现

本示例读取 GY-30 光强传感器的数值，GY-30 的 SCL 引脚连接 GPIO 22 号引脚，GY-30 的 SDA 引脚连接 GPIO 21 号引脚，VCC 接 3.3V，GND 接 GND。代码如下。

```
import time
from machine import Pin, SoftI2C
i2c = SoftI2C(scl = Pin(22),sda = Pin(21),freq = 10000)    #软件 I2C
addr_list = i2c.scan() #获取设备的地址
i2c.writeto(addr_list[0],b'\x10') #设置分辨率模式为连续高分辨率模式
while True:
    data = i2c.readfrom(35,2)   #读取测量结果
    result = float(data[0]*0xff+data[1])/1.2    #处理测量结果
    print(result)
```

5.3 I2S

I2S

I2S（Inter-IC Sound）是飞利浦公司为数字音频设备之间的音频数据传输而制定的一种总线标准，该总线专用于音频设备之间的数据传输，广泛应用于各种多媒体系统。

I2S 采用独立传输时钟信号与数据信号的设计，通过将数据信号和时钟信号分离，避免了因时差而诱发失真，解决了音频抖动问题。标准的 I2S 总线电缆是由 3 根串行导线组成的：1 根是时分多路复用（Time Division Multiplexing，TDM）数据线；1 根是字选择线；1 根是时钟线。

5.3.1 I2S 概述

I2S 总线为多媒体应用尤其是数字音频应用提供了灵活的数据通信接口。ESP32 内置两个 I2S 接口，即 I2S0 和 I2S1。I2S 总线可以使用任意 GPIO 引脚。I2S 标准总线定义了 3 种信号：时钟信号 BCK、声道选择信号 WS 和串行数据信号 SD。一条基本的 I2S 数据总线上存在一个主机和一个从机。主机和从机的角色在通信过程中保持不变。每个控制器可以在半双工模式下运行。因此，可以将两个控制器组合起来以建立全双工通信。ESP32 的 I2S 模块包含独立的发送和接收声道，能够保证优良的通信性能，可以通过任意 GPIO 引脚实现。

图 5-12 所示为 ESP32 的 I2S 模块结构，图中 "*n*" 对应 0 或 1，即 I2S0 或 I2S1。每个 I2S 模块包含一个独立的发送单元（TX）和一个独立的接收单元（RX）。发送和接收单元各有一组三线接口，分别为时钟线（信号 BCK）、声道选择线（信号 WS）和串行数据线（信号 SD）。其中，发送单元的

串行数据线固定输出，接收单元的串行数据线固定为接收。发送单元和接收单元的时钟线和声道选择线均可配置为主机发送和从机接收。在 LCD 模式下，串行数据线扩展为并行数据总线。I2S 模块发送和接收单元各有一块宽 32 位、深 64 位的 FIFO 存储器。此外，只有 I2S0 支持接收/发送 PDM（Pulse Density Modulation，脉冲密度调制）信号，并且支持片上 DAC/ADC 模块。

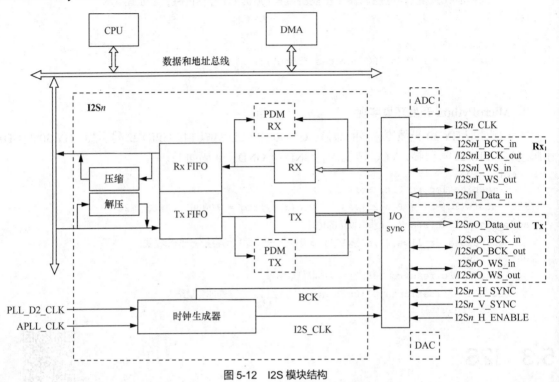

图 5-12　I2S 模块结构

表 5-1 所示为 I2S 模块的信号总线。RX 单元和 TX 单元的信号命名规则为 I2SnA_B_C。其中"n"为模块名，表示 I2S0 或 I2S1；"A"表示 I2S 模块数据总线信号的方向，"I"表示输入，"O"表示输出；"B"表示信号功能；"C"表示该信号的方向，"in"表示该信号输入 I2S 模块，"out"表示该信号自 I2S 模块输出。除 I2Sn_CLK 信号外，其他信号均需要经过 GPIO 交换矩阵和 IO_MUX 映射到芯片的引脚。I2Sn_CLK 信号需要经过 IO_MUX 映射到芯片引脚。

表 5-1

I2S 模块的信号总线

信 号 总 线	信 号 功 能	数据信号方向
I2SnI_BCK_in	从机模式下，I2S 模块输入信号	I2S 模块接收数据
I2SnI_BCK_out	主机模式下，I2S 模块输出信号	I2S 模块接收数据
I2SnI_WS_in	从机模式下，I2S 模块输入信号	I2S 模块接收数据
I2SnI_WS_out	主机模式下，I2S 模块输出信号	I2S 模块接收数据
I2SnI_Data_in	I2S 模块输入信号	I2S 模式下，I2SnI_Data_in[15]为 I2S 的串行数据总线；LCD 模式下，可以根据需要配置数据总线的宽度
I2SnO_Data_out	I2S 模块输出信号	I2S 模式下，I2SnO_Data_out[23]为 I2S 的串行数据总线；LCD 模式下，可以根据需要配置数据总线的宽度
I2SnO_BCK_in	从机模式下，I2S 模块输入信号	I2S 模块发送数据
I2SnO_BCK_out	主机模式下，I2S 模块输出信号	I2S 模块发送数据
I2SnO_WS_in	从机模式下，I2S 模块输入信号	I2S 模块发送数据

信 号 总 线	信 号 功 能	数据信号方向
I2S*n*O_WS_out	主机模式下，I2S 模块输出信号	I2S 模块发送数据
I2S*n*_CLK	I2S 模块输出信号	作为外部芯片的时钟源
I2S*n*_H_SYNC	相机模式下，I2S 模块输入信号	来自相机的信号
I2S*n*_V_SYNC		
I2S*n*_H_ENABLE		

1. 主要特性

- I2S 模式：可配置高精度输出时钟；支持全双工和半双工收发数据；支持多种音频标准；内嵌 A 律压缩/解压缩模块；可配置时钟；支持 PDM 信号输入输出；收发数据模式可配置。
- LCD 模式：支持外接 LCD；支持外接相机；支持连接片上 DAC/ADC 模块。
- I2S 中断：I2S 接口中断；I2S DMA 接口中断。

2. I2S 模块时钟

I2S*n*_CLK 作为 I2S 模块的主时钟，由 160MHz 时钟 PLL_D2_CLK 或可配置的模拟 PLL 输出时钟 APLL_CLK 分频获得。I2S 模块的串行时钟 BCK 再由 I2S*n*_CLK 分频获得，如图 5-13 所示。寄存器 I2S_CLKM_CONF_REG 中 I2S_CLKA_ENA 用于选择 PLL_D2_CLK 或 APLL_CLK 作为 I2S*n* 的时钟源，默认使用 PLL_D2_CLK 作为 I2S*n* 的时钟源。

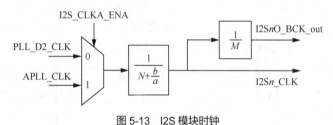

图 5-13   I2S 模块时钟

3. I2S 模式

ESP32 I2S 模块内置数据 A 律压缩/解压缩模块，用于对接收到的音频数据进行 A 律压缩/解压缩操作。I2S 支持的音频标准包括飞利浦标准、MSB 对齐标准、PCM 标准。

ESP32 I2S 模块发送数据分为 3 个阶段。第一阶段，从内存中读出数据并写入 FIFO 队列。第二阶段，将待发送数据从 FIFO 队列中读出。第三阶段，在 I2S 模式下，将待发送数据转换为串行数据流输出；在 LCD 模式下，将待发送数据转换为位宽固定的并行数据流输出。

ESP32 I2S 模块接收数据分为 3 个阶段。第一阶段，在 I2S 模式下，输入的串行数据流会被以声道属性转换成宽度为 64 位的并行数据流；在 LCD 模式下，输入位宽固定的并行数据流会被扩展成宽度为 64 位的并行数据流。第二阶段，将待接收的数据写入 FIFO 队列。第三阶段，将待接收的数据从 FIFO 队列中读出，并写入内存。

I2S 主机/从机模式：I2S 模块可以配置为主机接收/发送接口，支持半双工模式和全双工模式；可以配置为从机接收/发送接口，也支持半双工模式和全双工模式。ESP32 I2S0 模块内部集成了 PDM 模块，用于 PCM 编码信号和 PDM 编码信号相互转换。

4. LCD 模式

ESP32 I2S 模块的 LCD 模式分为 LCD 主机发送模式、相机从机接收模式、ADC/DAC 模式。

LCD 模式的时钟配置与 I2S 模式的时钟配置一致。在 LCD 模式下，WS 频率为 BCK 的一半，BCK 为串行时钟，WS 为声道选择信号。在 ADC/DAC 模式下，要使用 PLL_D2_CLK 作为时钟源。LCD 主机发送模式如图 5-14 所示，在 LCD 主机发送模式下，LCD 的 WR 信号接 I2S 模块的 WS 信号，数据信号线宽度为 24 位。

相机从机接收模式如图 5-15 所示，ESP32 I2S 可以配置成相机从机接收模式，以此实现与外部相机模块之间的高速数据传输。

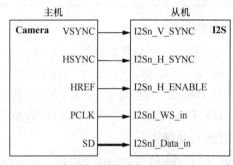

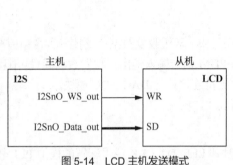

图 5-14　LCD 主机发送模式　　　　　　　图 5-15　相机从机接收模式

在 ADC/DAC 模式下，片上 ADC 模块接收到的数据可以通过 I2S0 模块搬到内部存储区，也可以使用 I2S0 模块将内部存储区的数据搬到片上 DAC 模块。当 I2S0 模块连接片上 ADC 时，需要将 I2S0 模块配置为主机接收模式。图 5-16 所示为 I2S0 模块与 ADC 控制器的信号连接。

当 I2S0 模块连接片上 DAC 时，需要将 I2S0 模块配置成主机发送模式。图 5-17 所示为 I2S0 模块与 DAC 控制器的信号连接。DAC 控制模块以 I2S_CLK 为时钟，此时 I2S_CLK 最高为 APB_CLK/2。

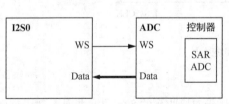

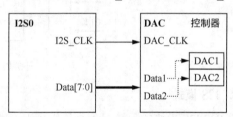

图 5-16　I2S0 模块与 ADC 控制器的信号连接　　　图 5-17　I2S0 模块与 DAC 控制器的信号连接

5.3.2　I2S 类型定义

为了方便 ESP32 开发，系统在 i2s.h、i2s_types.h 头文件中定义了相关的数据类型。

1. i2s_port_t 类型

I2S 的端口，是枚举类型，定义如下。

```
typedef enum {
    I2S_NUM_0 = 0,                          /*I2S 端口 0 */
#if SOC_I2S_NUM > 1
    I2S_NUM_1 = 1,                          /*I2S 端口 1 */
#endif
    I2S_NUM_MAX,                            /*I2S 端口最大值*/
} i2s_port_t;
```

2. i2s_bits_per_sample_t 类型

I2S 每个采样的位宽，是枚举类型，定义如下。

```
typedef enum {
    I2S_BITS_PER_SAMPLE_8BIT    = 8,           /*8 位*/
    I2S_BITS_PER_SAMPLE_16BIT   = 16,          /*16 位*/
    I2S_BITS_PER_SAMPLE_24BIT   = 24,          /*24 位*/
    I2S_BITS_PER_SAMPLE_32BIT   = 32,          /*32 位*/
} i2s_bits_per_sample_t;
```

3. i2s_channel_t 类型

I2S 的通道，是枚举类型，定义如下。

```
typedef enum {
    I2S_CHANNEL_MONO      = 1,                 /*I2S 单通道*/
    I2S_CHANNEL_STEREO    = 2                   /*I2S 双通道（立体声）*/
} i2s_channel_t;
```

4. i2s_comm_format_t 类型

I2S 通信标准格式，是枚举类型，定义如下。

```
typedef enum {
    I2S_COMM_FORMAT_STAND_I2S = 0X01,     /*飞利浦标准*/
    I2S_COMM_FORMAT_STAND_MSB = 0X03,     /*MSB 对齐标准*/
    I2S_COMM_FORMAT_STAND_PCM_SHORT = 0x04,   /*PCM 短标准*/
    I2S_COMM_FORMAT_STAND_PCM_LONG = 0x0C,    /*PCM 长标准*/
    I2S_COMM_FORMAT_STAND_MAX,
} i2s_comm_format_t;
```

5. i2s_channel_fmt_t 类型

I2S 通道格式，是枚举类型，定义如下。

```
typedef enum {
    I2S_CHANNEL_FMT_RIGHT_LEFT = 0x00,    /*左右通道*/
    I2S_CHANNEL_FMT_ALL_RIGHT,            /*所有右通道*/
    I2S_CHANNEL_FMT_ALL_LEFT,             /*所有左通道*/
    I2S_CHANNEL_FMT_ONLY_RIGHT,           /*只有右通道*/
    I2S_CHANNEL_FMT_ONLY_LEFT,            /*只有左通道*/
} i2s_channel_fmt_t;
```

6. i2s_mode_t 类型

I2S 模式，是枚举类型，默认为 I2S_MODE_MASTER | I2S_MODE_TX，定义如下。

```
typedef enum {
    I2S_MODE_MASTER = 1,                   /*主机模式*/
    I2S_MODE_SLAVE = 2,                    /*从机模式*/
    I2S_MODE_TX = 4,                       /*TX 模式*/
    I2S_MODE_RX = 8,                       /*RX 模式*/
#if SOC_I2S_SUPPORTS_ADC_DAC
    I2S_MODE_DAC_BUILT_IN = 16,            /*将 I2S 数据输出到内置 DAC，无论数据格式是 16 位还是 32
位，DAC 模块仅占用 MSB 的 8 位*/
    I2S_MODE_ADC_BUILT_IN = 32,            /*从内置 ADC 输入 I2S 数据，每个数据最多为 12 位宽度*/
#endif
#if SOC_I2S_SUPPORTS_PDM
    I2S_MODE_PDM = 64,                     /*PDM 模式*/
#endif
} i2s_mode_t;
```

7. i2s_clock_src_t 类型

I2S 时钟源，是枚举类型，定义如下。

```
typedef enum {
    I2S_CLK_D2CLK = 0,                  /*PLL_D2_CLK(160MHz)*/
    I2S_CLK_APLL,                       /*APLL*/
} i2s_clock_src_t;
```

8. i2s_config_t 类型

I2S 配置参数，是结构体类型，定义如下。

```
typedef struct {
    i2s_mode_t              mode;                   /*I2S 工作模式*/
    int                     sample_rate;            /*I2S 采样速率*/
    i2s_bits_per_sample_t   bits_per_sample;        /*I2S 采样位宽*/
    i2s_channel_fmt_t       channel_format;         /*I2S 通道格式*/
    i2s_comm_format_t       communication_format;   /*I2S 通信格式*/
    int                     intr_alloc_flags;       /*中断标识*/
    int                     dma_buf_count;          /*I2S DMA 缓冲计数*/
    int                     dma_buf_len;            /*I2S DMA 缓冲长度*/
    bool                    use_apll;               /*I2S 使用 APLL 为时钟*/
    bool                    tx_desc_auto_clear;     /*I2S 自动清除 TX 描述符*/
    int                     fixed_mclk;             /*I2S 使用固定的 MCLK 输出*/
} i2s_config_t;
```

9. i2s_event_type_t 类型

I2S 事件类型，是枚举类型，定义如下。

```
typedef enum {
    I2S_EVENT_DMA_ERROR,
    I2S_EVENT_TX_DONE,      /*I2S DMA 完成发送 1 个缓冲区*/
    I2S_EVENT_RX_DONE,      /*I2S DMA 完成接收 1 个缓冲区*/
    I2S_EVENT_MAX,          /*I2S 事件最大索引*/
} i2s_event_type_t;
```

10. i2s_dac_mode_t 类型

I2S DAC 模式，是枚举类型，定义如下。

```
typedef enum {
    I2S_DAC_CHANNEL_DISABLE  = 0,    /*禁用 I2S 内建 DAC 信号*/
    I2S_DAC_CHANNEL_RIGHT_EN = 1,    /*启用 I2S 内建 DAC 右通道，映射通道 1 于 GPIO 25 号引脚*/
    I2S_DAC_CHANNEL_LEFT_EN  = 2,    /*启用 I2S 内建 DAC 右通道，映射通道 2 于 GPIO 26 号引脚*/
    I2S_DAC_CHANNEL_BOTH_EN  = 0x3,  /*启用 I2S 内建 DAC 通道*/
    I2S_DAC_CHANNEL_MAX      = 0x4,  /*I2S 内建 DAC 模式最大索引*/
} i2s_dac_mode_t;
```

11. i2s_event_t 类型

I2S 事件队列，是结构体类型，定义如下。

```
typedef struct {
    i2s_event_type_t   type;    /*I2S 事件类型*/
    size_t             size;    /*I2S 数据大小*/
} i2s_event_t;
```

12.　i2s_pin_config_t 类型

I2S 引脚配置，是结构体类型，定义如下。

```
typedef struct {
    int bck_io_num;        /*BCK 输入输出引脚*/
    int ws_io_num;         /*WS 输入输出引脚*/
    int data_out_num;      /*DATA 输出引脚*/
    int data_in_num;       /*DATA 输入引脚*/
} i2s_pin_config_t;
```

13.　i2s_pdm_dsr_t 类型

I2S PDM RX 下采样模式，是枚举类型，定义如下。

```
typedef enum {
    I2S_PDM_DSR_8S = 0,    /*对于 PDM RX 模式，下采样数为8*/
    I2S_PDM_DSR_16S,       /*对于 PDM RX 模式，下采样数为16*/
    I2S_PDM_DSR_MAX,
} i2s_pdm_dsr_t;
```

14.　pdm_pcm_conv_t 类型

PDM-PCM 转换器启用/禁用，是枚举类型，定义如下。

```
typedef enum {
    PDM_PCM_CONV_ENABLE,      /*启用*/
    PDM_PCM_CONV_DISABLE,     /*禁用*/
} pdm_pcm_conv_t;
```

5.3.3　I2S 相关 API

I2S 相关 API 主要按照如下步骤完成功能。

（1）安装驱动程序。

通过调用函数 i2s_driver_install()并传递以下参数来安装 I2S 驱动程序：端口编号；具有定义通信参数的结构体 i2s_config_t；事件队列的大小和句柄。

（2）设定通信引脚。

安装驱动程序后，配置将信号路由至 GPIO 引脚。为此，调用函数 i2s_set_pin()并将以下参数传递给该函数：端口编号；结构体 i2s_pin_config_t。定义驱动程序应将 BCK、WS、DATA 输出信号和 DATA 输入信号路由到 GPIO 引脚。

（3）运行 I2S 通信执行传输。

准备好要发送的数据，然后调用函数 i2s_write()并将数据缓冲区地址和数据长度传递给它，函数会将数据写入 I2S DMA TX 缓冲区，自动传输数据。检索接收到的数据：使用函数 i2s_read()，一旦 I2S 控制器接收到数据，就从 I2S DMA RX 缓冲区检索数据。可以通过调用函数 i2s_stop()暂时停用 I2S 驱动程序，这将禁用 I2S TX/RX 单元，到调用函数 i2s_start()为止。如果使用了 i2s_driver_install()，驱动程序将自动启动，而无须调用 i2s_start()。

（4）删除驱动程序。

如果不再需要建立通信，则可以通过调用 i2s_driver_uninstall()删除驱动程序，以释放分配的资源。

I2S 相关 API 请扫描二维码获取。

I2S 相关 API

5.3.4　I2S 示例程序

本小节包括基于 ESP-IDF 的 VS Code、Arduino 和 MicroPython 开发环境的 3 种代码实现。此示例程序将分别生成 100Hz 的三角波和正弦波，并通过 I2S 总线以 36kHz 的采样速率从左、右通道发送出去。运行此示例程序，将看到每个样本位数每 5s 更改一次，分别为 16 位、24 位、32 位。代码如下。

1. 基于 ESP-IDF 的 VS Code 开发环境实现

```c
#include <stdio.h>
#include "freertos/FreeRTOS.h"
#include "freertos/task.h"
#include "driver/i2s.h"
#include "driver/gpio.h"
#include "esp_system.h"
#include <math.h>
#define SAMPLE_RATE        (36000)          //采样速率
#define I2S_NUM            (0)              //I2S 端口 0
#define WAVE_FREQ_HZ       (100)            //波形频率
#define PI                 (3.14159265)
#define I2S_BCK_IO         (GPIO_NUM_13)    //时钟引脚
#define I2S_WS_IO          (GPIO_NUM_15)    //声道选择
#define I2S_DO_IO          (GPIO_NUM_21)    //输出数据
#define I2S_DI_IO          (-1)            //输入数据（未使用）
#define SAMPLE_PER_CYCLE (SAMPLE_RATE/WAVE_FREQ_HZ)
static void setup_triangle_sine_waves(int bits)     //设置三角波和正弦波
{
    int *samples_data = malloc(((bits+8)/16)*SAMPLE_PER_CYCLE*4); //开辟存储空间
    unsigned int i, sample_val;
    double sin_float, triangle_float, triangle_step = (double) pow(2, bits) / SAMPLE_PER_CYCLE;
//设置三角波步长
    size_t i2s_bytes_write = 0;
    printf("\r\nTest bits=%d free mem=%d, written data=%d\n", bits, esp_get_free_heap_size(), ((bits+8)/16)*SAMPLE_PER_CYCLE*4);     //输出信息
    triangle_float = -(pow(2, bits)/2 - 1);          //初始化三角波的值
    for(i = 0; i < SAMPLE_PER_CYCLE; i++) {
        sin_float = sin(i * 2 * PI / SAMPLE_PER_CYCLE);
        if(sin_float >= 0)
            triangle_float += triangle_step;
        else
            triangle_float -= triangle_step;
        sin_float *= (pow(2, bits)/2 - 1);
        if (bits == 16) {
            sample_val = 0;
            sample_val += (short)triangle_float;
            sample_val = sample_val << 16;
            sample_val += (short) sin_float;
            samples_data[i] = sample_val;
        } else if (bits == 24) {
            samples_data[i*2] = ((int) triangle_float) << 8;
            samples_data[i*2 + 1] = ((int) sin_float) << 8;
```

```
        } else {
            samples_data[i*2] = ((int) triangle_float);
            samples_data[i*2 + 1] = ((int) sin_float);
        }
    }
    i2s_set_clk(I2S_NUM, SAMPLE_RATE, bits, 2);   //设置时钟
    // for(i = 0; i < SAMPLE_PER_CYCLE; i++) {
    //     if (bits == 16)
    //         i2s_push_sample(0, &samples_data[i], 100);
    //     else
    //         i2s_push_sample(0, &samples_data[i*2], 100);
    // }
    i2s_write(I2S_NUM, samples_data, ((bits+8)/16)*SAMPLE_PER_CYCLE*4, &i2s_bytes_
write, 100);        //写数据
    free(samples_data);   //释放采样数据
}
void app_main(void)
{
```
/*对于 36kHz 的采样速率，创建 100Hz 正弦波，每个周期需要 36000/100 = 360 个采样（每个采样 4 字节或 8 字节，取决于 bits_per_sample），使用 6 个缓冲区，每个缓冲区需要 60 个采样。如果是 2 个通道，每个通道 16 位，则总缓冲区为 360×4 = 1440 字节；如果是 2 个通道，每个通道 24/32 位，则总缓冲区为 360×8 = 2880 字节*/

```
    i2s_config_t i2s_config = {   //配置参数
        .mode = I2S_MODE_MASTER | I2S_MODE_TX,    //设置主机发送模式
        .sample_rate = SAMPLE_RATE,
        .bits_per_sample = 16,
        .channel_format = I2S_CHANNEL_FMT_RIGHT_LEFT,    //2 个通道
        .communication_format = I2S_COMM_FORMAT_STAND_MSB,
        .dma_buf_count = 6,
        .dma_buf_len = 60,
        .use_apll = false,
        .intr_alloc_flags = ESP_INTR_FLAG_LEVEL1        //中断为 1
    };
    i2s_pin_config_t pin_config = {                      //引脚配置
        .bck_io_num = I2S_BCK_IO,
        .ws_io_num = I2S_WS_IO,
        .data_out_num = I2S_DO_IO,
        .data_in_num = I2S_DI_IO                        //未使用
    };
    i2s_driver_install(I2S_NUM, &i2s_config, 0, NULL);   //安装 I2S 驱动程序
    i2s_set_pin(I2S_NUM, &pin_config);                   //引脚初始化
    int test_bits = 16;   //设置位宽
    while (1) {
        setup_triangle_sine_waves(test_bits);            //开启波形变换
        vTaskDelay(5000/portTICK_RATE_MS);               //延迟 5s
        test_bits += 8;       //改变位宽，重新变换
        if(test_bits > 32)
            test_bits = 16;
    }
}
```

2. Arduino 开发环境实现

Arduino 开发环境的示例程序是在 GPIO 34 号引脚输入任何音频或模拟值，串口输出是设备的读

数范围：12 位（0～4096）。代码如下。

```
#include <I2S.h>
void setup() {
  Serial.begin(115200);
  while (!Serial) {
    ;
  }
  if (!I2S.begin(ADC_DAC_MODE, 8000, 16)) {   // I2S 开启采样
    Serial.println("Failed to initialize I2S!");
    while (1);
  }
}
void loop() {
  int sample = I2S.read();      // 读取并输出采样值
  Serial.println(sample);
}
```

3. MicroPython 开发环境实现

MicroPython 将 I2S 封装为专用于连接数字音频设备，I2S 类当前还处于技术预览阶段。在预览期间，基于用户的反馈，I2S 类 API 和实现可能会更改。初始化代码如下。

```
from machine import Pin
from machine import I2S
sck_pin = Pin(14)     #串行时钟输出
ws_pin = Pin(13)      #字时钟输出
sd_pin = Pin(12)      #串行数据输出
audio_out = I2S(0,
                sck=sck_pin, ws=ws_pin, sd=sd_pin,
                mode=I2S.TX,
                bits=16,
                format=I2S.MONO,
                rate=44100,
                ibuf=20000)
audio_in = I2S(0,
               sck=sck_pin, ws=ws_pin, sd=sd_pin,
               mode=I2S.RX,
               bits=32,
               format=I2S.STEREO,
               rate=22050,
               ibuf=20000)
samples=bytearray(1024)
wav = open('sound.pcm','wb')
print('Starting')
num_read = audio_in.readinto(samples)
wav.write(samples)
wav.close()
audio_in.deinit()
print(samples)
print('Done')
```

5.4 SPI

SPI

SPI（Serial Peripheral Interface，串行外设接口）是摩托罗拉公司推出的一种高速、全双工、同步串行接口。SPI 的优点是支持全双工通信、通信简单、数据传输率高；缺点是没有指定的流控制、没有应答机制确认是否接收到数据，所以与 I2C 总线比较，它在数据、可靠性上有一定的缺陷。

SPI 的通信原理很简单，它以主从模式工作，这种模式通常有 1 个主机和 1 个或多个从机，双向传输时需要至少 4 根线，单向传输时 3 根也可以。所有基于 SPI 的设备共有的是 SDI（数据输入）、SDO（数据输出）、SCLK（时钟）、CS（片选），如图 5-18 所示。SDO/MOSI 为主机数据输出，从机数据输入。SDI/MISO 为主机数据输入，从机数据输出。SCLK 为时钟信号，由主机产生。CS/SS 为从机使能信号，由主机控制。当有多个从机时，因为每个从机上都有一个片选引脚接主机，因此主机和某个从机通信时需要将从机对应的片选引脚电平拉低或拉高。

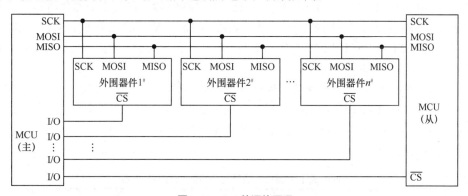

图 5-18　SPI 的通信原理

SPI 通信有 4 种不同的模式，不同的从机可能在出厂时就配置为某种模式，这是不能改变的。但通信双方必须工作在同一模式下，所以可以对主机的 SPI 模式进行配置，通过 CPOL（时钟极性）和 CPHA（时钟相位）来控制主机的通信模式。CPOL 用于配置 SCLK 的电平空闲态和有效态，CPHA 用于配置数据采样在第几个边沿。4 种模式具体如下。

（1）模式 0，CPOL=0，CPHA=0：空闲时，SCLK 处于低电平，数据采样在第 1 个边沿，即 SCLK 由低电平到高电平的跳变，所以数据采样在上升沿，数据发送在下降沿。

（2）模式 1，CPOL=0，CPHA=1：空闲时，SCLK 处于低电平，数据发送在第 1 个边沿，即 SCLK 由低电平到高电平的跳变，所以数据采样在下降沿，数据发送在上升沿。

（3）模式 2，CPOL=1，CPHA=0：空闲时，SCLK 处于高电平，数据采样在第 1 个边沿，即 SCLK 由高电平到低电平的跳变，所以数据采样在下降沿，数据发送在上升沿。

（4）模式 3，CPOL=1，CPHA=1：空闲时，SCLK 处于高电平，数据发送在第 1 个边沿，即 SCLK 由高电平到低电平的跳变，所以数据采样在上升沿，数据发送在下降沿。

5.4.1　SPI 概述

ESP32 共有 4 个 SPI 控制器：SPI0、SPI1、SPI2、SPI3，如图 5-19 所示，用于支持 SPI 协议。SPI0 控制器作为缓存，供访问外部存储单元接口使用。SPI1 控制器作为主机使用。SPI2 和 SPI3 控制器既可作为主机使用又可作为从机使用。作为主机使用时，每个 SPI 控制器可以使用多个片选信号（CS0～CS2）连接多个 SPI 从机设备。因此，SPI2 和 SPI3 是通用 SPI 控制器，分别称为 HSPI 和 VSPI，它们向用户开放。SPI2 和 SPI3 具有独立的信号总线，分别具有相同的名称，每条总线具有 3 条 CS 线，最多可驱动 3 个 SPI 从机。

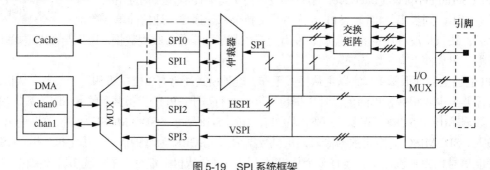

图 5-19　SPI 系统框架

SPI1～SPI3 控制器共享 2 个 DMA 通道。SPI0 和 SPI1 控制器通过 1 个仲裁器共用一组信号总线，这组带前缀 SPI 的信号总线由 D、Q、CS0～CS2、CLK、WP 和 HD 组成；SPI2 和 SPI3 控制器分别使用带前缀 HSPI 和 VSPI 的信号总线。这些信号总线包含的输入输出信号线可以经过 GPIO 交换矩阵和 IO_MUX 实现与芯片引脚的映射。

SPI 控制器在 GP-SPI 模式下，支持标准的四线全双工/半双工通信（MOSI、MISO、CS、CLK）和三线半双工通信（DATA、CS、CLK）。SPI 控制器在 QSPI 模式下使用信号总线 D、Q、CS0～CS2、CLK、WP 和 HD 作为 4 位并行 SPI 总线访问外部 Flash 或 SRAM。不同模式下引脚功能信号与总线信号的映射关系如表 5-2 所示。

表 5-2　　　　　　　　不同模式下引脚功能信号与总线信号的映射关系

GP-SPI 四线全双工/半双工总线信号	GP-SPI 三线半双工总线信号	QSPI 总线信号	引脚功能信号		
SPI 信号总线	HSPI 信号总线	VSPI 信号总线	SPI 信号总线	HSPI 信号总线	VSPI 信号总线
MOSI	DATA	D	SPID	HSPID	VSPID
MISO	—	Q	SPIQ	HSPIQ	VSPIQ
CS	CS	CS	SPICS0	HSPICS0	VSPICS0
CLK	CLK	CLK	SPICLK	HSPICLK	VSPICLK
—	—	WP	SPIWP	HSPIWP	VSPIWP
—	—	HD	SPIHD	HSPIHD	VSPIHD

ESP32 GP-SPI 支持四线全双工/半双工通信和三线半双工通信。GP-SPI 四线全双工/半双工通信如图 5-20 所示。ESP32 SPI1～SPI3 可以作为 SPI 主机与其他从机通信，SPI2 和 SPI3 也可以作为从机，每个 ESP32 SPI 主机默认最多可以接 3 个从机。在非 DMA 模式下，ESP32 SPI 一次最多可以接收/发送 64 字节的数据，收发数据长度以字节为单位。

ESP32 SPI 的三线半双工与四线半双工的不同之处在于接收和发送数据使用同一根信号线，且必须包含命令、地址和接收或发送数据状态。软件需要通过配置 SPI_USER_REG 寄存器的 SPI_SIO 位来使能三线半双工模式。

ESP32 SPI 控制器对 SPI 存储器（如 Flash、SRAM）提供特殊支持，SPI 引脚与存储器的硬件连接如图 5-21 所示。

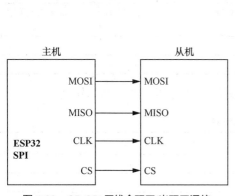

图 5-20 GP-SPI 四线全双工/半双工通信

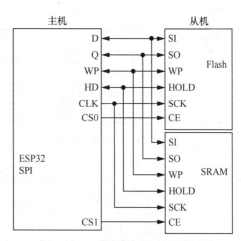

图 5-21 SPI 引脚与存储器的硬件连接

ESP32 的大多数外设信号直接连接到专用的 IO_MUX 引脚。但是，也可以使用 GPIO 交换矩阵将信号路由到任何其他可用的引脚。如果至少一个信号通过 GPIO 矩阵路由，则所有信号都将通过 GPIO 交换矩阵路由。SPI 控制器的 IO_MUX 引脚如表 5-3 所示，仅连接到总线的第一个设备可以使用 CS0 引脚。

表 5–3 SPI 控制器的 IO_MUX 引脚

引 脚 名 称	HSPI（GPIO 引脚）	VSPI（GPIO 引脚）
CS0	15	5
SCLK	14	18
MISO	12	19
MOSI	13	23
QUADWP	2	22
QUADHD	4	21

表 5-4 所示为与 SPI 操作有关的术语。

表 5–4 SPI 操作术语

术 语	含 义
主机	ESP32 内部的 SPI 控制器外设可通过总线启动 SPI 传输，并充当 SPI 主机，可能是 SPI2 或 SPI3 外设
从机/设备	SPI 从机。SPI 总线可以连接一个或多个从机。每个从机共享 MOSI、MISO 和 SCLK 信号，但仅在主机声明设备的单独 CS 线时才在总线上激活
总线	连接到一台主机的所有设备共用的通路。通常，总线包括 MISO、MOSI、SCLK、一条或多条 CS 线，以及可选的 QUADWP 和 QUADHD。因此，设备连接到相同的线路，但每个设备都有自己的 CS 线。如果以菊花链方式连接，则多个设备也可以共享一条 CS 线
MISO	主机输入，从机输出，从机到主机的数据传输
MOSI	主机输出，从机输入，从机到主机的数据传输
SCLK	串行时钟，主机产生的振荡信号，使数据位的传输保持同步
CS	片选。允许主机选择连接到总线的单个设备以发送或接收数据
QUADWP	写保护信号。仅用于 4 位事务
QUADHD	保持信号。仅用于 4 位事务
声明	激活线路的动作。将线路恢复为非活动状态（空闲状态）的相反操作称为取消声明

术　语	含　义
事物	主机声明 CS 线，与设备进行数据传输及取消 CS 线的一种实例。事务具有原子性，这意味着它们永远不会被其他事务打断
发射边沿	源寄存器将信号发射到线路上的时钟沿
锁存边沿	目的寄存器在信号中锁存的时钟沿

SPI 总线事务包含 5 个阶段，如表 5-5 所示。这些阶段中的任何一个都可以跳过。

表 5-5　　　　　　　　　　　　　　　　SPI 总线事务组成

阶　段	描　述
命令	在此阶段，主机将命令（0～16 位）写入总线
地址	在此阶段，主机通过总线发送地址（0～64 位）
写入	主机将数据发送到设备，该数据遵循可选的命令和地址段
虚位	此阶段是可配置的，可满足时序要求
读取	设备将数据发送到主机

5.4.2　SPI 类型定义

为了方便 ESP32 开发，系统在 spi_master.h、spi_common.h、spi_types.h、spi_slave.h 头文件中定义了相关的数据类型。

1. spi_host_device_t 类型

枚举可通过软件访问的 3 个 SPI 外设，定义如下。

```
typedef enum {
    SPI1_HOST=0,    //SPI1
    SPI2_HOST=1,    //SPI2
    SPI3_HOST=2,    //SPI3
} spi_host_device_t;
```

2. spi_bus_config_t 类型

SPI 总线的配置结构体，可以使用此结构体来指定总线的 GPIO 引脚。通常驱动程序将使用 GPIO 交换矩阵路由信号。当所有信号都通过 IO_MUX 路由或为-1 时，将发生异常，在这种情况下，使用 IO_MUX 以允许> 40MHz 的频率。请注意，从机不使用 QUADWP / QUAD HD，而 spi_bus_config_t 中引用这些行的字段被忽略，因此，可以不进行初始化。定义如下。

```
typedef struct {
    int mosi_io_num;          //MOSI 的 GPIO 引脚，未使用为-1
    int miso_io_num;          //MISO 的 GPIO 引脚，未使用为-1
    int sclk_io_num;          //CLK 的 GPIO 引脚，未使用为-1
    int quadwp_io_num;        //WP 的 GPIO 引脚，未使用为-1
    int quadhd_io_num;        //HD 的 GPIO 引脚，未使用为-1
    int max_transfer_sz;      //最大传输字节数，如果为 0，则默认为 4094
    uint32_t flags;           //驱动器检查总线标识
    int intr_flags;           //中断标识
} spi_bus_config_t;
```

3. spi_device_interface_config_t 类型

连接到 SPI 总线之一的 SPI 从机的配置，定义如下。

```
typedef struct {
    uint8_t command_bits;            //命令（0～16位）中的默认位数
    uint8_t address_bits;            //地址（0～64位）中的默认位数
    uint8_t dummy_bits;              //插入的虚位数量
    uint8_t mode;                    //SPI模式（0～3）
    uint16_t duty_cycle_pos;         //正时钟的占空比，以1/256递增
    uint16_t cs_ena_pretrans;        //半双工事务前，应激活CS的SPI位周期数量（0～16位）
    uint8_t cs_ena_posttrans;        //传输后，CS的SPI位周期数量应保持活动状态（0～16位）
    int clock_speed_hz;              //时钟频率，80MHz分频，以赫兹为单位
    int input_delay_ns;              //从机的最大数据有效时间
    int spics_io_num;                //CS的GPIO引脚，未使用为-1
    uint32_t flags;                  //SPI设备标识
    int queue_size;                  //事务队列大小
    transaction_cb_t pre_cb;         //传输前的回调函数
    transaction_cb_t post_cb;        //传输后的回调函数
} spi_device_interface_config_t;
```

4. spi_transaction_t 类型

描述了一个 SPI 事务，在事务完成之前，不应修改，是结构体类型，定义如下。

```
typedef struct {
    uint32_t flags;                  //标识
    uint16_t cmd;                    //命令数据
    uint64_t addr;                   //地址数据
    size_t length;                   //总数据长度
    size_t rxlength;                 //总接收数据长度
    void *user;                      //用户定义变量，可以用于存储事务ID
    union {
        const void *tx_buffer;       //指向传输缓冲的指针
        uint8_t tx_data[4];  //SPI_TRANS_USE_TXDATA设置，数据直接发送到此变量
    };
    union {
        void *rx_buffer;             //接收缓冲指针
        uint8_t rx_data[4];  //SPI_TRANS_USE_RXDATA设置，数据直接接收到此变量
    };
} spi_transaction_t;
```

5. spi_transaction_ext_t 类型

适用于地址和命令长度可能更改的 SPI 事务，是结构体类型，定义如下。

```
typedef struct {
    struct spi_transaction_t base;   //事务数据，以便指针转换为spi_transaction_ext_t
    uint8_t command_bits;            //此事务中的命令长度（以位为单位）
    uint8_t address_bits;            //此事务中的地址长度（以位为单位）
    uint8_t dummy_bits;              //此事务中的虚位长度（以位为单位）
} spi_transaction_ext_t ;
```

6. spi_slave_interface_config_t 类型

从机的 SPI 配置，是结构体类型，定义如下。

```
typedef struct {
    int spics_io_num;                              //CS 的 GPIO 引脚
    uint32_t flags;                                //标识
    int queue_size;                                //事务队列大小
    uint8_t mode;                                  //SPI 模式（0～3 位）
    slave_transaction_cb_t post_setup_cb;   //在 SPI 寄存器加载新数据后回调函数
    slave_transaction_cb_t post_trans_cb;   //事务结束后的回调函数
} spi_slave_interface_config_t;
```

7. spi_slave_transaction_t 类型

描述一个 SPI 事务，是结构体类型，定义如下。

```
typedef struct {
    size_t length;                    //总数据长度
    size_t trans_len;                 //事务数据长度
    const void *tx_buffer;            //发送缓冲指针
    void *rx_buffer;                  //接收缓冲指针
    void *user;                       //用户定义变量，可以用于存储事务 ID
} spi_slave_transaction_t;
```

SPI 的主机和从机 API 请扫描二维码获取。

SPI 主机、从机 API

5.4.3 SPI 示例程序

本小节包括基于 ESP-IDF 的 VS Code、Arduino 和 MicroPython 开发环境的 3 种代码实现。

1. 基于 ESP-IDF 的 VS Code 开发环境实现

本示例使用 SPI 总线驱动连接 SPI 的 LCD，可以在 LCD 显示信息并在串口输出 LCD 的信息。引脚连接如表 5-6 所示。

表 5-6　　　　　　　　　　　　　ESP32 开发板与 LCD 引脚连接

ESP32 开发板	LCD
5V/3.3V	VCC
GPIO22	CS
GPIO19	SCK
GPIO25	MISO
GPIO23	MOSI
GPIO18	RST
GPIO5	BCKL
GND	GND

代码如下。

```
#include <stdio.h>
#include <stdlib.h>
#include <string.h>
#include "freertos/FreeRTOS.h"
#include "freertos/task.h"
#include "esp_system.h"
#include "driver/spi_master.h"
```

```
#include "driver/gpio.h"
#include "pretty_effect.h"
#ifdef CONFIG_IDF_TARGET_ESP32
#define LCD_HOST      HSPI_HOST
#define PIN_NUM_MISO 25
#define PIN_NUM_MOSI 23
#define PIN_NUM_CLK  19
#define PIN_NUM_CS   22
#define PIN_NUM_DC   21
#define PIN_NUM_RST  18
#define PIN_NUM_BCKL 5
#elif defined CONFIG_IDF_TARGET_ESP32S2
#define LCD_HOST      SPI2_HOST
#define PIN_NUM_MISO 37
#define PIN_NUM_MOSI 35
#define PIN_NUM_CLK  36
#define PIN_NUM_CS   34
#define PIN_NUM_DC   4
#define PIN_NUM_RST  5
#define PIN_NUM_BCKL 6
#elif defined CONFIG_IDF_TARGET_ESP32C3
#define LCD_HOST      SPI2_HOST
#define PIN_NUM_MISO 2
#define PIN_NUM_MOSI 7
#define PIN_NUM_CLK  6
#define PIN_NUM_CS   10
#define PIN_NUM_DC   9
#define PIN_NUM_RST  4
#define PIN_NUM_BCKL 5
#endif
#define PARALLEL_LINES 16
/*LCD 初始化定义*/
typedef struct {
    uint8_t cmd;
    uint8_t data[16];
    uint8_t databytes; //No of data in data; bit 7 = delay after set; 0xFF = end of cmds.
} lcd_init_cmd_t;
typedef enum {
    LCD_TYPE_ILI = 1,
    LCD_TYPE_ST,
    LCD_TYPE_MAX,
} type_lcd_t;
//将数据放入 DRAM, 默认情况下, 常量数据被放入 DRRM, DMA 无法访问
DRAM_ATTR static const lcd_init_cmd_t st_init_cmds[]={
    {0x36, {(1<<5)|(1<<6)}, 1},
    {0x3A, {0x55}, 1},
    {0xB2, {0x0c, 0x0c, 0x00, 0x33, 0x33}, 5},
    {0xB7, {0x45}, 1},
    {0xBB, {0x2B}, 1},
    {0xC0, {0x2C}, 1},
    {0xC2, {0x01, 0xff}, 2},
    {0xC3, {0x11}, 1},
    {0xC4, {0x20}, 1},
    {0xC6, {0x0f}, 1},
    {0xD0, {0xA4, 0xA1}, 1},
```

```
        {0xE0, {0xD0, 0x00, 0x05, 0x0E, 0x15, 0x0D, 0x37, 0x43, 0x47, 0x09, 0x15, 0x12,
0x16, 0x19}, 14},
        {0xE1, {0xD0, 0x00, 0x05, 0x0D, 0x0C, 0x06, 0x2D, 0x44, 0x40, 0x0E, 0x1C, 0x18,
0x16, 0x19}, 14},
        {0x11, {0}, 0x80},
        {0x29, {0}, 0x80},
        {0, {0}, 0xff}
    };
    DRAM_ATTR static const lcd_init_cmd_t ili_init_cmds[]={   //初始化命令
        {0xCF, {0x00, 0x83, 0X30}, 3},
        {0xED, {0x64, 0x03, 0X12, 0X81}, 4},
        {0xE8, {0x85, 0x01, 0x79}, 3},
        {0xCB, {0x39, 0x2C, 0x00, 0x34, 0x02}, 5},
        {0xF7, {0x20}, 1},
        {0xEA, {0x00, 0x00}, 2},
        {0xC0, {0x26}, 1},
        {0xC1, {0x11}, 1},
        {0xC5, {0x35, 0x3E}, 2},
        {0xC7, {0xBE}, 1},
        {0x36, {0x28}, 1},
        {0x3A, {0x55}, 1},
        {0xB1, {0x00, 0x1B}, 2},
        {0xF2, {0x08}, 1},
        {0x26, {0x01}, 1},
        {0xE0, {0x1F, 0x1A, 0x18, 0x0A, 0x0F, 0x06, 0x45, 0X87, 0x32, 0x0A, 0x07, 0x02,
0x07, 0x05, 0x00}, 15},
        {0xE1, {0x00, 0x25, 0x27, 0x05, 0x10, 0x09, 0x3A, 0x78, 0x4D, 0x05, 0x18, 0x0D,
0x38, 0x3A, 0x1F}, 15},
        {0x2A, {0x00, 0x00, 0x00, 0xEF}, 4},
        {0x2B, {0x00, 0x00, 0x01, 0x3f}, 4},
        {0x2C, {0}, 0},
        {0xB7, {0x07}, 1},
        {0xB6, {0x0A, 0x82, 0x27, 0x00}, 4},
        {0x11, {0}, 0x80},
        {0x29, {0}, 0x80},
        {0, {0}, 0xff},
    };
    void lcd_cmd(spi_device_handle_t spi, const uint8_t cmd)   //发送命令
    {
        esp_err_t ret;
        spi_transaction_t t;
        memset(&t, 0, sizeof(t));          //清零
        t.length=8;                        //8位命令
        t.tx_buffer=&cmd;                  //数据即命令本身
        t.user=(void*)0;                   //D/C需要置0
        ret=spi_device_polling_transmit(spi, &t);   //发送命令
        assert(ret==ESP_OK);
    }
    void lcd_data(spi_device_handle_t spi, const uint8_t *data, int len)   //发送数据
    {
        esp_err_t ret;
        spi_transaction_t t;
        if (len==0) return;                //不需要发送任何数据
        memset(&t, 0, sizeof(t));          //清零
```

```
    t.length=len*8;                   //数据长度为字节，交易的长度为比特
    t.tx_buffer=data;                 //数据
    t.user=(void*)1;                  //D/C 需要置 1
    ret=spi_device_polling_transmit(spi, &t);   //发送
    assert(ret==ESP_OK);
}
//函数在传输开始之前被调用（在 IRQ 上下文中），它会将 D/C 设置为用户字段中指示的值
void lcd_spi_pre_transfer_callback(spi_transaction_t *t)
{
    int dc=(int)t->user;
    gpio_set_level(PIN_NUM_DC, dc);
}
uint32_t lcd_get_id(spi_device_handle_t spi)   //获取设备 ID
{
    lcd_cmd(spi, 0x04);
    spi_transaction_t t;
    memset(&t, 0, sizeof(t));
    t.length=8*3;
    t.flags = SPI_TRANS_USE_RXDATA;
    t.user = (void*)1;
    esp_err_t ret = spi_device_polling_transmit(spi, &t);
    assert( ret == ESP_OK );
    return *(uint32_t*)t.rx_data;
}
void lcd_init(spi_device_handle_t spi)     //初始化显示
{
    int cmd=0;
    const lcd_init_cmd_t* lcd_init_cmds;
    //初始化非 SPI GPIO 引脚
    gpio_set_direction(PIN_NUM_DC, GPIO_MODE_OUTPUT);
    gpio_set_direction(PIN_NUM_RST, GPIO_MODE_OUTPUT);
    gpio_set_direction(PIN_NUM_BCKL, GPIO_MODE_OUTPUT);
    //重置显示
    gpio_set_level(PIN_NUM_RST, 0);
    vTaskDelay(100 / portTICK_RATE_MS);
    gpio_set_level(PIN_NUM_RST, 1);
    vTaskDelay(100 / portTICK_RATE_MS);
    //检测 LCD 类型
    uint32_t lcd_id = lcd_get_id(spi);
    int lcd_detected_type = 0;
    int lcd_type;
    printf("LCD ID: %08X\n", lcd_id);
    if ( lcd_id == 0 ) {
        lcd_detected_type = LCD_TYPE_ILI;   //为零
        printf("ILI9341 detected.\n");
    } else {
        lcd_detected_type = LCD_TYPE_ST;        //非零
        printf("ST7789V detected.\n");
    }
#ifdef CONFIG_LCD_TYPE_AUTO
    lcd_type = lcd_detected_type;
#elif defined( CONFIG_LCD_TYPE_ST7789V )
    printf("kconfig: force CONFIG_LCD_TYPE_ST7789V.\n");
```

```
        lcd_type = LCD_TYPE_ST;
#elif defined( CONFIG_LCD_TYPE_ILI9341 )
        printf("kconfig: force CONFIG_LCD_TYPE_ILI9341.\n");
        lcd_type = LCD_TYPE_ILI;
#endif
    if ( lcd_type == LCD_TYPE_ST ) {
        printf("LCD ST7789V initialization.\n");
        lcd_init_cmds = st_init_cmds;
    } else {
        printf("LCD ILI9341 initialization.\n");
        lcd_init_cmds = ili_init_cmds;
    }
    //发送所有命令
    while (lcd_init_cmds[cmd].databytes!=0xff) {
        lcd_cmd(spi, lcd_init_cmds[cmd].cmd);
        lcd_data(spi, lcd_init_cmds[cmd].data, lcd_init_cmds[cmd].databytes&0x1F);
        if (lcd_init_cmds[cmd].databytes&0x80) {
            vTaskDelay(100 / portTICK_RATE_MS);
        }
        cmd++;
    }
    //开启背光
    gpio_set_level(PIN_NUM_BCKL, 0);
}
static void send_lines(spi_device_handle_t spi, int ypos, uint16_t *linedata) //按行
发送数据
{
    esp_err_t ret;
    int x;
    static spi_transaction_t trans[6];
    for (x=0; x<6; x++) {
        memset(&trans[x], 0, sizeof(spi_transaction_t));
        if ((x&1)==0) {
            //偶数行传输命令
            trans[x].length=8;
            trans[x].user=(void*)0;
        } else {
            //奇数行传输数据
            trans[x].length=8*4;
            trans[x].user=(void*)1;
        }
        trans[x].flags=SPI_TRANS_USE_TXDATA;
    }
    trans[0].tx_data[0]=0x2A;                //列地址设置
    trans[1].tx_data[0]=0;                   //起始点位置
    trans[1].tx_data[1]=0;
    trans[1].tx_data[2]=(320)>>8;            //终止点位置
    trans[1].tx_data[3]=(320)&0xff;
    trans[2].tx_data[0]=0x2B;                //页面地址设置
    trans[3].tx_data[0]=ypos>>8;             //起始点位置
    trans[3].tx_data[1]=ypos&0xff;
    trans[3].tx_data[2]=(ypos+PARALLEL_LINES)>>8;      //终止点位置
    trans[3].tx_data[3]=(ypos+PARALLEL_LINES)&0xff;
```

```
        trans[4].tx_data[0]=0x2C;              //写入存储器
        trans[5].tx_buffer=linedata;           //发送数据
        trans[5].length=320*2*8*PARALLEL_LINES;
        trans[5].flags=0; //undo SPI_TRANS_USE_TXDATA flag
        //所有交易排队
        for (x=0; x<6; x++) {
            ret=spi_device_queue_trans(spi, &trans[x], portMAX_DELAY);
            assert(ret==ESP_OK);
        }
}
static void send_line_finish(spi_device_handle_t spi)   //发送数据结束
{
        spi_transaction_t *rtrans;
        esp_err_t ret;
        for (int x=0; x<6; x++) {
            ret=spi_device_get_trans_result(spi, &rtrans, portMAX_DELAY);
            assert(ret==ESP_OK);
        }
}
static void display_pretty_colors(spi_device_handle_t spi)   //显示图形
{
        uint16_t *lines[2];
        for (int i=0; i<2; i++) {
            lines[i]=heap_caps_malloc(320*PARALLEL_LINES*sizeof(uint16_t), MALLOC_CAP_DMA);
            assert(lines[i]!=NULL);
        }
        int frame=0;
        int sending_line=-1;
        int calc_line=0;
        while(1) {
            frame++;
            for (int y=0; y<240; y+=PARALLEL_LINES) {
                pretty_effect_calc_lines(lines[calc_line], y, frame, PARALLEL_LINES);
                if (sending_line!=-1) send_line_finish(spi);
                sending_line=calc_line;
                calc_line=(calc_line==1)?0:1;
                send_lines(spi, y, lines[sending_line]);
            }
        }
}
void app_main(void)
{
        esp_err_t ret;
        spi_device_handle_t spi;
        spi_bus_config_t buscfg={
            .miso_io_num=PIN_NUM_MISO,
            .mosi_io_num=PIN_NUM_MOSI,
            .sclk_io_num=PIN_NUM_CLK,
            .quadwp_io_num=-1,
            .quadhd_io_num=-1,
            .max_transfer_sz=PARALLEL_LINES*320*2+8
        };
        spi_device_interface_config_t devcfg={
#ifdef CONFIG_LCD_OVERCLOCK
```

```
        .clock_speed_hz=26*1000*1000,              //时钟频率为 26MHz
#else
        .clock_speed_hz=10*1000*1000,              //时钟频率为 10MHz
#endif
        .mode=0,                                    //SPI 模式 0
        .spics_io_num=PIN_NUM_CS,                   //CS 引脚
        .queue_size=7,                              //队列中元素个数为 7
        .pre_cb=lcd_spi_pre_transfer_callback,
    };
    ret=spi_bus_initialize(LCD_HOST, &buscfg, SPI_DMA_CH_AUTO);  //初始化 SPI
    ESP_ERROR_CHECK(ret);
    ret=spi_bus_add_device(LCD_HOST, &devcfg, &spi);      //附着 LCD 到 SPI 总线
    ESP_ERROR_CHECK(ret);
    lcd_init(spi);      //初始化 LCD
    ret=pretty_effect_init();      //初始化显示效果
    ESP_ERROR_CHECK(ret);
    display_pretty_colors(spi);
}
```

2. Arduino 开发环境实现

本示例实现 ESP32 开发板与 SD 卡通信、SD 卡的信息显示与相关操作。引脚连接如表 5-7 所示。

表 5-7 　　　　　　　　　　ESP32 开发板与 SD 卡引脚连接

ESP32 开发板	SD 卡
5V/3.3V	VCC
GPIO 5	CS
GPIO18	SCK
GPIO19	MISO
GPIO23	MOSI
GND	GND

代码如下。

```
#include "FS.h"
#include "SD.h"
#include "SPI.h"
void listDir(fs::FS &fs, const char * dirname, uint8_t levels){      //列出文件夹
    Serial.printf("Listing directory: %s\n", dirname);
    File root = fs.open(dirname);
    if(!root){
        Serial.println("Failed to open directory");
        return;
    }
    if(!root.isDirectory()){
        Serial.println("Not a directory");
        return;
    }
    File file = root.openNextFile();
    while(file){
        if(file.isDirectory()){
            Serial.print("  DIR : ");
            Serial.println(file.name());
            if(levels){
```

```
                    listDir(fs, file.name(), levels -1);
                }
            } else {
                Serial.print("  FILE: ");
                Serial.print(file.name());
                Serial.print("  SIZE: ");
                Serial.println(file.size());
            }
            file = root.openNextFile();
        }
    }
    void createDir(fs::FS &fs, const char * path){       //新建文件夹
        Serial.printf("Creating Dir: %s\n", path);
        if(fs.mkdir(path)){
            Serial.println("Dir created");
        } else {
            Serial.println("mkdir failed");
        }
    }
    void removeDir(fs::FS &fs, const char * path){       //删除文件夹
        Serial.printf("Removing Dir: %s\n", path);
        if(fs.rmdir(path)){
            Serial.println("Dir removed");
        } else {
            Serial.println("rmdir failed");
        }
    }
    void readFile(fs::FS &fs, const char * path){       //读取文件
        Serial.printf("Reading file: %s\n", path);
        File file = fs.open(path);
        if(!file){
            Serial.println("Failed to open file for reading");
            return;
        }
        Serial.print("Read from file: ");
        while(file.available()){
            Serial.write(file.read());
        }
        file.close();
    }
    void writeFile(fs::FS &fs, const char * path, const char * message){      //写入文件
        Serial.printf("Writing file: %s\n", path);
        File file = fs.open(path, FILE_WRITE);
        if(!file){
            Serial.println("Failed to open file for writing");
            return;
        }
        if(file.print(message)){
            Serial.println("File written");
        } else {
            Serial.println("Write failed");
        }
        file.close();
    }
    void appendFile(fs::FS &fs, const char * path, const char * message){     //增加写入文件
```

```
        Serial.printf("Appending to file: %s\n", path);
        File file = fs.open(path, FILE_APPEND);
        if(!file){
            Serial.println("Failed to open file for appending");
            return;
        }
        if(file.print(message)){
            Serial.println("Message appended");
        } else {
            Serial.println("Append failed");
        }
        file.close();
    }
void renameFile(fs::FS &fs, const char * path1, const char * path2){    //重命名文件
        Serial.printf("Renaming file %s to %s\n", path1, path2);
        if (fs.rename(path1, path2)) {
            Serial.println("File renamed");
        } else {
            Serial.println("Rename failed");
        }
    }
void deleteFile(fs::FS &fs, const char * path){    //删除文件
        Serial.printf("Deleting file: %s\n", path);
        if(fs.remove(path)){
            Serial.println("File deleted");
        } else {
            Serial.println("Delete failed");
        }
    }
void testFileIO(fs::FS &fs, const char * path){    //测试 SD 卡功能
        File file = fs.open(path);
        static uint8_t buf[512];
        size_t len = 0;
        uint32_t start = millis();
        uint32_t end = start;
        if(file){
            len = file.size();
            size_t flen = len;
            start = millis();
            while(len){
                size_t toRead = len;
                if(toRead > 512){
                    toRead = 512;
                }
                file.read(buf, toRead);
                len -= toRead;
            }
            end = millis() - start;
            Serial.printf("%u bytes read for %u ms\n", flen, end);
            file.close();
        } else {
            Serial.println("Failed to open file for reading");
        }
        file = fs.open(path, FILE_WRITE);
        if(!file){
```

```
        Serial.println("Failed to open file for writing");
        return;
    }
    size_t i;
    start = millis();
    for(i=0; i<2048; i++){
        file.write(buf, 512);
    }
    end = millis() - start;
    Serial.printf("%u bytes written for %u ms\n", 2048 * 512, end);
    file.close();
}
void setup(){
    Serial.begin(115200);
    if(!SD.begin()){
        Serial.println("Card Mount Failed");
        return;
    }
    uint8_t cardType = SD.cardType();
    if(cardType == CARD_NONE){
        Serial.println("No SD card attached");
        return;
    }
    Serial.print("SD Card Type: ");      //输出 SD 卡类型
    if(cardType == CARD_MMC){
        Serial.println("MMC");
    } else if(cardType == CARD_SD){
        Serial.println("SDSC");
    } else if(cardType == CARD_SDHC){
        Serial.println("SDHC");
    } else {
        Serial.println("UNKNOWN");
    }
    uint64_t cardSize = SD.cardSize() / (1024 * 1024);
    Serial.printf("SD Card Size: %lluMB\n", cardSize);       //输出 SD 卡容量
    listDir(SD, "/", 0);
    createDir(SD, "/mydir");
    listDir(SD, "/", 0);
    removeDir(SD, "/mydir");
    listDir(SD, "/", 2);
    writeFile(SD, "/hello.txt", "Hello ");
    appendFile(SD, "/hello.txt", "World!\n");
    readFile(SD, "/hello.txt");
    deleteFile(SD, "/foo.txt");
    renameFile(SD, "/hello.txt", "/foo.txt");
    readFile(SD, "/foo.txt");
    testFileIO(SD, "/test.txt");
    Serial.printf("Total space: %lluMB\n", SD.totalBytes() / (1024 * 1024));
    Serial.printf("Used space: %lluMB\n", SD.usedBytes() / (1024 * 1024));
}
void loop() {}
```

3. MicroPython 开发环境实现

本示例实现 ESP32 开发板与 OLED 通信、屏幕信息显示。引脚连接如表 5-8 所示。

表 5-8　　　　　　　　　　　　ESP32 开发板与 OLED 引脚连接

ESP32 开发板	OLED
3.3V	VCC
GPIO22	CS
GPIO19	SCK/D0
GPIO5	MISO/未使用
GPIO23	MOSI/D1
GPIO21	DC
GPIO18	RES
GND	GND

代码如下。

```python
ssd1306.py
# MicroPython SSD1306 OLED 驱动, SPI
from micropython import const
import framebuf
#寄存器定义
SET_CONTRAST = const(0x81)
SET_ENTIRE_ON = const(0xA4)
SET_NORM_INV = const(0xA6)
SET_DISP = const(0xAE)
SET_MEM_ADDR = const(0x20)
SET_COL_ADDR = const(0x21)
SET_PAGE_ADDR = const(0x22)
SET_DISP_START_LINE = const(0x40)
SET_SEG_REMAP = const(0xA0)
SET_MUX_RATIO = const(0xA8)
SET_IREF_SELECT = const(0xAD)
SET_COM_OUT_DIR = const(0xC0)
SET_DISP_OFFSET = const(0xD3)
SET_COM_PIN_CFG = const(0xDA)
SET_DISP_CLK_DIV = const(0xD5)
SET_PRECHARGE = const(0xD9)
SET_VCOM_DESEL = const(0xDB)
SET_CHARGE_PUMP = const(0x8D)
#FrameBuffer 提供对图形基元的支持
# 参考 MicroPython 官网 FrameBuffer 文档
class SSD1306(framebuf.FrameBuffer):
    def __init__(self, width, height, external_vcc):
        self.width = width
        self.height = height
        self.external_vcc = external_vcc
        self.pages = self.height // 8
        self.buffer = bytearray(self.pages * self.width)
        super().__init__(self.buffer, self.width, self.height, framebuf.MONO_VLSB)
        self.init_display()
    def init_display(self):
        for cmd in (
            SET_DISP,  # display off
            #设置地址
            SET_MEM_ADDR,
            0x00,  #水平
```

```
        #分辨率和布局
        SET_DISP_START_LINE,   #从 0 行开始
        SET_SEG_REMAP | 0x01,   #列地址 127 映射为 SEG0
        SET_MUX_RATIO,
        self.height - 1,
        SET_COM_OUT_DIR | 0x08,   #从 COM[N]到 COM0 扫描
        SET_DISP_OFFSET,
        0x00,
        SET_COM_PIN_CFG,
        0x02 if self.width > 2 * self.height else 0x12,
        #定时和驱动方案
        SET_DISP_CLK_DIV,
        0x80,
        SET_PRECHARGE,
        0x22 if self.external_vcc else 0xF1,
        SET_VCOM_DESEL,
        0x30,   # 0.83*Vcc
        #显示
        SET_CONTRAST,
        0xFF,   # maximum
        SET_ENTIRE_ON,   #跟随 RAM 内容输出
        SET_NORM_INV,   #不翻转
        SET_IREF_SELECT,
        0x30,   #在显示期间启用内部 IREF
        SET_CHARGE_PUMP,
        0x10 if self.external_vcc else 0x14,
        SET_DISP | 0x01,   #开启显示
    ):
        self.write_cmd(cmd)
    self.fill(0)
    self.show()
def poweroff(self):
    self.write_cmd(SET_DISP)
def poweron(self):
    self.write_cmd(SET_DISP | 0x01)
def contrast(self, contrast):
    self.write_cmd(SET_CONTRAST)
    self.write_cmd(contrast)
def invert(self, invert):
    self.write_cmd(SET_NORM_INV | (invert & 1))
def rotate(self, rotate):
    self.write_cmd(SET_COM_OUT_DIR | ((rotate & 1) << 3))
    self.write_cmd(SET_SEG_REMAP | (rotate & 1))
def show(self):
    x0 = 0
    x1 = self.width - 1
    if self.width != 128:
        # narrow displays use centred columns
        col_offset = (128 - self.width) // 2
        x0 += col_offset
        x1 += col_offset
    self.write_cmd(SET_COL_ADDR)
    self.write_cmd(x0)
    self.write_cmd(x1)
```

```
                self.write_cmd(SET_PAGE_ADDR)
                self.write_cmd(0)
                self.write_cmd(self.pages - 1)
                self.write_data(self.buffer)
        def disp(self, s: str, x: int, y: int, c: int = 1):
                print('jjj')
                self.text('*'+s, x, y, c)
    class SSD1306_I2C(SSD1306):
        def __init__(self, width, height, i2c, addr=0x3C, external_vcc=False):
                self.i2c = i2c
                self.addr = addr
                self.temp = bytearray(2)
                self.write_list = [b"\x40", None]  # Co=0, D/C#=1
                super().__init__(width, height, external_vcc)
        def write_cmd(self, cmd):
                self.temp[0] = 0x80  # Co=1, D/C#=0
                self.temp[1] = cmd
                self.i2c.writeto(self.addr, self.temp)
        def write_data(self, buf):
                self.write_list[1] = buf
                self.i2c.writevto(self.addr, self.write_list)
    class SSD1306_SPI(SSD1306):
        def __init__(self, width, height, spi, dc, res, cs, external_vcc=False):
                self.rate = 10 * 1024 * 1024
                dc.init(dc.OUT, value=0)
                res.init(res.OUT, value=0)
                cs.init(cs.OUT, value=1)
                self.spi = spi
                self.dc = dc
                self.res = res
                self.cs = cs
                import time
                self.res(1)
                time.sleep_ms(1)
                self.res(0)
                time.sleep_ms(10)
                self.res(1)
                super().__init__(width, height, external_vcc)
        def write_cmd(self, cmd):
                self.spi.init(baudrate=self.rate, polarity=0, phase=0)
                self.cs(1)
                self.dc(0)
                self.cs(0)
                self.spi.write(bytearray([cmd]))
                self.cs(1)
        def write_data(self, buf):
                self.spi.init(baudrate=self.rate, polarity=0, phase=0)
                self.cs(1)
                self.dc(1)
                self.cs(0)
                self.spi.write(buf)
                self.cs(1)
```

main.py 文件代码如下。

```
import machine
from machine import Pin,SoftSPI
```

```
import time
from ssd1306 import SSD1306_SPI
spi = SoftSPI(baudrate=80000000, polarity=0, phase=0, sck=Pin(19,Pin.OUT), mosi=Pin
(23,Pin.OUT), miso=Pin(5))   #sck(D0)=19 mosi(D1)=23 miso=unused
oled = SSD1306_SPI(128, 64, spi, Pin(21),Pin(18), Pin(22)) #21=dc 18=res 22=cs
oled.text('Hello, World 1!', 0, 0)
oled.text('Hello, World 2!', 0, 10)
oled.text('Hello, World 3!', 0, 20)
oled.show()
```

5.5 本章小结

本章详细介绍了 ESP32 开发板的高级外设开发：首先，对 ESP32 开发板的 UART 控制方法进行了介绍，并给出了 3 种开发环境下的详细开发代码；其次，对 ESP32 开发板的 I2C 和 I2S 控制方法进行了介绍，并给出了 3 种开发环境下的详细开发代码；最后，对 ESP32 开发板的 SPI 控制方法进行了介绍，并给出了 3 种开发环境下的详细开发代码。

6 第6章 网络连接开发

ESP32 开发板的网络连接涉及底层的物理连接 Wi-Fi 和以太网、TCP/IP 系列协议、网络接口、套接字（Socket）及应用层协议等。本章对 ESP32 的 Wi-Fi 和网络接口进行描述，并辅之以示例程序，以加深读者对网络连接开发的理解。

6.1 ESP32 芯片 Wi-Fi 概述

ESP32 芯片 Wi-Fi 概述

Wi-Fi 的 API 支持配置和监控 ESP32 Wi-Fi 连网功能，支持配置 3 种模式：站点模式（即 STA 模式或 Wi-Fi 客户端模式），此时 ESP32 连接到接入点（Access Point，AP）或路由器；AP 模式（即 SoftAP 模式），也就是 ESP32 作为路由器，此时站点连接到 ESP32；AP-STA 共存模式，此时 ESP32 既是接入点，同时又作为站点连接到另一个接入点。ESP32 可以同时支持上述模式的各种安全模式（WPA、WPA2 及 WEP 等）扫描接入点（包括主动扫描及被动扫描），使用混合模式监控 IEEE 802.11 Wi-Fi 数据包。

ESP32 芯片 Wi-Fi 支持 TCP/IP，完全遵循 802.11 b/g/n Wi-Fi 的 MAC 协议栈；支持分布式控制功能下的基本服务集站点模式和 SoftAP 模式；支持通过最小化主机交互来优化有效工作时长，以实现功耗管理。

1. Wi-Fi 射频和基带

Wi-Fi 射频和基带具有以下特性：支持 802.11b/g/n；支持 802.11n MCS0-7 20MHz 和 40MHz 带宽；支持 802.11n MCS32（RX）；支持 802.11n 0.4μs 保护间隔；数据传输率高达 150Mbit/s；接收空时分组码 2×1；发射功率高达 20.5dBm；发射功率可调节；支持天线分集。

芯片支持带有外部射频开关的天线分集与选择。外部射频开关由一个或多个 GPIO 引脚控制，用来选择最合适的天线，以减少信号衰减的影响。

Wi-Fi 射频特性如表 6-1 所示。

2. Wi-Fi MAC

Wi-Fi MAC 支持的底层协议及功能如下：4 个虚拟 Wi-Fi 接口；基础结构型站点模式/SoftAP 模式/混杂模式；RTS 保护，CTS 保护，立即块回复；重组；TX/RX A-MPDU，RX A-MSDU；TXOP；无线多媒体；CCMP（CBC-MAC、计数器模式）、TKIP（MIC、RC4）、WAPI（SMS4）、WEP（RC4）和 CRC；自动 Beacon 监测（硬件 TSF）。

表 6–1   Wi–Fi 射频特性

参 数	条 件	最 小 值	典 型 值	最 大 值	单 位
工作频率范围	—	2412	—	2484	MHz
输出功率	11n, MCS7	12	13	14	dBm
	11b	18.5	19.5	20.5	dBm
灵敏度	11b, 1Mbit/s	—	−97	—	dBm
	11b, 11Mbit/s	—	−88	—	dBm
	11g, 6Mbit/s	—	−92	—	dBm
	11g, 54Mbit/s	—	−75	—	dBm
	11n, HT20, MCS0	—	−92	—	dBm
	11n, HT20, MCS7	—	−72	—	dBm
	11n, HT40, MCS0	—	−89	—	dBm
	11n, HT40, MCS7	—	−69	—	dBm
邻道抑制	11g, 6Mbit/s	—	27	—	dB
	11g, 54Mbit/s	—	13	—	dB
	11n, HT20, MCS0	—	27	—	dB
	11n, HT20, MCS7	—	12	—	dB

6.2   Wi–Fi 网络连接数据类型

    Wi-Fi 库支持 ESP32 Wi-Fi 连网功能。为了方便 ESP32 开发，系统定义了相关的数据类型。本节介绍 Wi-Fi 网络连接数据类型定义和相关示例程序。

Wi-Fi 网络连接数据
类型

6.2.1   Wi–Fi 网络连接数据类型定义

    Wi-Fi 网络连接数据类型的定义在 esp_Wifi_types.h、esp_Wifi.h 头文件中，简单介绍如下。

1. Wifi_mode_t 类型

Wi-Fi 的模式类型，是枚举类型，定义如下。

```
typedef enum {
    WIFI_MODE_NULL = 0,    /*无模式*/
    WIFI_MODE_STA,         /*Wi-Fi STA 模式*/
    WIFI_MODE_AP,          /*Wi-Fi SoftAP 模式*/
    WIFI_MODE_APSTA,       /*Wi-Fi STA+SoftAP 模式*/
    WIFI_MODE_MAX
} Wifi_mode_t;
```

2. Wifi_country_policy_t 类型

站点连接 AP 的国家及地区信息，是枚举类型，定义如下。

```
typedef enum {
    WIFI_COUNTRY_POLICY_AUTO,      /*国家及地区信息设置是自动的*/
    WIFI_COUNTRY_POLICY_MANUAL,    /*国家及地区信息设置是手动的*/
} Wifi_country_policy_t;
```

3. wifi_country_t 类型

描述基于 Wi-Fi 国家及地区的区域限制的结构体，定义如下。

```
typedef struct {
    char                     cc[3];              /*国家及地区代码字符串*/
    uint8_t                  schan;              /*起始通道*/
    uint8_t                  nchan;              /*总通道数*/
    int8_t                   max_tx_power;       /*最大发射功率*/
    wifi_country_policy_t policy;                /*国家及地区信息设置*/
} Wifi_country_t;
```

4. wifi_auth_mode_t 类型

认证方式类型，是枚举类型，定义如下。

```
typedef enum {
    WIFI_AUTH_OPEN = 0,                 /*开放*/
    WIFI_AUTH_WEP,                      /*WEP*/
    WIFI_AUTH_WPA_PSK,                  /*WPA_PSK*/
    WIFI_AUTH_WPA2_PSK,                 /*WPA2_PSK*/
    WIFI_AUTH_WPA_WPA2_PSK,             /*WPA_WPA2_PSK*/
    WIFI_AUTH_WPA2_ENTERPRISE,          /*WPA2_ENTERPRISE*/
    WIFI_AUTH_WPA3_PSK,                 /*WPA3_PSK*/
    WIFI_AUTH_WPA2_WPA3_PSK,            /*WPA2_WPA3_PSK*/
    WIFI_AUTH_MAX
} wifi_auth_mode_t;
```

5. wifi_err_reason_t 类型

Wi-Fi 错误原因，是枚举类型，定义如下。

```
typedef enum {
    WIFI_REASON_UNSPECIFIED                 =1,
    WIFI_REASON_AUTH_EXPIRE                 =2,
    WIFI_REASON_AUTH_LEAVE                  =3,
    WIFI_REASON_ASSOC_EXPIRE                =4,
    WIFI_REASON_ASSOC_TOOMANY               =5,
    WIFI_REASON_NOT_AUTHED                  =6,
    WIFI_REASON_NOT_ASSOCED                 =7,
    WIFI_REASON_ASSOC_LEAVE                 =8,
    WIFI_REASON_ASSOC_NOT_AUTHED            =9,
    WIFI_REASON_DISASSOC_PWRCAP_BAD         =10,
    WIFI_REASON_DISASSOC_SUPCHAN_BAD        =11,
    WIFI_REASON_IE_INVALID                  =13,
    WIFI_REASON_MIC_FAILURE                 =14,
    WIFI_REASON_4WAY_HANDSHAKE_TIMEOUT      =15,
    WIFI_REASON_GROUP_KEY_UPDATE_TIMEOUT    =16,
    WIFI_REASON_IE_IN_4WAY_DIFFERS          =17,
    WIFI_REASON_GROUP_CIPHER_INVALID        =18,
    WIFI_REASON_PAIRWISE_CIPHER_INVALID     =19,
    WIFI_REASON_AKMP_INVALID                =20,
    WIFI_REASON_UNSUPP_RSN_IE_VERSION       =21,
    WIFI_REASON_INVALID_RSN_IE_CAP          =22,
    WIFI_REASON_802_1X_AUTH_FAILED          =23,
    WIFI_REASON_CIPHER_SUITE_REJECTED       =24,
    WIFI_REASON_INVALID_PMKID               =53,
    WIFI_REASON_BEACON_TIMEOUT              =200,
    WIFI_REASON_NO_AP_FOUND                 =201,
```

```
    WIFI_REASON_AUTH_FAIL                        =202,
    WIFI_REASON_ASSOC_FAIL                       =203,
    WIFI_REASON_HANDSHAKE_TIMEOUT                =204,
    WIFI_REASON_CONNECTION_FAIL                  =205,
    WIFI_REASON_AP_TSF_RESET                     =206,
}wifi_err_reason_t;
```

6. wifi_second_chan_t 类型

Wi-Fi 辅助通道类型，是枚举类型，定义如下。

```
typedef enum {
    WIFI_SECOND_CHAN_NONE = 0,    /*通道宽度为HT20*/
    WIFI_SECOND_CHAN_ABOVE,       /*通道宽度为HT40，辅助通道位于主通道上方*/
    WIFI_SECOND_CHAN_BELOW,       /*通道宽度为HT40，辅助通道位于主通道下方*/
}wifi_second_chan_t;
```

7. wifi_scan_type_t 类型

Wi-Fi 的扫描类型，是枚举类型，定义如下。

```
typedef enum {
    WIFI_SCAN_TYPE_ACTIVE = 0,    /*主动扫描*/
    WIFI_SCAN_TYPE_PASSIVE,       /*被动扫描*/
} wifi_scan_type_t;
```

8. wifi_active_scan_time_t 类型

每个通道的主动扫描时间范围，是枚举类型，定义如下。

```
typedef struct {
    uint32_t min;   /*每个通道的最小主动扫描时间，单位为毫秒*/
    uint32_t max;   /*每个通道的最大主动扫描时间，单位为毫秒，大于1500的值可能会导致站点与AP断开
连接，因此不建议*/
} wifi_active_scan_time_t;
```

9. wifi_scan_time_t 类型

每个通道主动和被动扫描时间汇总，是结构体类型，定义如下。

```
typedef struct{
    wifi_active_scan_time_t active;   /*每个通道的主动扫描时间，单位为毫秒*/
    uint32_t passive;                 /*每个通道的被动扫描时间，单位为毫秒，大于1500的值可能会
导致站点与AP断开连接，因此不建议*/
} wifi_scan_time_t;
```

10. wifi_scan_config_t 类型

SSID（Service Set Identifier，服务集标识符）扫描参数，是结构体类型，定义如下。

```
typedef struct {
    uint8_t *ssid;                   /*AP的SSID*/
    uint8_t *bssid;                  /*AP的MAC地址*/
    uint8_t channel;                 /*通道，扫描特定通道*/
    bool show_hidden;                /*启用扫描SSID隐藏的AP*/
    wifi_scan_type_t scan_type;      /*扫描类型，主动或者被动*/
    wifi_scan_time_t scan_time;      /*每个通道扫描时间*/
} wifi_scan_config_t;
```

11. wifi_cipher_type_t 类型

Wi-Fi 密码类型，是枚举类型，定义如下。

```
typedef enum {
    WIFI_CIPHER_TYPE_NONE = 0,          /*无*/
    WIFI_CIPHER_TYPE_WEP40,             /*WEP40*/
    WIFI_CIPHER_TYPE_WEP104,            /*WEP104*/
    WIFI_CIPHER_TYPE_TKIP,              /*TKIP*/
    WIFI_CIPHER_TYPE_CCMP,              /*CCMP*/
    WIFI_CIPHER_TYPE_TKIP_CCMP,         /*TKIP 和 CCMP*/
    WIFI_CIPHER_TYPE_AES_CMAC128,       /*AES-CMAC-128*/
    WIFI_CIPHER_TYPE_UNKNOWN,           /*未知*/
} wifi_cipher_type_t;
```

12. wifi_ant_t 类型

天线类型，是枚举类型，定义如下。

```
typedef enum {
    WIFI_ANT_ANT0,                      /*Wi-Fi 天线 0*/
    WIFI_ANT_ANT1,                      /*Wi-Fi 天线 1*/
    WIFI_ANT_MAX,                       /*无效 Wi-Fi 天线*/
} wifi_ant_t;
```

13. wifi_ap_record_t 类型

描述 Wi-Fi 的 AP 的结构体，定义如下。

```
typedef struct {
    uint8_t bssid[6];                        /*AP 的 MAC 地址*/
    uint8_t ssid[33];                        /*AP 的 SSID*/
    uint8_t primary;                         /*AP 的通道*/
    wifi_second_chan_t second;               /*AP 的辅助通道*/
    int8_t  rssi;                            /*AP 的信号强度*/
    wifi_auth_mode_t authmode;               /*AP 的认证模式*/
    wifi_cipher_type_t pairwise_cipher;      /*AP 的成对密码 */
    wifi_cipher_type_t group_cipher;         /*AP 组密码*/
    wifi_ant_t ant;                          /*用于从 AP 接收信标的天线*/
    uint32_t phy_11b:1;                      /*位 0 标志，用于标识是否启用 11b 模式*/
    uint32_t phy_11g:1;                      /*位 1 标志，用于标识是否启用 11g 模式*/
    uint32_t phy_11n:1;                      /*位 2 标志，用于标识是否启用 11n 模式*/
    uint32_t phy_lr:1;                       /*位 3 标志，用于标识是否启用低速模式*/
    uint32_t wps:1;                          /*位 4 标志，用于标识是否支持 WPS*/
    uint32_t reserved:27;                    /*位 5～31 保留*/
    wifi_country_t country;                  /*AP 的国家及地区信息*/
} wifi_ap_record_t;
```

14. wifi_scan_method_t 类型

Wi-Fi 的扫描方法，是枚举类型，定义如下。

```
typedef enum {
    WIFI_FAST_SCAN = 0,         /*快速扫描，找到 SSID 匹配 AP 后扫描结束*/
    WIFI_ALL_CHANNEL_SCAN,      /*全通道扫描，扫描完所有通道后扫描结束*/
} wifi_scan_method_t;
```

15. wifi_sort_method_t 类型

Wi-Fi 的分类排序方法，是枚举类型，定义如下。

```
typedef enum {
```

```
    WIFI_CONNECT_AP_BY_SIGNAL = 0,      /*通过扫描 AP 的 RSSI*/
    WIFI_CONNECT_AP_BY_SECURITY,        /*通过扫描 AP 的安全模式*/
} wifi_sort_method_t;
```

16. wifi_scan_threshold_t 类型

描述 Wi-Fi 快速扫描参数的结构体，定义如下。

```
typedef struct {
    int8_t              rssi;           /*快速扫描模式下接收的最小 RSSI*/
    wifi_auth_mode_t    authmode;       /*快速扫描模式下接收的最弱认证模式*/
} wifi_scan_threshold_t;
```

17. wifi_ps_type_t 类型

Wi-Fi 的节能模式，是枚举类型，定义如下。

```
typedef enum {
    WIFI_PS_NONE,           /*没有节能*/
    WIFI_PS_MIN_MODEM,      /*最小调制解调器，站点周期性地接收信标*/
    WIFI_PS_MAX_MODEM,      /*最大程度地节省调制解调器功率。在此模式下，接收信标的监听间隔由
wifi_sta_config_t 中的 listen_interval 参数确定*/
} wifi_ps_type_t;
```

18. wifi_bandwidth_t 类型

Wi-Fi 的带宽类型，是枚举类型，定义如下。

```
typedef enum {
    WIFI_BW_HT20 = 1,       /*带宽为 HT20*/
    WIFI_BW_HT40,           /*带宽为 HT40*/
} wifi_bandwidth_t;
```

19. wifi_pmf_config_t 类型

受保护的管理帧配置结构体，定义如下。

```
typedef struct {
    bool capable;       /*广播对受保护管理帧的支持，如果设备有 PMF 模式，则优先以 PMF 模式连接*/
    bool required;      /*广播要求使用受保护的管理帧，设备不会与不支持 PMF 模式的设备关联*/
} wifi_pmf_config_t;
```

20. wifi_ap_config_t 类型

ESP32 的 AP 配置结构体，定义如下。

```
typedef struct {
    uint8_t ssid[32];               /*SSID*/
    uint8_t password[64];           /*密码*/
    uint8_t ssid_len;               /*可选的 SSID 长度*/
    uint8_t channel;                /*通道*/
    wifi_auth_mode_t authmode;      /*认证模式*/
    uint8_t ssid_hidden;            /*是否广播 SSID，默认值为 0，表示广播 SSID*/
    uint8_t max_connection;         /*最大允许接入站点数，默认值为 4，最大为 10*/
    uint16_t beacon_interval;       /*信标间隔应为 100 的倍数。单位为 TU(时间单位,1TU = 1024μs),
范围为 100～60000，默认值为 100 */
} wifi_ap_config_t;
```

21. wifi_sta_config_t 类型

ESP32 的 STA 配置结构体，定义如下。

```
typedef struct {
    uint8_t ssid[32];              /*目标 AP 的 SSID*/
    uint8_t password[64];          /*目标 AP 的密码*/
    wifi_scan_method_t scan_method;   /*扫描类型，全通道扫描或快速扫描*/
    bool bssid_set;                /*是否设置目标 AP 的 MAC 地址*/
    uint8_t bssid[6];              /*目标 AP 的 MAC 地址*/
    uint8_t channel;               /*目标 AP 的通道，设置为 1~13，在连接到 AP 之前从指定的通道开始扫描。
如果 AP 的通道未知，则将其设置为 0*/
    uint16_t listen_interval;      /*设置 WIFI_PS_MAX_MODEM 时 ESP32 站点接收信标的监听间隔，如
果设置为 0，则默认监听间隔为 3*/
    wifi_sort_method_t sort_method;      /*按 RSSI 或安全模式对列表中的 AP 进行排序*/
    wifi_scan_threshold_t  threshold;    /*设置 sort_method 时，将仅使用具有比所选身份验证
更安全的模式和具有比最小 RSSI 更强信号的 AP*/
    wifi_pmf_config_t pmf_cfg;     /*配置受保护管理帧*/
} wifi_sta_config_t;
```

22. wifi_config_t 类型

ESP32 AP 或 STA 的配置数据。此联合体的用法（用于 AP 或 STA 配置）由传递给 esp_wifi_set_config() 或 esp_wifi_get_config() 的接口参数确定。定义如下。

```
typedef union {
    wifi_ap_config_t  ap;    /*配置 AP*/
    wifi_sta_config_t sta;   /*配置 STA*/
} wifi_config_t;
```

23. wifi_sta_info_t 类型

与 AP 关联的 STA 描述，是结构体类型，定义如下。

```
typedef struct {
    uint8_t mac[6];               /*MAC 地址*/
    int8_t  rssi;                 /*当前 STA 连接的 AP 平均 RSSI*/
    uint32_t phy_11b:1;           /*位 0 标志，用于标识是否启用 11b 模式*/
    uint32_t phy_11g:1;           /*位 1 标志，用于标识是否启用 11g 模式*/
    uint32_t phy_11n:1;           /*位 2 标志，用于标识是否启用 11n 模式*/
    uint32_t phy_lr:1;            /*位 3 标志，用于标识是否启用低速率*/
    uint32_t reserved:28;         /*位 4~31 保留*/
} wifi_sta_info_t;
```

24. wifi_sta_list_t 类型

与 ESP32 SoftAP 关联的站点列表，是结构体类型，定义如下。

```
typedef struct {
    wifi_sta_info_t sta[ESP_WIFI_MAX_CONN_NUM]; /*站点列表*/
    int num; /*站点数量*/
} wifi_sta_list_t;
```

25. wifi_storage_t 类型

Wi-Fi 的存储类型，是枚举类型，定义如下。

```
typedef enum {
    WIFI_STORAGE_FLASH,    /*所有配置存储在闪存*/
    WIFI_STORAGE_RAM,      /*所有配置存储在内存*/
} WiFi_storage_t;
```

26. wifi_init_config_t 类型

Wi-Fi 堆栈配置参数，传递给 esp_wifi_init() 调用，是结构体类型，定义如下。

```
typedef struct {
    system_event_handler_t event_handler;      /*Wi-Fi 事件句柄*/
    wifi_osi_funcs_t*       osi_funcs;          /*Wi-Fi 的 OS 功能*/
    wpa_crypto_funcs_t      wpa_crypto_funcs;  /*Wi-Fi 站点加密*/
    int                     static_rx_buf_num;  /*Wi-Fi 静态 RX 缓冲区数值*/
    int                     dynamic_rx_buf_num; /*Wi-Fi 动态 RX 缓冲区数值*/
    int                     tx_buf_type;        /*Wi-Fi TX 缓冲类型*/
    int                     static_tx_buf_num;  /*Wi-Fi 静态 TX 缓冲区数值*/
    int                     dynamic_tx_buf_num; /*Wi-Fi 动态 TX 缓冲区数值*/
    int                     cache_tx_buf_num;   /*Wi-Fi TX 缓存缓冲数值*/
    int                     csi_enable;         /*Wi-Fi 信道状态信息启动标识*/
    int                     ampdu_rx_enable;    /*Wi-Fi A-MPDU RX 特征启动标识*/
    int                     ampdu_tx_enable;    /*Wi-Fi A-MPDU TX 特征启动标识*/
    int                     nvs_enable;         /*Wi-Fi NVS 闪存启动标识*/
    int                     nano_enable;        /*用于 printf/scan 启用标记的 Nano 选项*/
    int                     rx_ba_win;          /*Wi-Fi 块确认 RX 窗口大小*/
    int                     wifi_task_core_id;  /*Wi-Fi 任务核的 ID*/
    int                     beacon_max_len;     /*Wi-Fi SoftAP 信标的最大长度*/
    int                     mgmt_sbuf_num;      /*Wi-Fi 管理短缓冲区数值,
最小为 6, 最大为 32*/
    uint64_t                feature_caps;       /*启用其他 Wi-Fi 功能*/
    int                     magic;              /*Wi-Fi 初始化魔术数字, 应
该是最后一个字段*/
} wifi_init_config_t;
```

Wi-Fi 相关 API 请扫描二维码获取。

Wi-Fi 相关 API

6.2.2　设置 Wi-Fi 的 AP 模式示例程序

本小节包括基于 ESP-IDF 的 VS Code、Arduino 和 MicroPython 开发环境的 3 种代码实现，介绍如何在 AP 模式下设置 Wi-Fi SSID、Wi-Fi 密码及相关信息。

1. 基于 ESP-IDF 的 VS Code 开发环境实现

SSID 和密码在 ESP32 中定义如下。

```
#define CONFIG_ESP_WIFI_SSID "myssid"
#define CONFIG_ESP_WIFI_PASSWORD "mypassword"
```

在程序中又被重新定义如下。

```
#define EXAMPLE_ESP_WIFI_SSID      CONFIG_ESP_WIFI_SSID  //SSID
#define EXAMPLE_ESP_WIFI_PASS      CONFIG_ESP_WIFI_PASSWORD  //密码
```

代码如下。

```
#include <string.h>
#include "freertos/FreeRTOS.h"
#include "freertos/task.h"
#include "esp_system.h"
#include "esp_WiFi.h"
#include "esp_event.h"
```

```
#include "esp_log.h"
#include "nvs_flash.h"
#include "lwip/err.h"
#include "lwip/sys.h"
/*以下为 ESP32 已经定义的常量，可以修改*/
#define EXAMPLE_ESP_WIFI_SSID       CONFIG_ESP_WIFI_SSID      //SSID
#define EXAMPLE_ESP_WIFI_PASS       CONFIG_ESP_WIFI_PASSWORD  //密码
#define EXAMPLE_ESP_WIFI_CHANNEL    CONFIG_ESP_WIFI_CHANNEL   //通道
#define EXAMPLE_MAX_STA_CONN CONFIG_ESP_MAX_STA_CONN //最大连接数
static const char *TAG = "wifi softAP";
static void wifi_event_handler(void* arg, esp_event_base_t event_base, int32_t event
_id, void* event_data)   //Wi-Fi 事件句柄
{
    if (event_id == WIFI_EVENT_AP_STACONNECTED) {
        wifi_event_ap_staconnected_t* event = (wifi_event_ap_staconnected_t*) event_
data;
            //站点连接，输出信息
        ESP_LOGI(TAG, "station "MACSTR" join, AID=%d",
                MAC2STR(event->mac), event->aid);
    } else if (event_id == WIFI_EVENT_AP_STADISCONNECTED) {
        wifi_event_ap_stadisconnected_t* event = (wifi_event_ap_stadisconnected_t*)
event_data;
            //站点断开，输出信息
        ESP_LOGI(TAG, "station "MACSTR" leave, AID=%d",
                MAC2STR(event->mac), event->aid);
    }
}
void wifi_init_softap(void)   //AP 初始化
{
    ESP_ERROR_CHECK(esp_netif_init());
    ESP_ERROR_CHECK(esp_event_loop_create_default());
    esp_netif_create_default_wifi_ap();
    wifi_init_config_t cfg = WIFI_INIT_CONFIG_DEFAULT();
    ESP_ERROR_CHECK(esp_wifi_init(&cfg));
    ESP_ERROR_CHECK(esp_event_handler_instance_register(WIFI_EVENT, ESP_EVENT_ANY_ID,
&wifi_event_handler, NULL, NULL));
    wifi_config_t wifi_config = {   //配置 Wi-Fi
        .ap = {
            .ssid = EXAMPLE_ESP_WIFI_SSID,
            .ssid_len = strlen(EXAMPLE_ESP_WIFI_SSID),
            .channel = EXAMPLE_ESP_WIFI_CHANNEL,
            .password = EXAMPLE_ESP_WIFI_PASS,
            .max_connection = EXAMPLE_MAX_STA_CONN,
            .authmode = WIFI_AUTH_WPA_WPA2_PSK
        },
    };
    if (strlen(EXAMPLE_ESP_WIFI_PASS) == 0) {
        wifi_config.ap.authmode = WIFI_AUTH_OPEN;
    }
    ESP_ERROR_CHECK(esp_wifi_set_mode(WIFI_MODE_AP));   //设置 Wi-Fi 模式
    ESP_ERROR_CHECK(esp_wifi_set_config(ESP_IF_WIFI_AP, &wifi_config)); //配置
    ESP_ERROR_CHECK(esp_wifi_start()); //启动
    ESP_LOGI(TAG, "wifi_init_softap finished. SSID:%s password:%s channel:%d", EXAMP
LE_ESP_WIFI_SSID, EXAMPLE_ESP_WIFI_PASS, EXAMPLE_ESP_WIFI_CHANNEL); //输出信息
```

```
}
void app_main(void)   //主程序入口
{
    esp_err_t ret = nvs_flash_init();       //初始化闪存
    if (ret == ESP_ERR_NVS_NO_FREE_PAGES || ret == ESP_ERR_NVS_NEW_VERSION_FOUND) {
      ESP_ERROR_CHECK(nvs_flash_erase());
      ret = nvs_flash_init();
    }
    ESP_ERROR_CHECK(ret);
    ESP_LOGI(TAG, "ESP_WIFI_MODE_AP");
    wifi_init_softap();   //Wi-Fi 的 AP 初始化
}
```

通过串口选择、程序构建、烧录，打开串口监视器，可观察到程序运行结果，如图 6-1 所示。
可以通过手机查看、连接 ESP32 创建 Wi-Fi 的 AP，SSID 为 myssid，密码为 mypassword，在程序
中设定。

```
I (772) wifi:mode : softAP (3c:61:05:4c:3a:3d)
I (772) wifi:Total power save buffer number: 16
I (772) wifi:Init max length of beacon: 752/752
I (782) wifi:Init max length of beacon: 752/752
I (782) wifi softAP: wifi_init_softap finished. SSID:myssid password:mypassword channel:1
```

图 6-1　程序运行结果

2. Arduino 开发环境实现

代码如下。

```
#include <Arduino.h>
#include "WiFi.h"
void setup()
{
  Serial.begin(115200);
  WiFi.softAP("ESP_AP", "12345678");   //设置 AP 参数（名称和密码）
}
void loop()
{
  Serial.print("主机名:");
  Serial.println(WiFi.softAPgetHostname());
  Serial.print("主机 IP 地址:");
  Serial.println(WiFi.softAPIP());
  Serial.print("主机 IPv6:");
  Serial.println(WiFi.softAPIPv6());
  Serial.print("主机 SSID:");
  Serial.println(WiFi.SSID());
  Serial.print("主机 MAC 地址:");
  Serial.println(WiFi.softAPmacAddress());
  Serial.print("主机连接个数:");
  Serial.println(WiFi.softAPgetStationNum());
  Serial.print("主机状态:");
  Serial.println(WiFi.status());
  delay(1000);
}
```

3. MicroPython 开发环境实现

代码如下。

```
import network
from network import WLAN
ap = WLAN(network.AP_IF)    #AP 模式
ap.config(essid='ESP32' , authmode=4 , password='12345678')    #名称和密码
ap.active(True)    #激活接口
print (ap.ifconfig())    #输出 IP 地址、子网掩码、网关、DNS 服务器端信息
```

6.2.3 设置 Wi-Fi 的 STA 模式示例程序

本小节包括基于 ESP-IDF 的 VS Code、Arduino 和 MicroPython 开发环境的 3 种代码实现，介绍如何在 STA 模式下设置 Wi-Fi SSID、Wi-Fi 密码及相关信息。

1. 基于 ESP-IDF 的 VS Code 开发环境实现

在 STA 模式下，用户要在程序中填写需要连接的目标 Wi-Fi SSID 和 Wi-Fi 密码，才能将 ESP32 作为站点连接到目标 Wi-Fi，否则重试 5 次后失败。代码如下。

```
#include <string.h>
#include "freertos/FreeRTOS.h"
#include "freertos/task.h"
#include "freertos/event_groups.h"
#include "esp_system.h"
#include "esp_wifi.h"
#include "esp_event.h"
#include "esp_log.h"
#include "nvs_flash.h"
#include "lwip/err.h"
#include "lwip/sys.h"
/*ESP32 的配置，可以修改*/
#define EXAMPLE_ESP_WIFI_SSID          CONFIG_ESP_WIFI_SSID        //SSID
#define EXAMPLE_ESP_WIFI_PASS          CONFIG_ESP_WIFI_PASSWORD  //密码
#define EXAMPLE_ESP_MAXIMUM_RETRY CONFIG_ESP_MAXIMUM_RETRY    //最大重试次数
/*FreeRTOS 事件组在连接时发出信号，事件组允许每个事件使用多位，但是本程序只关心两个事件：已通过 IP 地址连接到 AP；重试次数达到上限后，无法连接*/
#define WIFI_CONNECTED_BIT BIT0
#define WIFI_FAIL_BIT          BIT1
static const char *TAG = "wifi station";    //字符串
static int s_retry_num = 0;                   //重试次数变量
static void event_handler(void* arg, esp_event_base_t event_base, int32_t event_id,
void* event_data)
//Wi-Fi 事件句柄
{
    if (event_base == WIFI_EVENT && event_id == WIFI_EVENT_STA_START) {
        esp_wifi_connect();
} else if (event_base == WIFI_EVENT && event_id == WIFI_EVENT_STA_DISCONNECTED) {
        if (s_retry_num < EXAMPLE_ESP_MAXIMUM_RETRY) {
            esp_wifi_connect();    //开始连接
            s_retry_num++;         //次数累加
            ESP_LOGI(TAG, "retry to connect to the AP");  //输出重连信息
        } else {
```

```
                xEventGroupSetBits(s_wifi_event_group, WIFI_FAIL_BIT);
        }
        ESP_LOGI(TAG,"connect to the AP fail");   //连接失败信息
    } else if (event_base == IP_EVENT && event_id == IP_EVENT_STA_GOT_IP) {
        ip_event_got_ip_t* event = (ip_event_got_ip_t*) event_data;
        ESP_LOGI(TAG, "got ip:" IPSTR, IP2STR(&event->ip_info.ip));   //IP 信息
        s_retry_num = 0;
        xEventGroupSetBits(s_wifi_event_group, WIFI_CONNECTED_BIT);
    }
}
void wifi_init_sta(void)    //Wi-Fi 站点初始化
{
    s_wifi_event_group = xEventGroupCreate();
    ESP_ERROR_CHECK(esp_netif_init());
    ESP_ERROR_CHECK(esp_event_loop_create_default());
    esp_netif_create_default_wifi_sta();
    wifi_init_config_t cfg = WIFI_INIT_CONFIG_DEFAULT();
    ESP_ERROR_CHECK(esp_wifi_init(&cfg));
    esp_event_handler_instance_t instance_any_id;
    esp_event_handler_instance_t instance_got_ip;
    ESP_ERROR_CHECK(esp_event_handler_instance_register(WIFI_EVENT, ESP_EVENT_ANY_ID,
&event_handler, NULL, &instance_any_id));
    ESP_ERROR_CHECK(esp_event_handler_instance_register(IP_EVENT, IP_EVENT_STA_GOT_IP,
&event_handler, NULL, &instance_got_ip));
    wifi_config_t wifi_config = {   //Wi-Fi 配置
        .sta = {
            .ssid = EXAMPLE_ESP_WIFI_SSID,
            .password = EXAMPLE_ESP_WIFI_PASS,
            .threshold.authmode = WIFI_AUTH_WPA2_PSK,
            .pmf_cfg = {
                .capable = true,
                .required = false
            },
        },
    };
    ESP_ERROR_CHECK(esp_wifi_set_mode(WIFI_MODE_STA) );   //站点模式
    ESP_ERROR_CHECK(esp_wifi_set_config(ESP_IF_WIFI_STA, &wifi_config) );
    ESP_ERROR_CHECK(esp_wifi_start() );
    ESP_LOGI(TAG, "wifi_init_sta finished.");
    /*等待连接成功或失败事件*/
    EventBits_t bits = xEventGroupWaitBits(s_wifi_event_group,
            WIFI_CONNECTED_BIT | WIFI_FAIL_BIT,
            pdFALSE,
            pdFALSE,
            portMAX_DELAY);
    /*xEventGroupWaitBits()返回调用之前的信息,可以测试实际发生的事件*/
    if (bits & WIFI_CONNECTED_BIT) {   //成功输出信息
        ESP_LOGI(TAG, "connected to ap SSID:%s password:%s",
                EXAMPLE_ESP_WIFI_SSID, EXAMPLE_ESP_WIFI_PASS);
    } else if (bits & WIFI_FAIL_BIT) {   //失败输出信息
        ESP_LOGI(TAG, "Failed to connect to SSID:%s, password:%s",
                EXAMPLE_ESP_WIFI_SSID, EXAMPLE_ESP_WIFI_PASS);
    } else {
        ESP_LOGE(TAG, "UNEXPECTED EVENT");
```

```
    }
    /*注销后将不处理该事件*/
    ESP_ERROR_CHECK(esp_event_handler_instance_unregister(IP_EVENT, IP_EVENT_STA_GOT
_IP, instance_got_ip));
    ESP_ERROR_CHECK(esp_event_handler_instance_unregister(WIFI_EVENT, ESP_EVENT_ANY_
ID, instance_any_id));
    vEventGroupDelete(s_wifi_event_group);
}
void app_main(void)   //主程序入口
{
    esp_err_t ret = nvs_flash_init();     //初始化
    if (ret == ESP_ERR_NVS_NO_FREE_PAGES || ret == ESP_ERR_NVS_NEW_VERSION_FOUND) {
      ESP_ERROR_CHECK(nvs_flash_erase());
      ret = nvs_flash_init();
    }
    ESP_ERROR_CHECK(ret);
    ESP_LOGI(TAG, "ESP_WIFI_MODE_STA");
    wifi_init_sta();
}
```

上述代码经过程序构建、烧录，打开串口监视器，可观察到程序运行结果，如图 6-2 所示，连接失败，原因是没有创建 myssid 这个 AP。

```
I (784) wifi station: wifi_init_sta finished.
I (2834) wifi station: retry to connect to the AP
I (2834) wifi station: connect to the AP fail
I (4884) wifi station: retry to connect to the AP
I (4884) wifi station: connect to the AP fail
I (6934) wifi station: retry to connect to the AP
I (6934) wifi station: connect to the AP fail
I (8984) wifi station: retry to connect to the AP
I (8984) wifi station: connect to the AP fail
I (11034) wifi station: retry to connect to the AP
I (11034) wifi station: connect to the AP fail
I (13074) wifi station: connect to the AP fail
I (13074) wifi station: Failed to connect to SSID:myssid, password:mypassword
```

图 6-2　STA 连接失败

如果在手机上开启热点，SSID 为 myssid，密码为 mypassword，即可连接成功。如果要连接已有的路由器或手机热点，按照如下定义替换代码，构建、烧录后，打开串口监视器，可观察到程序运行结果，如图 6-3 所示，显示连接成功，手机上的 Wi-Fi 热点也会显示 ESP32 开发板的连接信息。

```
#define EXAMPLE_ESP_WIFI_SSID        "testAP"        //目标 SSID
#define EXAMPLE_ESP_WIFI_PASS        "12345678"      //密码
```

```
I (3212) wifi:AP's beacon interval = 102400 us, DTIM period = 2
I (4062) esp_netif_handlers: sta ip: 192.168.43.76, mask: 255.255.255.0, gw: 192.168.43.1
I (4062) wifi station: got ip:192.168.43.76
I (4062) wifi station: connected to ap SSID:testAP password:12345678
```

图 6-3　STA 成功连接目标 AP

2. Arduino 开发环境实现

代码如下。

```
#include <Arduino.h>
#include "WiFi.h"
void setup()
{
  Serial.begin(115200);
  WiFi.begin("myssid", "mypassword");
```

```
    WiFi.setAutoReconnect(true);
}
void loop()
{
    Serial.print("是否连接:");
    Serial.println(WiFi.isConnected());
    Serial.print("本地 IP 地址:");
    Serial.println(WiFi.localIP());
    Serial.print("本地 IPv6 地址:");
    Serial.println(WiFi.localIPv6());
    Serial.print("MAC 地址:");
    Serial.println(WiFi.macAddress());
    Serial.print("休息:");
    Serial.println(WiFi.getSleep());
    Serial.print("获取状态码:");
    Serial.println(WiFi.getStatusBits());
    Serial.print("getTxPower:");
    Serial.println(WiFi.getTxPower());
    Serial.print("是否自动连接:");
    Serial.println(WiFi.getAutoConnect());
    Serial.print("是否自动重连:");
    Serial.println(WiFi.getAutoReconnect());
    Serial.print("获取模式:");
    Serial.println(WiFi.getMode());
    Serial.print("获取主机名:");
    Serial.println(WiFi.getHostname());
    Serial.print("获取网关 IP 地址:");
    Serial.println(WiFi.gatewayIP());
    Serial.print("dnsIP:");
    Serial.println(WiFi.dnsIP());
    Serial.print("状态:");
    Serial.println(WiFi.status());
    delay(1000);
}
```

3. MicroPython 开发环境实现

作为站点 STA 连接 Wi-Fi 基站，代码如下。

```
import network
wlan = network.WLAN(network.STA_IF)
wlan.active(True)
if not wlan.isconnected():
    print('connecting to network...')
    wlan.connect('testAP', '12345678')    #连接到 AP
        #'SSID': Wi-Fi 账号
        #'PASSWORD': Wi-Fi 密码
    while not wlan.isconnected():
        pass
print('network config:', wlan.ifconfig())
```

6.2.4 扫描 AP 示例程序

本小节包括基于 ESP-IDF 的 VS Code、Arduino 和 MicroPython 开发环境的 3 种代码实现，介绍如何在 ESP32 开发板所在环境下扫描附近的 Wi-Fi、获取 AP 的信息，在 STA 模式下获取认证模式、加密类型等信息，依据 RSSI 强度输出 10 个 AP 的信息。

1. 基于 ESP-IDF 的 VS Code 开发环境实现

代码如下。

```c
#include <string.h>
#include "freertos/FreeRTOS.h"
#include "freertos/event_groups.h"
#include "esp_wifi.h"
#include "esp_log.h"
#include "esp_event.h"
#include "nvs_flash.h"
#define DEFAULT_SCAN_LIST_SIZE CONFIG_EXAMPLE_SCAN_LIST_SIZE //10个
static const char *TAG = "scan";
static void print_auth_mode(int authmode)    //输出不同的认证模式
{
    switch (authmode) {
    case WIFI_AUTH_OPEN:
        ESP_LOGI(TAG, "Authmode \tWIFI_AUTH_OPEN");
        break;
    case WIFI_AUTH_WEP:
        ESP_LOGI(TAG, "Authmode \tWIFI_AUTH_WEP");
        break;
    case WIFI_AUTH_WPA_PSK:
        ESP_LOGI(TAG, "Authmode \tWIFI_AUTH_WPA_PSK");
        break;
    case WIFI_AUTH_WPA2_PSK:
        ESP_LOGI(TAG, "Authmode \tWIFI_AUTH_WPA2_PSK");
        break;
    case WIFI_AUTH_WPA_WPA2_PSK:
        ESP_LOGI(TAG, "Authmode \tWIFI_AUTH_WPA_WPA2_PSK");
        break;
    case WIFI_AUTH_WPA2_ENTERPRISE:
        ESP_LOGI(TAG, "Authmode \tWIFI_AUTH_WPA2_ENTERPRISE");
        break;
    case WIFI_AUTH_WPA3_PSK:
        ESP_LOGI(TAG, "Authmode \tWIFI_AUTH_WPA3_PSK");
        break;
    case WIFI_AUTH_WPA2_WPA3_PSK:
        ESP_LOGI(TAG, "Authmode \tWIFI_AUTH_WPA2_WPA3_PSK");
        break;
    default:
        ESP_LOGI(TAG, "Authmode \tWIFI_AUTH_UNKNOWN");
        break;
    }
}
static void print_cipher_type(int pairwise_cipher, int group_cipher)    //输出不同的加密方式
{
    switch (pairwise_cipher) {
    case WIFI_CIPHER_TYPE_NONE:
        ESP_LOGI(TAG, "Pairwise Cipher \tWIFI_CIPHER_TYPE_NONE");
        break;
    case WIFI_CIPHER_TYPE_WEP40:
```

```
        ESP_LOGI(TAG, "Pairwise Cipher \tWIFI_CIPHER_TYPE_WEP40");
        break;
    case WIFI_CIPHER_TYPE_WEP104:
        ESP_LOGI(TAG, "Pairwise Cipher \tWIFI_CIPHER_TYPE_WEP104");
        break;
    case WIFI_CIPHER_TYPE_TKIP:
        ESP_LOGI(TAG, "Pairwise Cipher \tWIFI_CIPHER_TYPE_TKIP");
        break;
    case WIFI_CIPHER_TYPE_CCMP:
        ESP_LOGI(TAG, "Pairwise Cipher \tWIFI_CIPHER_TYPE_CCMP");
        break;
    case WIFI_CIPHER_TYPE_TKIP_CCMP:
        ESP_LOGI(TAG, "Pairwise Cipher \tWIFI_CIPHER_TYPE_TKIP_CCMP");
        break;
    default:
        ESP_LOGI(TAG, "Pairwise Cipher \tWIFI_CIPHER_TYPE_UNKNOWN");
        break;
    }
    switch (group_cipher) {
    case WIFI_CIPHER_TYPE_NONE:
        ESP_LOGI(TAG, "Group Cipher \tWIFI_CIPHER_TYPE_NONE");
        break;
    case WIFI_CIPHER_TYPE_WEP40:
        ESP_LOGI(TAG, "Group Cipher \tWIFI_CIPHER_TYPE_WEP40");
        break;
    case WIFI_CIPHER_TYPE_WEP104:
        ESP_LOGI(TAG, "Group Cipher \tWIFI_CIPHER_TYPE_WEP104");
        break;
    case WIFI_CIPHER_TYPE_TKIP:
        ESP_LOGI(TAG, "Group Cipher \tWIFI_CIPHER_TYPE_TKIP");
        break;
    case WIFI_CIPHER_TYPE_CCMP:
        ESP_LOGI(TAG, "Group Cipher \tWIFI_CIPHER_TYPE_CCMP");
        break;
    case WIFI_CIPHER_TYPE_TKIP_CCMP:
        ESP_LOGI(TAG, "Group Cipher \tWIFI_CIPHER_TYPE_TKIP_CCMP");
        break;
    default:
        ESP_LOGI(TAG, "Group Cipher \tWIFI_CIPHER_TYPE_UNKNOWN");
        break;
    }
}
static void wifi_scan(void)    //初始化 Wi-Fi 作为站点 STA 并指定扫描方法
{
    ESP_ERROR_CHECK(esp_netif_init());                      //网络接口初始化
    ESP_ERROR_CHECK(esp_event_loop_create_default());       //创建事件
    esp_netif_t *sta_netif = esp_netif_create_default_wifi_sta();   //创建 Wi-Fi 站点
    assert(sta_netif);   //初始化站点
    wifi_init_config_t cfg = WIFI_INIT_CONFIG_DEFAULT();    //Wi-Fi 初始化配置
    ESP_ERROR_CHECK(esp_wifi_init(&cfg));
    uint16_t number = DEFAULT_SCAN_LIST_SIZE;               //最大扫描数量
    wifi_ap_record_t ap_info[DEFAULT_SCAN_LIST_SIZE];
    uint16_t ap_count = 0;
    memset(ap_info, 0, sizeof(ap_info));                    //存储信息
```

```
        ESP_ERROR_CHECK(esp_wifi_set_mode(WIFI_MODE_STA));      //Wi-Fi 模式设定
        ESP_ERROR_CHECK(esp_wifi_start());   //启动 Wi-Fi
        ESP_ERROR_CHECK(esp_wifi_scan_start(NULL, true));       //开始扫描
        ESP_ERROR_CHECK(esp_wifi_scan_get_ap_records(&number, ap_info));   //记录
        ESP_ERROR_CHECK(esp_wifi_scan_get_ap_num(&ap_count)); //数量累计
        ESP_LOGI(TAG, "Total APs scanned = %u", ap_count);      //输出信息
        for (int i = 0; (i < DEFAULT_SCAN_LIST_SIZE) && (i < ap_count); i++) {
            ESP_LOGI(TAG, "SSID \t\t%s", ap_info[i].ssid);      //输出 10 个 AP 信息
            ESP_LOGI(TAG, "RSSI \t\t%d", ap_info[i].rssi);
            print_auth_mode(ap_info[i].authmode);
            if (ap_info[i].authmode != WIFI_AUTH_WEP) {
                print_cipher_type(ap_info[i].pairwise_cipher, ap_info[i].group_cipher);
            }
            ESP_LOGI(TAG, "Channel \t\t%d\n", ap_info[i].primary);
        }
    }
}
void app_main(void)                          //主程序入口
{
    esp_err_t ret = nvs_flash_init();       //初始化闪存
    if (ret == ESP_ERR_NVS_NO_FREE_PAGES || ret == ESP_ERR_NVS_NEW_VERSION_FOUND) {
        ESP_ERROR_CHECK(nvs_flash_erase());
        ret = nvs_flash_init();
    }
    ESP_ERROR_CHECK( ret );
    wifi_scan();   //开启扫描
}
```

程序构建、烧录后，打开串口监视器，可以看到 10 个 AP 信息，其中之一如图 6-4 所示，显示了 AP 的基本信息。

```
I (3063) scan: SSID              CMCC-e63Z
I (3063) scan: RSSI              -75
I (3073) scan: Authmode          WIFI_AUTH_WPA_WPA2_PSK
I (3073) scan: Pairwise Cipher   WIFI_CIPHER_TYPE_TKIP_CCMP
I (3083) scan: Group Cipher      WIFI_CIPHER_TYPE_TKIP
I (3083) scan: Channel           10
```

图 6-4　扫描 AP 的输出之一

2. Arduino 开发环境实现

代码如下。

```
#include "WiFi.h"
void setup()
{
    Serial.begin(115200);
    //设置 Wi-Fi 站点模式，并断开连接的 AP
    WiFi.mode(WIFI_STA);
    WiFi.disconnect();
    delay(100);
    Serial.println("Setup done");
}
void loop()
{
    Serial.println("scan start");
    //返回发现的 Wi-Fi 数量
```

```
    int n = WiFi.scanNetworks();
    Serial.println("scan done");
    if (n == 0) {
        Serial.println("no networks found");
    } else {
        Serial.print(n);
        Serial.println(" networks found");
        for (int i = 0; i < n; ++i) {
            //打印 SSID 和 RSSI
            Serial.print(i + 1);
            Serial.print(": ");
            Serial.print(WiFi.SSID(i));
            Serial.print(" (");
            Serial.print(WiFi.RSSI(i));
            Serial.print(")");
            Serial.println((WiFi.encryptionType(i) == WIFI_AUTH_OPEN)?" ":"*");
            delay(10);
        }
    }
    Serial.println("");
    delay(5000);        //5s 后重新扫描
}
```

3. MicroPython 开发环境实现

代码如下。

```
import network, ubinascii
from utime import sleep_ms
wlan = network.WLAN(network.STA_IF)        #创建站点接口
wlan.active(True)                          #激活接口
wlan_list = wlan.scan()                    #扫描 AP
print('ssid\t\t通道    RSSI authmode 是否隐藏    bssid')
for i in wlan_list:
    sleep_ms(10)
    print(i[0].decode() + ('' if len(i[0].decode()) > 6 else '\t') + '\t' + str(i[2])
+ '\t' + str(i[3]) + '\t' + str(i[4]) + '\t' + str(i[5]) + '\t' + ubinascii.hexlify(i[1]
).decode())
    '''
```

返回包含 Wi-Fi AP 信息的元组:(ssid, bssid, 通道, RSSI, authmode, 是否隐藏)。

bssid 是访问点的硬件地址,以二进制形式返回字节对象,可以使用 ubinascii.hexlify()将其转换为 ASCII 格式。authmode 有 5 个值:0 表示开放网络;1 表示 WEP;2 表示 WPA-PSK;3 表示 WPA2-PSK;4 表示 WPA/WPA2-PSK。
'''

6.3　Wi-Fi 智能配置数据类型

很多物联网设备没有用户界面,一般称之为无头设备。如何让这些无头设备连接 Wi-Fi 系统?

智能配置(SmartConfig)是 TI 公司开发的一种配置技术,用于把新的 Wi-Fi 设备连接到 Wi-Fi 网络。它使用移动应用程序将网络凭据从智能手机或平板电脑广播到未配置的 Wi-Fi 设备。智能配置技术的优点是物联网设备不需要直接知道 AP 的 SSID 或密码,这些信息通过使用智能手机提供给无头设备。为了方便 ESP32 开发,系统定义了相关的数据类型。

6.3.1　Wi-Fi 智能配置数据类型定义

Wi-Fi 智能配置数据类型的定义在 esp_smartconfig.h 头文件中。

1.　smartconfig_type_t 类型

智能配置数据类型，是枚举类型，定义如下。

```
typedef enum {
    SC_TYPE_ESPTOUCH = 0,           /*EspTouch 协议 */
    SC_TYPE_AIRKISS,                /*AirKiss 协议*/
    SC_TYPE_ESPTOUCH_AIRKISS,       /*EspTouch 和 AirKiss 协议*/
} smartconfig_type_t;
```

2.　smartconfig_event_t 类型

智能配置事件声明，是枚举类型，定义如下。

```
typedef enum {
    SC_EVENT_SCAN_DONE,        /*ESP32 站点智能配置已完成对 AP 的扫描*/
    SC_EVENT_FOUND_CHANNEL,    /*ESP32 站点智能配置已找到目标 AP 的信道*/
    SC_EVENT_GOT_SSID_PSWD,    /*ESP32 站点智能配置获得了 SSID 和密码*/
    SC_EVENT_SEND_ACK_DONE,    /*ESP32 站点智能配置已向手机发送 ACK*/
} smartconfig_event_t;
```

3.　smartconfig_event_got_ssid_pswd_t 类型

SC_EVENT_GOT_SSID_PSWD 事件的参数结构体，定义如下。

```
typedef struct {
    uint8_t ssid[32];              /*AP 的 SSID*/
    uint8_t password[64];          /*AP 的密码*/
    bool bssid_set;                /*是否设置目标 AP 的 MAC 地址*/
    uint8_t bssid[6];              /*目标 AP 的 MAC 地址*/
    smartconfig_type_t type;       /*智能配置类型（EspTouch 或 AirKiss）*/
    uint8_t token;                 /*来自手机的令牌，用于将 ACK 发送到手机*/
    uint8_t cellphone_ip[4];       /*手机的 IP 地址*/
} smartconfig_event_got_ssid_pswd_t;
```

4.　smartconfig_start_config_t 类型

配置 esp_smartconfig_start 的结构体，定义如下。

```
typedef struct {
    bool enable_log;               /*启动智能配置日志*/
} smartconfig_start_config_t;
```

Wi-Fi 智能配置 API 请扫描二维码获取。

Wi-Fi 智能配置 API

6.3.2　智能配置 Wi-Fi 示例程序

本小节包括基于 ESP-IDF 的 VS Code、Arduino 和 MicroPython 开发环境的 3 种代码实现。

1.　基于 ESP-IDF 的 VS Code 开发环境实现

针对 ESP-IDF 开发环境，本示例演示 ESP32 如何通过 EspTouch 手机应用软件连接到目标 AP。可以下载相关应用软件代码后编译安装，也可以下载编译好的应用程序进行安装。

手机下载 EspTouch 并安装后，确保手机连接 ESP32 开发板的 Wi-Fi。ESP32 开发板是作为站点使用的，只有通过 EspTouch 手机应用软件才能给 ESP32 开发板配置目标 Wi-Fi。开发板的代码如下。

```
#include <string.h>
#include <stdlib.h>
#include "freertos/FreeRTOS.h"
#include "freertos/task.h"
#include "freertos/event_groups.h"
#include "esp_wifi.h"
#include "esp_wpa2.h"
#include "esp_event.h"
#include "esp_log.h"
#include "esp_system.h"
#include "nvs_flash.h"
#include "esp_netif.h"
#include "esp_smartconfig.h"
/*FreeRTOS 事件组在连接并准备发出请求时发出信号*/
static EventGroupHandle_t s_wifi_event_group;
/*事件组允许每个事件使用多个位*/
static const int CONNECTED_BIT = BIT0;              //连接位
static const int ESPTOUCH_DONE_BIT = BIT1;          //EspTouch 位
static const char *TAG = "smartconfig_example";     //定义字符串
static void smartconfig_example_task(void * parm);  //定义任务
static void event_handler(void* arg, esp_event_base_t event_base, int32_t event_id,
void* event_data)
             //事件句柄
{
    if (event_base == WIFI_EVENT && event_id == WIFI_EVENT_STA_START) {
        xTaskCreate(smartconfig_example_task, "smartconfig_example_task", 4096, NULL,
3, NULL);
             //创建任务
    } else if (event_base == WIFI_EVENT && event_id == WIFI_EVENT_STA_DISCONNECTED) {
        esp_wifi_connect();     //Wi-Fi 连接
        xEventGroupClearBits(s_wifi_event_group, CONNECTED_BIT); //清除位
    } else if (event_base == IP_EVENT && event_id == IP_EVENT_STA_GOT_IP) {
        xEventGroupSetBits(s_wifi_event_group, CONNECTED_BIT); //设置位
    } else if (event_base == SC_EVENT && event_id == SC_EVENT_SCAN_DONE) {
        ESP_LOGI(TAG, "Scan done");   //输出扫描完毕信息
    } else if (event_base == SC_EVENT && event_id == SC_EVENT_FOUND_CHANNEL) {
        ESP_LOGI(TAG, "Found channel");   //输出发现信道信息
    } else if (event_base == SC_EVENT && event_id == SC_EVENT_GOT_SSID_PSWD) {
        ESP_LOGI(TAG, "Got SSID and password"); //获取 SSID 和密码
        smartconfig_event_got_ssid_pswd_t *evt = (smartconfig_event_got_ssid_pswd_
t *)event_data;   //获取 SSID 和密码的类型配置指针
        wifi_config_t wifi_config;  //Wi-Fi 配置
        uint8_t ssid[33] = { 0 };
        uint8_t password[65] = { 0 };
        bzero(&wifi_config, sizeof(wifi_config_t));
        memcpy(wifi_config.sta.ssid, evt->ssid, sizeof(wifi_config.sta.ssid)); //复制 SSID
        memcpy(wifi_config.sta.password, evt->password, sizeof(wifi_config.sta.passw
ord)); //复制密码
        wifi_config.sta.bssid_set = evt->bssid_set;  //设置 SSID
        if (wifi_config.sta.bssid_set == true) {
            memcpy(wifi_config.sta.bssid, evt->bssid, sizeof(wifi_config.sta.bssid));
```

```
            }
            memcpy(ssid, evt->ssid, sizeof(evt->ssid));    //复制 SSID
            memcpy(password, evt->password, sizeof(evt->password));    //复制密码
            ESP_LOGI(TAG, "SSID:%s", ssid);    //输出信息
            ESP_LOGI(TAG, "PASSWORD:%s", password);
            ESP_ERROR_CHECK( esp_wifi_disconnect() );
            ESP_ERROR_CHECK(esp_wifi_set_config(ESP_IF_WIFI_STA, &WiFi_config) );
            ESP_ERROR_CHECK( esp_wifi_connect() );    //检测连接
        } else if (event_base == SC_EVENT && event_id == SC_EVENT_SEND_ACK_DONE) {
            xEventGroupSetBits(s_wifi_event_group, ESPTOUCH_DONE_BIT);//置位
        }
    }
    static void initialise_wifi(void)    //初始化 Wi-Fi
    {
        ESP_ERROR_CHECK(esp_netif_init());            //网络接口初始化
        s_wifi_event_group = xEventGroupCreate();    //创建事件组
        ESP_ERROR_CHECK(esp_event_loop_create_default());    //默认方式创建
        esp_netif_t *sta_netif = esp_netif_create_default_wifi_sta();  //创建 Wi-Fi 站点
        assert(sta_netif);    //确认站点网络接口
        wifi_init_config_t cfg = WIFI_INIT_CONFIG_DEFAULT();    //以默认值初始化
        ESP_ERROR_CHECK( esp_wifi_init(&cfg) );    //确认 Wi-Fi 初始化配置
        ESP_ERROR_CHECK( esp_event_handler_register(WIFI_EVENT, ESP_EVENT_ANY_ID, &event
_handler, NULL) );    //Wi-Fi 事件句柄注册
        ESP_ERROR_CHECK( esp_event_handler_register(IP_EVENT, IP_EVENT_STA_GOT_IP, &even
t_handler, NULL) );    //IP 事件句柄注册
        ESP_ERROR_CHECK( esp_event_handler_register(SC_EVENT, ESP_EVENT_ANY_ID, &event_h
andler, NULL) );    //智能配置事件句柄注册
        ESP_ERROR_CHECK( esp_wifi_set_mode(WIFI_MODE_STA) ); //设置 Wi-Fi 模式
        ESP_ERROR_CHECK( esp_wifi_start() );    //启动 Wi-Fi
    }
    static void smartconfig_example_task(void * parm)    //创建智能配置任务
    {
        EventBits_t uxBits;
        ESP_ERROR_CHECK( esp_smartconfig_set_type(SC_TYPE_ESPTOUCH) );    //设置类型
        smartconfig_start_config_t cfg = SMARTCONFIG_START_CONFIG_DEFAULT();
        ESP_ERROR_CHECK( esp_smartconfig_start(&cfg) );    //启动配置
        while (1) {
            uxBits = xEventGroupWaitBits(s_wifi_event_group, CONNECTED_BIT | ESPTOUCH_
DONE_BIT, true, false, portMAX_DELAY);    //事件组置位获取
            if(uxBits & CONNECTED_BIT) {
                ESP_LOGI(TAG, "wifi Connected to ap");    //连接成功
            }
            if(uxBits & ESPTOUCH_DONE_BIT) {             //EspTouch 置位
                ESP_LOGI(TAG, "smartconfig over");       //输出配置完成
                esp_smartconfig_stop();    //停止配置
                vTaskDelete(NULL);         //删除任务
            }
        }
    }
    void app_main(void)    //主程序入口
```

```
{
    ESP_ERROR_CHECK( nvs_flash_init() ); //闪存初始化
    initialise_wifi();   //初始化 Wi-Fi
}
```

上述代码经过程序构建、烧录到 ESP32 开发板，打开手机安装的 EspTouch，如果手机已经连接 Wi-Fi，则会出现 Wi-Fi 的 SSID，输入密码即可。配置完成后手机端界面如图 6-5 所示，串口监视器信息如图 6-6 所示。

图 6-5　手机端界面

```
I (14827) wifi:AP's beacon interval = 102400 us, DTIM period = 1
I (17597) esp_netif_handlers: sta ip: 192.168.1.6, mask: 255.255.255.0, gw: 192.168.1.1
I (17597) smartconfig_example: WiFi Connected to ap
I (20667) smartconfig_example: smartconfig over
```

图 6-6　串口监视器信息

2. Arduino 开发环境实现

代码如下。

```
#include "WiFi.h"
void setup() {
  Serial.begin(115200);
  //初始化 Wi-Fi 为 STA 模式，开始智能配置
  WiFi.mode(WIFI_AP_STA);
  WiFi.beginSmartConfig();
  //等待智能配置
  Serial.println("Waiting for SmartConfig.");
  while (!WiFi.smartConfigDone()) {
    delay(500);
    Serial.print(".");
  }
  Serial.println("");
  Serial.println("SmartConfig received.");
  //等待 Wi-Fi 连接 AP
  Serial.println("Waiting for WiFi");
  while (WiFi.status() != WL_CONNECTED) {
    delay(500);
    Serial.print(".");
  }
```

```
        Serial.println("WiFi Connected.");
        Serial.print("IP Address: ");
        Serial.println(WiFi.localIP());       //输出 IP 地址
    }
    void loop() {}
```

3. MicroPython 开发环境实现

本示例首先将 ESP32 开发板设置为 AP，手机连接该 AP 后，通过 IP 地址"192.168.4.1"以站点模式连接目标 Wi-Fi。ESP32 开发板连接目标 Wi-Fi 后可以接入互联网。代码如下。

```python
import network
import socket
import ure
import time
NETWORK_PROFILES = 'wifi.dat'
wlan_ap = network.WLAN(network.AP_IF)
wlan_sta = network.WLAN(network.STA_IF)
server_socket = None
def send_header(conn, status_code=200, content_length=None ):
    conn.sendall("HTTP/1.0 {} OK\r\n".format(status_code))
    conn.sendall("Content-Type: text/html\r\n")
    if content_length is not None:
      conn.sendall("Content-Length: {}\r\n".format(content_length))
    conn.sendall("\r\n")
def send_response(conn, payload, status_code=200):
    content_length = len(payload)
    send_header(conn, status_code, content_length)
    if content_length > 0:
        conn.sendall(payload)
    conn.close()
def config_page():
    return b"""<html>
                    <head>
                        <title>MYESP8266 AP Test</title>
                        <meta charset="UTF-8">
                        <meta name="viewport" content="width=device-width, initial-
scale=1">
                    </head>
                    <body>
                        <h1>Wifi 配网</h1>
                        <form action="configure" method="post">
                            <div>
                                <label>SSID</label>
                                <input type="text" name="ssid">
                            </div>
                            <div>
                                <label>PASSWORD</label>
                                <input type="password" name="password">
                            </div>
                            <input type="submit" value="连接">
                        <form>
                    </body>
                </html>"""
def wifi_conf_page(ssid, passwd):
    return b"""<html>
                    <head>
```

```
                                <title>Wifi Conf Info</title>
                                <meta charset="UTF-8">
                                <meta name="viewport" content="width=device-width, initial-
scale=1">
                            </head>
                            <body>
                                <h1>Post data:</h1>
                                <p>SSID: %s</p>
                                <p>PASSWD: %s</p>
                                <a href="/">Return Configure Page</a>
                            </body>
                        </html>""" % (ssid, passwd)
    def connect_sucess(new_ip):
        return b"""<html>
                            <head>
                                <title>Connect Sucess!</title>
                                <meta charset="UTF-8">
                                <meta name="viewport" content="width=device-width, initial-
scale=1">
                            </head>
                            <body>
                                <p>Wifi Connect Sucess</p>
                                <p>IP Address: %s</p>
                                <a href="http://%s">Home</a>
                                <a href="/disconnect">Disconnect</a>
                            </body>
                        </html>""" % (new_ip, new_ip)
    def get_wifi_conf(request):
        match = ure.search("ssid=([^&]*)&password=(.*)", request)
        if match is None:
            return False
        try:
            ssid = match.group(1).decode("utf-8").replace("%3F", "?").replace("%21", "!")
            password = match.group(2).decode("utf-8").replace("%3F", "?").replace("%21",
"!")
        except Exception:
            ssid = match.group(1).replace("%3F", "?").replace("%21", "!")
            password = match.group(2).replace("%3F", "?").replace("%21", "!")
        if len(ssid) == 0:
            return False
        return (ssid, password)
    def handle_wifi_configure(ssid, password):
        if do_connect(ssid, password):
            new_ip = wlan_sta.ifconfig()[0]
            return new_ip
        else:
            print('connect fail')
            return False
    def check_wlan_connected():
        if wlan_sta.isconnected():
            return True
        else:
            return False
    def do_connect(ssid, password):
        wlan_sta.active(True)
        if wlan_sta.isconnected():
```

```
            return None
    print('Connect to %s' % ssid)
    wlan_sta.connect(ssid, password)
    for retry in range(100):
        connected = wlan_sta.isconnected()
        if connected:
            break
        time.sleep(0.1)
        print('.', end='')
    if connected:
        print('\nConnected : ', wlan_sta.ifconfig())
    else:
        print('\nFailed. Not Connected to: ' + ssid)
    return connected
def read_profiles():
    with open(NETWORK_PROFILES) as f:
        lines = f.readlines()
    profiles = {}
    for line in lines:
        ssid, password = line.strip("\n").split(";")
        profiles[ssid] = password
    return profiles
def write_profiles(profiles):
    lines = []
    for ssid, password in profiles.items():
        lines.append("%s;%s\n" % (ssid, password))
    with open(NETWORK_PROFILES, "w") as f:
        f.write(''.join(lines))
def stop():
    global server_socket
    if server_socket:
        server_socket.close()
        server_socket = None
def startAP():
    global server_socket
    stop()
    wlan_ap.active(True)
    wlan_ap.config(essid='ESP32',authmode=0)
    server_socket = socket.socket()
    server_socket.setsockopt(socket.SOL_SOCKET, socket.SO_REUSEADDR, 1)
    server_socket.bind(('0.0.0.0', 80))
    server_socket.listen(3)
    while not wlan_sta.isconnected():
        conn, addr = server_socket.accept()
        print('Connection: %s ' % str(addr))
        try:
            conn.settimeout(3)
            request = b""
            try:
                while "\r\n\r\n" not in request:
                    request += conn.recv(512)
            except OSError:
                pass
            #url process
            try:
                url = ure.search("(?:GET|POST) /(.*?)(?:\\?.*?)? HTTP", request).gro
```

```
up(1).decode("utf-8").rstrip("/")
                except Exception:
                    url = ure.search("(?:GET|POST) /(.*?)(?:\\?.*?)? HTTP", request).gro
up(1).rstrip("/")
                print("URL is {}".format(url))
                if url == "":
                    response = config_page()
                    send_response(conn, response)
                elif url == "configure":
                    ret = get_wifi_conf(request)
                    ret = handle_wifi_configure(ret[0], ret[1])
                    if ret is not None:
                        response = connect_sucess(ret)
                        send_response(conn, response)
                        print('connect sucess')
                elif url == "disconnect":
                    wlan_sta.disconnect()
            finally:
                conn.close()
        wlan_ap.active(False)
        print('ap exit')
    def home():
        global server_socket
        stop()
        wlan_sta.active(True)
        ip_addr = wlan_sta.ifconfig()[0]
        print('wifi connected')
        server_socket = socket.socket(socket.AF_INET, socket.SOCK_STREAM)
        server_socket.setsockopt(socket.SOL_SOCKET, socket.SO_REUSEADDR, 1)
        server_socket.bind(('0.0.0.0', 80))
        server_socket.listen(3)
        while check_wlan_connected():
            conn, addr = server_socket.accept()
            try:
                conn.settimeout(3)
                request = b""
                try:
                    while "\r\n\r\n" not in request:
                        request += conn.recv(512)
                except OSError:
                    pass
                #url process
                try:
                    url = ure.search("(?:GET|POST) /(.*?)(?:\\?.*?)? HTTP", request).gro
up(1).decode("utf-8").rstrip("/")
                except Exception:
                    url = ure.search("(?:GET|POST) /(.*?)(?:\\?.*?)? HTTP", request).gro
up(1).rstrip("/")
                if url == "":
                    response = connect_sucess(ip_addr)
                    send_response(conn, response)
                elif url == "disconnect":
                    wlan_sta.disconnect()
            finally:
                conn.close()
        wlan_sta.active(False)
```

```
                print('sta exit')
    def main():
        while True:
            if not check_wlan_connected():
                startAP()
            else:
                home()
    main()
```

6.4　网络接口

网络接口

ESP-NETIF 是一个网络接口库，它在 TCP/IP 堆栈的顶部为应用程序提供了一个抽象层，允许应用程序在 IP 堆栈之间进行选择，即使底层的 TCP/IP 堆栈 API 不安全，网络接口提供的 API 线程也是安全的。

6.4.1　网络接口概述

ESP-IDF 当前为轻量级的 TCP/IP 堆栈实现 ESP-NETIF。但是，适配器本身与 TCP/IP 实现无关，同样的适配器也可能有不同的 TCP/IP 实现。某些 ESP-NETIF API 函数旨在由应用程序调用，如获取/设置接口 IP 地址的函数、配置 DHCP 的函数。有些功能供网络驱动程序层内部 ESP-IDF 使用。在许多情况下，应用程序不需要直接调用 ESP-NETIF API 函数，因为它们是在默认网络事件处理程序中调用的。

ESP-NETIF 组件是 TCP/IP 适配器（以前的网络接口抽象）的后继产品，ESP-IDF v4.1 及其后版本不推荐使用 TCP/IP 适配器。如果要移植现有应用程序以使用 ESP-NETIF API，请参考 TCP/IP 适配器迁移指南。ESP-NETIF 架构如图 6-7 所示。

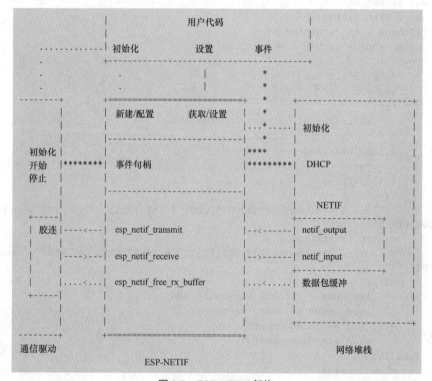

图 6-7　ESP-NETIF 架构

图中的事件流表示如下。

…<……和……>…：从用户代码到 ESP-NETIF 和通信驱动程序的初始化行。

---<----和--->---：数据包从通信媒体到 TCP/IP 堆栈再返回。

********：ESP-NETIF 中聚合的事件会传播到驱动程序、用户代码和网络堆栈。

|：用户设置和运行时配置。

ESP-NETIF 交互如下。

1. 用户代码

使用 ESP-NETIF API 提取用于通信介质和配置 TCP/IP 网络堆栈的特定 I/O 驱动程序。整体应用程序交互概述如下。

（1）初始化代码。

初始化代码包括初始化 I/O 驱动程序：创建一个新的 ESP-NETIF 实例，并使用 ESP-NETIF 特定的选项（标志、行为、名称）、网络堆栈选项（NETIF 初始化和输入功能，不公开）、I/O 驱动程序特定的选项（传输、空闲的接收缓冲区功能、I/O 驱动程序句柄）；将 I/O 驱动程序句柄附加到上述步骤中创建的 ESP-NETIF 实例；配置事件处理程序，对 I/O 驱动程序中定义的通用接口使用默认处理程序，或为自定义行为/新界面定义特定的处理程序，注册与应用相关事件（如 IP 丢失/获取）的处理程序。

（2）使用 ESP-NETIF API 与网络接口进行交互。

获取和设置与 TCP/IP 相关的参数（DHCP、IP 等），接收 IP 事件（连接/断开连接），控制应用程序生命周期（设置界面打开/关闭）。

2. 通信驱动

与 ESP-NETIF 相关的通信驱动程序有以下两个重要任务：事件处理；定义与 ESP-NETIF 交互的行为模式（如以太网链接、打开 NETIF）。

胶连 I/O 层：调整输入输出功能以使用 ESP-NETIF 发送、接收和释放缓冲区；将驱动程序安装到适当的 ESP-NETIF 对象，以便将网络堆栈的传出数据包传递到 I/O 驱动程序；调用 esp_netif_receive() 将传入数据传递到网络堆栈。

3. ESP-NETIF

ESP-NETIF 是 I/O 驱动程序和网络堆栈的中介，它将二者的数据包、数据路径连接在一起。它提供了一组接口，用于将驱动程序附加到 ESP-NETIF 对象（运行时）并配置网络堆栈（编译时）。除此之外，它还提供了一组 API 来控制网络接口生命周期及其 TCP/IP 属性。ESP-NETIF 公共接口分为以下 6 组。

（1）初始化 API，用于创建和配置 ESP-NETIF 实例。

（2）输入输出 API，用于在 I/O 驱动程序和网络堆栈之间传递数据。

（3）事件或动作 API，用于网络接口生命周期管理。ESP-NETIF 提供了用于设计事件处理程序的构建块。

（4）基本网络接口属性的设置器和获取器。

（5）网络堆栈抽象，用于启用用户与 TCP/IP 堆栈的交互，设置接口向上或向下、DHCP 服务器端和客户端 API、DNS API。

（6）驱动程序转换实用程序。

4. 网络堆栈

网络堆栈在公共接口方面与应用程序之间没有交互，因此，应由 ESP-NETIF API 完全抽象。以 Wi-Fi 默认初始化为例：esp_netif_create_default_wifi_ap() 和 esp_netif_create_default_wifi_sta() 的 API 提供了初始化代码以及用于默认接口（如 AP 和站点）事件处理程序的注册，以简化大多数应用程序的启动代码。这些函数返回 ESP_NETIF 句柄，即指向使用默认设置分配和配置网络接口对象的指针，因此，如果应用程序提供了网络反初始化功能，则必须销毁创建的对象。除非使用 esp_netif_destroy() 删除了创建的句柄，否则不得多次创建这些默认接口。在 AP + STA 模式下使用 Wi-Fi 时，必须创建这两个接口。

6.4.2 网络接口类型定义

网络接口类型定义介绍如下。

1. esp_netif_dns_type_t 类型

DNS 服务器端类型，是枚举类型，定义如下。

```
typedef enum {
    ESP_NETIF_DNS_MAIN= 0,          /*DNS 主服务器端地址*/
    ESP_NETIF_DNS_BACKUP,           /*DNS 备份服务器端地址*/
    ESP_NETIF_DNS_FALLBACK,         /*DNS 后备服务器端地址*/
    ESP_NETIF_DNS_MAX
} esp_netif_dns_type_t;
```

2. esp_netif_dns_info_t 类型

DNS 服务器端信息，是结构体类型，定义如下。

```
typedef struct {
    esp_ip_addr_t ip; /*DNS 服务器端的 IPv4 地址*/
} esp_netif_dns_info_t;
```

3. esp_netif_dhcp_status_t 类型

DHCP 客户端或 DHCP 服务器端的状态，是枚举类型，定义如下。

```
typedef enum {
    ESP_NETIF_DHCP_INIT = 0,        /*初始化状态*/
    ESP_NETIF_DHCP_STARTED,         /*已经启动*/
    ESP_NETIF_DHCP_STOPPED,         /*已经停止*/
    ESP_NETIF_DHCP_STATUS_MAX
} esp_netif_dhcp_status_t;
```

4. esp_netif_dhcp_option_mode_t 类型

DHCP 客户端或 DHCP 服务器端选项功能的模式，是枚举类型，定义如下。

```
typedef enum{
    ESP_NETIF_OP_START = 0,     /*开始*/
    ESP_NETIF_OP_SET,           /*设置*/
    ESP_NETIF_OP_GET,           /*获取*/
    ESP_NETIF_OP_MAX
} esp_netif_dhcp_option_mode_t;
```

5. esp_netif_dhcp_option_id_t 类型

DHCP 客户端或 DHCP 服务器端支持的选项，是枚举类型，定义如下。

```
typedef enum{
    ESP_NETIF_SUBNET_MASK = 1,                      /*网络掩码*/
```

```
    ESP_NETIF_DOMAIN_NAME_SERVER = 6,                        /*域名服务器*/
    ESP_NETIF_ROUTER_SOLICITATION_ADDRESS = 32,     /*请求路由器地址*/
    ESP_NETIF_REQUESTED_IP_ADDRESS = 50,                 /*请求特定的 IP 地址*/
    ESP_NETIF_IP_ADDRESS_LEASE_TIME = 51,               /*请求 IP 地址租用时间*/
    ESP_NETIF_IP_REQUEST_RETRY_TIME = 52,               /*请求 IP 地址重试计数器*/
} esp_netif_dhcp_option_id_t;
```

6. ip_event_t 类型

IP 事件声明，是枚举类型，定义如下。

```
typedef enum {
    IP_EVENT_STA_GOT_IP,                    /*站点从所连接的 AP 获取了 IP 地址*/
    IP_EVENT_STA_LOST_IP,                   /*站点丢失 IP 地址，IP 地址设置为零*/
    IP_EVENT_AP_STAIPASSIGNED,              /*AP 为所连站点分配 IP 地址*/
    IP_EVENT_GOT_IP6,                       /*IPv6 地址优先*/
    IP_EVENT_ETH_GOT_IP,                    /*以太网从所连 AP 获取 IP 地址*/
    IP_EVENT_PPP_GOT_IP,                    /*PPP 获取 IP 地址*/
    IP_EVENT_PPP_LOST_IP,                   /*PPP 接口丢失 IP 地址*/
} ip_event_t;
```

7. esp_netif_ip_info_t 类型

IP_EVENT_STA_GOT_IP 和 IP_EVENT_ETH_GOT_IP 事件的结构体，定义如下。

```
typedef struct {
    esp_ip4_addr_t ip;         /*IPv4 接口地址*/
    esp_ip4_addr_t netmask;    /*IPv4 接口网络掩码*/
    esp_ip4_addr_t gw;         /*IPv4 接口网关地址*/
} esp_netif_ip_info_t;
```

8. esp_netif_ip6_info_t 类型

IPv6 的 IP 地址信息，是结构体类型，定义如下。

```
typedef struct {
    esp_ip6_addr_t ip; /*IPv6 接口地址*/
} esp_netif_ip6_info_t;
```

9. ip_event_got_ip_t 类型

IP 事件的信息获取，是结构体类型，定义如下。

```
typedef struct {
    int if_index;                          /*事件接收的接口索引*/
    esp_netif_t *esp_netif;                /*ESP-NETIF 对象指针*/
    esp_netif_ip_info_t ip_info;           /*IP 地址、掩码、网关 IP 地址*/
    bool ip_changed;                       /*分配的 IP 地址是否更改*/
} ip_event_got_ip_t;
```

10. ip_event_got_ip6_t 类型

IP_EVENT_GOT_IP6 事件结构体，定义如下。

```
typedef struct {
    int if_index;                          /*事件接收的接口索引*/
    esp_netif_t *esp_netif;                /*ESP-NETIF 对象指针*/
    esp_netif_ip6_info_t ip6_info;         /*IPv6 接口地址*/
    int ip_index;                          /*IPv6 地址索引*/
```

```
} ip_event_got_ip6_t;
```

11. ip_event_ap_staipassigned_t 类型

IP_EVENT_AP_STAIPASSIGNED 事件结构体，定义如下。

```
typedef struct {
    esp_ip4_addr_t ip; /*分配给站点的 IP 地址*/
} ip_event_ap_staipassigned_t;
```

12. esp_netif_flags_t 类型

ESP-NETIF 的标识，是枚举类型，定义如下。

```
typedef enum esp_netif_flags {
    ESP_NETIF_DHCP_CLIENT = 1 << 0,    /*DHCP 客户端*/
    ESP_NETIF_DHCP_SERVER = 1 << 1,    /*DHCP 服务器端*/
    ESP_NETIF_FLAG_AUTOUP = 1 << 2,    /*AUTOUP 标识*/
    ESP_NETIF_FLAG_GARP   = 1 << 3,    /*GARP 标识*/
    ESP_NETIF_FLAG_EVENT_IP_MODIFIED = 1 << 4,  /*IP 地址更改事件标识*/
    ESP_NETIF_FLAG_IS_PPP = 1 << 5     /*PPP 标识*/
} esp_netif_flags_t;
```

13. esp_netif_ip_event_type_t 类型

IP 事件的类型，是枚举类型，定义如下。

```
typedef enum esp_netif_ip_event_type {
    ESP_NETIF_IP_EVENT_GOT_IP = 1,    /*获取 IP 地址*/
    ESP_NETIF_IP_EVENT_LOST_IP = 2,   /*丢失 IP 地址*/
} esp_netif_ip_event_type_t;
```

14. esp_netif_inherent_config_t 类型

ESP-NETIF 接口配置，包括常规（行为）配置（esp_netif_config_t）、（外围）驱动程序特定的配置（esp_netif_driver_ifconfig_t）、特定于网络堆栈的配置（esp_netif_net_stack_ifconfig_t），是结构体类型，定义如下。

```
typedef struct esp_netif_inherent_config {
    esp_netif_flags_t flags;            /*定义 ESP-NETIF 行为的标志*/
    uint8_t mac[6];                     /*初始化 MAC 地址 */
    const esp_netif_ip_info_t* ip_info; /*初始化 IP 地址*/
    uint32_t get_ip_event;              /*获取 IP 地址的事件 ID*/
    uint32_t lost_ip_event;             /*丢失 IP 地址的事件 ID*/
    const char * if_key;                /*接口的字符串标识符*/
    const char * if_desc;               /*接口的文本描述*/
    int route_prio;                     /*接口默认路由的数字优先级*/
} esp_netif_inherent_config_t;
```

15. esp_netif_config 类型

ESP-NETIF 的通用配置，是结构体类型，定义如下。

```
struct esp_netif_config {
    const esp_netif_inherent_config_t *base;      /*地址*/
    const esp_netif_driver_ifconfig_t *driver;    /*驱动*/
    const esp_netif_netstack_config_t *stack;     /*堆栈*/
};
```

IP 网络层 API、Wi-Fi 默认 AP 协议 API 请扫描二维码获取。

IP 网络层 API 等

6.4.3 基于 TCP 的 Socket 通信示例程序

本小节包括基于 ESP-IDF 的 VS Code、Arduino 和 MicroPython 开发环境的 3 种代码实现。Socket 是应用层和传输层之间的一个抽象层，它把 TCP/IP 层复杂的操作抽象为几个简单的接口，供应用层调用已实现进程在网络中通信。

TCP 是面向连接的可靠服务。服务器端的通信步骤如下：

（1）创建套接字，socket()；

（2）绑定套接字到一个 IP 地址和一个端口上，bind()；

（3）将套接字设置为监听模式等待连接请求，listen()；

（4）请求到来后，接收连接请求，返回一个新的对应于此次连接的套接字，accept()；

（5）用返回的套接字和客户端进行通信，send()/recv()；

（6）关闭套接字，close()。

客户端的通信步骤如下：

（1）创建套接字，socket()；

（2）向服务器端发出连接请求，connect()；

（3）与服务器端进行通信，send()/recv()；

（4）关闭套接字，close()。

ESP32 开发板可以作为客户端，也可以作为服务器端。为了实现 Socket 网络通信，客户端和服务器端连接到同一个路由器或 AP，连接时需要 SSID 和密码。本示例在手机上打开热点，SSID 为 testAP，密码为 87654321。另一方面，网络通信是对等通信，在 PC 端或手机端需要下载网络调试工具，配合 ESP32 作为客户端和服务器端的测试。

1. 基于 ESP-IDF 的 VS Code 开发环境客户端实现

如果将 ESP32 作为客户端使用，需要预先准备连接服务器端。下载 NeTorch 网络调试工具并安装，打开后的界面如图 6-8 所示，单击左下方的"收发模式"图标可设置交互窗口，单击右下方的"设置"图标可设置模式、IP 地址和端口。

图 6-8 网络调试工具界面

选择模式 "TCP Server"，IP 地址为 193.168.43.1，端口为 10500（实际操作中，以手机上显示的数值为准），这个服务器端的 IP 地址和端口将写入客户端的程序，以便 ESP32 作为客户端启动后连接服务器端。

在 VS Code 编辑器中，打开 TCP_CLIENT 文件夹中的 sdkconfig 文件，将手机热点的 SSID、密码、TCP 服务器 IP 地址和端口在 sdkconfig 文件中进行修改，信息如下。

```
CONFIG_EXAMPLE_WIFI_SSID="testAP"
CONFIG_EXAMPLE_WIFI_PASSWORD="87654321"
CONFIG_EXAMPLE_IPV4_ADDR="192.168.43.1"
CONFIG_EXAMPLE_PORT=10500
```

以上修改是使 TCP 的客户端和服务器端连接在同一个手机热点下，并将 ESP32 作为客户端要连接的服务器端 IP 地址和端口写入程序。手机端的网络调试工具作为 TCP 服务器端，单击右上角的开关打开 TCP 服务器，等待 ESP32 作为 TCP 客户端完成连接。在 VS Code 中打开 tcp_client.c 文件，写入如下代码。

```c
#include <string.h>
#include <sys/param.h>
#include "freertos/FreeRTOS.h"
#include "freertos/task.h"
#include "freertos/event_groups.h"
#include "esp_system.h"
#include "esp_wifi.h"
#include "esp_event.h"
#include "esp_log.h"
#include "nvs_flash.h"
#include "esp_netif.h"
#include "protocol_examples_common.h"
#include "addr_from_stdin.h"
#include "lwip/err.h"
#include "lwip/sockets.h"
#if defined(CONFIG_EXAMPLE_IPV4)          //IPv4 地址，本例使用
#define HOST_IP_ADDR CONFIG_EXAMPLE_IPV4_ADDR
#elif defined(CONFIG_EXAMPLE_IPV6)        //IPv6 地址
#define HOST_IP_ADDR CONFIG_EXAMPLE_IPV6_ADDR
#else
#define HOST_IP_ADDR " "                  //其他情况地址
#endif
#define PORT CONFIG_EXAMPLE_PORT          //端口
static const char *TAG = "example";
static const char *payload = "Message from ESP32 ";   //连接成功发送的信息
static void tcp_client_task(void *pvParameters)        //任务定义
{
    char rx_buffer[128];                        //接收字符缓存
    char host_ip[] = HOST_IP_ADDR;              //存放主机 IP 地址
    int addr_family = 0;                        //地址组
    int ip_protocol = 0;                        //IP
    while (1) {
#if defined(CONFIG_EXAMPLE_IPV4)                //IPv4 情况
        struct sockaddr_in dest_addr;           //Socket 地址结构体
        dest_addr.sin_addr.s_addr = inet_addr(host_ip);  //IP 地址
        dest_addr.sin_family = AF_INET;         //地址组
```

```
            dest_addr.sin_port = htons(PORT);       //端口
            addr_family = AF_INET;                   //地址组
            ip_protocol = IPPROTO_IP;                //IP
    #elif defined(CONFIG_EXAMPLE_IPV6)               //IPv6 情况
            struct sockaddr_in6 dest_addr = { 0 };
            inet6_aton(host_ip, &dest_addr.sin6_addr);
            dest_addr.sin6_family = AF_INET6;
            dest_addr.sin6_port = htons(PORT);
            dest_addr.sin6_scope_id = esp_netif_get_netif_impl_index(EXAMPLE_INTERFACE);
            addr_family = AF_INET6;
            ip_protocol = IPPROTO_IPV6;
    #elif defined(CONFIG_EXAMPLE_SOCKET_IP_INPUT_STDIN)  //其他情况
            struct sockaddr_in6 dest_addr = { 0 };
            ESP_ERROR_CHECK(get_addr_from_stdin(PORT, SOCK_STREAM, &ip_protocol, &addr_
    family, &dest_addr));
    #endif
            int sock =  socket(addr_family, SOCK_STREAM, ip_protocol); //创建 Socket
            if (sock < 0) {   //不能创建输出信息
                ESP_LOGE(TAG, "Unable to create socket: errno %d", errno);
                break;
            }
            ESP_LOGI(TAG, "Socket created, connecting to %s:%d", host_ip, PORT); //成功
            int err = connect(sock, (struct sockaddr *)&dest_addr, sizeof(struct sockaddr
    _in6));
            if (err != 0) {   //连接失败
                ESP_LOGE(TAG, "Socket unable to connect: errno %d", errno);
                break;
            }
            ESP_LOGI(TAG, "Successfully connected");   //成功
            while (1) {
                int err = send(sock, payload, strlen(payload), 0);   //发送消息
                if (err < 0) {   //发送失败
                    ESP_LOGE(TAG, "Error occurred during sending: errno %d", errno);
                    break;
                }
                int len = recv(sock, rx_buffer, sizeof(rx_buffer) - 1, 0);   //接收消息
                if (len < 0) {     //错误情况
                    ESP_LOGE(TAG, "recv failed: errno %d", errno);
                    break;
                }
                // Data received
                else {
                    rx_buffer[len] = 0; //接收字符串
                    ESP_LOGI(TAG, "Received %d bytes from %s:", len, host_ip);
                    ESP_LOGI(TAG, "%s", rx_buffer);   //输出字符串
                }
                vTaskDelay(2000 / portTICK_PERIOD_MS);   //延迟 2s
            }
            if (sock != -1) {   //关闭 Socket
                ESP_LOGE(TAG, "Shutting down socket and restarting...");
                shutdown(sock, 0);
                close(sock);
```

```
        }
    }
    vTaskDelete(NULL); //删除任务
}
void app_main(void)          //主函数入口
{
    ESP_ERROR_CHECK(nvs_flash_init());   //闪存初始化
    ESP_ERROR_CHECK(esp_netif_init());   //网络接口初始化
    ESP_ERROR_CHECK(esp_event_loop_create_default()); //创建默认循环任务
    ESP_ERROR_CHECK(example_connect());   //开始连接
    xTaskCreate(tcp_client_task, "tcp_client", 4096, NULL, 5, NULL);  //创建任务
}
```

通过 VS Code 开发环境进行构建、烧录，打开串口监视器会显示 ESP32 正在连接手机上的 TCP 服务器，连接成功后界面如图 6-9 所示。在发送区输入"hello world!"，单击"发送"图标，客户端会返回程序设置的信息，如图 6-10 所示。

图 6-9   TCP 客户端连接手机服务器端

```
I (6087) esp_netif_handlers: example_connect: sta ip: 192.168.43.76, mask: 255.255.255.0, gw: 192.168.43.1
I (6087) example_connect: Got IPv4 event: Interface "example_connect: sta" address: 192.168.43.76
I (6587) example_connect: Got IPv6 event: Interface "example_connect: sta" address: fe80:0000:0000:0000:3e61:05ff:f
e4c:3a3c, type: ESP_IP6_ADDR_IS_LINK_LOCAL
I (6587) example_connect: Connected to example_connect: sta
I (6597) example_connect: - IPv4 address: 192.168.43.76
I (6597) example_connect: - IPv6 address: fe80:0000:0000:0000:3e61:05ff:fe4c:3a3c, type: ESP_IP6_ADDR_IS_LINK_LOCAL
I (6617) example: Socket created, connecting to 192.168.43.1:10500
I (6637) example: Successfully connected
I (66477) example: Received 14 bytes from 192.168.43.1:
I (66477) example: hello world!
```

图 6-10   ESP32 作为客户端时串口监视器显示的信息

2. Arduino 开发环境客户端实现

代码如下。
```
#include <WiFi.h>
const char* ssid     = "your-ssid";        //连接的 Wi-Fi 名称
const char* password = "your-password"; //连接的 Wi-Fi 密码
```

```
const char* host = " your-host";          //连接的主机服务器地址
const char* streamId   = ".................";
const char* privateKey = ".................";
void setup()
{
    Serial.begin(115200);
    delay(10);
    //连接 Wi-Fi
    Serial.println();
    Serial.println();
    Serial.print("Connecting to ");
    Serial.println(ssid);
    WiFi.begin(ssid, password);   //连接 Wi-Fi
    while (WiFi.status() != WL_CONNECTED) {
        delay(500);
        Serial.print(".");
    }
    Serial.println("");
    Serial.println("WiFi connected");   //输出 Wi-Fi 连接信息
    Serial.println("IP address: ");
    Serial.println(WiFi.localIP());
}
int value = 0;
void loop()
{
    delay(5000);
    ++value;
    Serial.print("connecting to ");
    Serial.println(host);
    //使用 WiFiClient 类创建 TCP 连接
    WiFiClient client;
    const int httpPort = 80;   //使用主机的 80 端口
    if (!client.connect(host, httpPort)) {
        Serial.println("connection failed");
        return;
    }
    //为请求创建一个 URL
    String url = "/input/";
    url += streamId;
    url += "?private_key=";
    url += privateKey;
    url += "&value=";
    url += value;
    Serial.print("Requesting URL: ");
    Serial.println(url);
    //向服务器端发送请求
    client.print(String("GET ") + url + " HTTP/1.1\r\n" +
                "Host: " + host + "\r\n" +
                "Connection: close\r\n\r\n");
    unsigned long timeout = millis();
    while (client.available() == 0) {
        if (millis() - timeout > 5000) {
            Serial.println(">>> Client Timeout !");
            client.stop();
```

193

```
                return;
            }
        }
        //从服务器端读取回复的所有行，并输出到串口
        while(client.available()) {
            String line = client.readStringUntil('\r');
            Serial.print(line);
        }
        Serial.println();
        Serial.println("closing connection");
    }
```

3. MicroPython 开发环境客户端实现

可以通过手机端或 PC 端的网络调试工具，开启 TCP 服务器，通过如下代码进行连接，实现消息发送。

```
import network
import socket
import time
SSID="yourSSID"    #修改为使用的 Wi-Fi 名称
PASSWORD="yourPASSWD"    #修改为使用的 Wi-Fi 密码
host="yourHOST"    #修改为主机服务器地址
port=100     #主机服务器端口定义
wlan=None
s=None
def connectWifi(ssid,passwd):
  global wlan
  wlan=network.WLAN(network.STA_IF)              #实例化 WLAN
  wlan.active(True)                              #激活网络接口
  wlan.disconnect()                             #断开上一连接
  wlan.connect(ssid,passwd)                     #连接 Wi-Fi
  while(wlan.ifconfig()[0]=='0.0.0.0'):
    time.sleep(1)
  return True
#捕获异常，如果在“try”中意外中断，则停止执行程序
try:
  connectWifi(SSID,PASSWORD)
  ip=wlan.ifconfig()[0]                          #获取 IP 地址
  s = socket.socket()                            #创建 Socket
  s.setsockopt(socket.SOL_SOCKET, socket.SO_REUSEADDR, 1)
                                                 #设置给定 Socket 选项的值
  s.connect((host,port))                         #发送连接请求
  s.send("hello, I am TCP Client")               #发送数据
  while True:
    data = s.recv(1024)                          #从 Socket 接收 1024 字节的数据
    if(len(data) == 0):                          #如果无数据，关闭
      print("close socket")
      s.close()
      break
    print(data)      #输出数据
    ret = s.send(data)
except:    #异常处理
```

```
if (s):
    s.close()
wlan.disconnect()
wlan.active(False)
```

4. 基于 ESP-IDF 的 VS Code 开发环境服务器端实现

如果将 ESP32 作为服务器端使用,那么手机上的网络调试工具可作为客户端连接 ESP32 开发板。当 ESP32 作为服务器端使用时,IP 地址是连接手机热点后分配的,在运行时通过串口监视器获得,服务器端口可以在程序中设置。

在 VS Code 编辑器中,打开 TCP_SERVER 文件夹中的 sdkconfig 文件,将手机热点的 SSID、密码、TCP 服务器端口在 sdkconfig 文件中进行修改,信息如下。

```
CONFIG_EXAMPLE_WIFI_SSID="testAP"
CONFIG_EXAMPLE_WIFI_PASSWORD="87654321"
CONFIG_EXAMPLE_PORT=3333
```

以上修改是使 TCP 的客户端和服务器端连接在同一个手机热点下,手机端的网络调试工具作为 TCP 客户端,等待 ESP32 开发板的 TCP 服务器端启动,获取相关 IP 地址后才能进行连接。在 VS Code 中打开 tcp_server.c 文件,写入如下代码。

```c
#include <string.h>
#include <sys/param.h>
#include "freertos/FreeRTOS.h"
#include "freertos/task.h"
#include "esp_system.h"
#include "esp_wifi.h"
#include "esp_event.h"
#include "esp_log.h"
#include "nvs_flash.h"
#include "esp_netif.h"
#include "protocol_examples_common.h"
#include "lwip/err.h"
#include "lwip/sockets.h"
#include "lwip/sys.h"
#include <lwip/netdb.h>
#define PORT CONFIG_EXAMPLE_PORT  //TCP 服务器端口
static const char *TAG = "example";
static void do_retransmit(const int sock)    //重传字符串函数定义
{
    int len;
    char rx_buffer[128];
    do {
        len = recv(sock, rx_buffer, sizeof(rx_buffer) - 1, 0);
        if (len < 0) {   //字符串发生错误时输出信息
            ESP_LOGE(TAG, "Error occurred during receiving: errno %d", errno);
        } else if (len == 0) {   //连接关闭
            ESP_LOGW(TAG, "Connection closed");
        } else {    //输出字符串
            rx_buffer[len] = 0;
            ESP_LOGI(TAG, "Received %d bytes: %s", len, rx_buffer);
            int to_write = len;
            while (to_write > 0) {  //发送收到的字符串
                int written = send(sock, rx_buffer + (len - to_write), to_write, 0);
                if (written < 0) {
```

```
                        ESP_LOGE(TAG, "Error occurred during sending: errno %d", errno);
                    }
                    to_write -= written;
                }
            }
        } while (len > 0);
    }
    static void tcp_server_task(void *pvParameters)   //创建 TCP 服务器端任务
    {
        char addr_str[128];
        int addr_family = (int)pvParameters;
        int ip_protocol = 0;
        struct sockaddr_in6 dest_addr;    //构建 Socket 结构体
        if (addr_family == AF_INET) {        //IPv4 地址
            struct sockaddr_in *dest_addr_ip4 = (struct sockaddr_in *)&dest_addr;
            dest_addr_ip4->sin_addr.s_addr = htonl(INADDR_ANY);
            dest_addr_ip4->sin_family = AF_INET;
            dest_addr_ip4->sin_port = htons(PORT);
            ip_protocol = IPPROTO_IP;
        } else if (addr_family == AF_INET6) {    //IPv6 地址
            bzero(&dest_addr.sin6_addr.un, sizeof(dest_addr.sin6_addr.un));
            dest_addr.sin6_family = AF_INET6;
            dest_addr.sin6_port = htons(PORT);
            ip_protocol = IPPROTO_IPV6;
        }
        int listen_sock = socket(addr_family, SOCK_STREAM, ip_protocol); //创建 Socket
        if (listen_sock < 0) {
            ESP_LOGE(TAG, "Unable to create socket: errno %d", errno);    //未成功
            vTaskDelete(NULL);
            return;
        }
#if defined(CONFIG_EXAMPLE_IPV4) && defined(CONFIG_EXAMPLE_IPV6)
//注意，默认情况下，IPv6 地址绑定到这两个协议
        int opt = 1;
        setsockopt(listen_sock, SOL_SOCKET, SO_REUSEADDR, &opt, sizeof(opt));
        setsockopt(listen_sock, IPPROTO_IPV6, IPV6_V6ONLY, &opt, sizeof(opt));
#endif
        ESP_LOGI(TAG, "Socket created");  //Socket 创建成功
        int err = bind(listen_sock, (struct sockaddr *)&dest_addr, sizeof(dest_addr));
            //绑定 IP 地址
        if (err != 0) {
            ESP_LOGE(TAG, "Socket unable to bind: errno %d", errno);  //绑定未成功
            ESP_LOGE(TAG, "IPPROTO: %d", addr_family);
            goto CLEAN_UP;   //跳转
        }
        ESP_LOGI(TAG, "Socket bound, port %d", PORT);    //绑定，输出端口
        err = listen(listen_sock, 1);
        if (err != 0) {
            ESP_LOGE(TAG, "Error occurred during listen: errno %d", errno);  //监听出错
            goto CLEAN_UP;   //跳转
        }
        while (1) {
```

```
            ESP_LOGI(TAG, "Socket listening");   //一直监听，等待客户端连接
            struct sockaddr_in6 source_addr; // Socket 的 IP 地址
            uint addr_len = sizeof(source_addr);
            int sock = accept(listen_sock, (struct sockaddr *)&source_addr, &addr_len);
                //接收接入
            if (sock < 0) {   //不能接入，输出报错信息
                ESP_LOGE(TAG, "Unable to accept connection: errno %d", errno);
                break;
            }
            //将 IP 地址转换为字符串
            if (source_addr.sin6_family == PF_INET) {   //IPv4
             inet_ntoa_r(((struct sockaddr_in *)&source_addr)->sin_addr.s_addr, addr_str,
sizeof(addr_str) - 1);
            } else if (source_addr.sin6_family == PF_INET6) {   //IPv6
                inet6_ntoa_r(source_addr.sin6_addr, addr_str, sizeof(addr_str) - 1);
            }
            ESP_LOGI(TAG, "Socket accepted ip address: %s", addr_str);   //输出客户端 IP 地址
            do_retransmit(sock);   //重传字符串
            shutdown(sock, 0);
            close(sock);
        }
    CLEAN_UP:                //跳转点
        close(listen_sock);    //关闭监听，删除任务
        vTaskDelete(NULL);
    }
    void app_main(void)        //主函数入口
    {
        ESP_ERROR_CHECK(nvs_flash_init());   //初始化闪存
        ESP_ERROR_CHECK(esp_netif_init());   //初始化网络接口
        ESP_ERROR_CHECK(esp_event_loop_create_default());   //创建默认循环任务
        ESP_ERROR_CHECK(example_connect());   //开启连接
#ifdef CONFIG_EXAMPLE_IPV4     //IPv4 任务创建
        xTaskCreate(tcp_server_task, "tcp_server", 4096, (void*)AF_INET, 5, NULL);
#endif
#ifdef CONFIG_EXAMPLE_IPV6     //IPv6 任务创建
        xTaskCreate(tcp_server_task, "tcp_server", 4096, (void*)AF_INET6, 5, NULL);
#endif
    }
```

通过 VS Code 开发环境进行构建、烧录，打开 PC 端 VS Code 的串口监视器，可显示 ESP32 作为 TCP 服务器端的信息，如图 6-11 所示，分配的 IP 地址为 192.168.43.76，端口为程序设置的 3333，并开始监听。

```
I (5088) esp_netif_handlers: example_connect: sta ip: 192.168.43.76, mask: 255.255.255.0, gw: 192.168.43.1
I (5088) example_connect: Got IPv4 event: Interface "example_connect: sta" address: 192.168.43.76
I (5088) example_connect: Got IPv6 event: Interface "example_connect: sta" address: fe80:0000:0000:0000:3e61:05ff:fe4c:3a3c, type: ESP_IP6_
ADDR_IS_LINK_LOCAL
I (5588) example_connect: Connected to example_connect: sta
I (5598) example_connect: - IPv4 address: 192.168.43.76
I (5598) example_connect: - IPv6 address: fe80:0000:0000:0000:3e61:05ff:fe4c:3a3c, type: ESP_IP6_ADDR_IS_LINK_LOCAL
I (5618) example: Socket created
I (5618) example: Socket bound, port 3333
I (5618) example: Socket listening
```

图 6-11　ESP32 作为服务器端时串口监视器显示的信息

在手机端网络调试工具上的模式处选择"TCP Client"，IP 地址为分配的服务器端 IP 地址 192.168.43.76，端口为 3333。连接成功后，在发送区输入"hello world!"，单击"发送"图标，ESP32 服务器端会返回相同的信息，如图 6-12 所示，手机客户端显示的信息如图 6-13 所示。

```
I (4588) esp_netif_handlers: example_connect: sta ip: 192.168.43.76, mask: 255.255.255.0, gw: 192.168.43.1
I (4588) example_connect: Got IPv4 event: Interface "example_connect: sta" address: 192.168.43.76
I (5588) example_connect: Got IPv6 event: Interface "example_connect: sta" address: fe80:0000:0000:0000:3e61:05ff:f
e4c:3a3c, type: ESP_IP6_ADDR_IS_LINK_LOCAL
I (5588) example_connect: Connected to example_connect: sta
I (5598) example_connect: - IPv4 address: 192.168.43.76
I (5598) example_connect: - IPv6 address: fe80:0000:0000:0000:3e61:05ff:fe4c:3a3c, type: ESP_IP6_ADDR_IS_LINK_LOCAL
I (5618) example: Socket created
I (5618) example: Socket bound, port 3333
I (5618) example: Socket listening
I (107238) example: Socket accepted ip address: 192.168.43.1
I (157998) example: Received 14 bytes: hello world!
```

图 6-12　ESP32 服务器端显示的信息

图 6-13　手机客户端显示的信息

5. Arduino 开发环境服务器端实现

本示例搭建一个简单的网络服务器端，允许通过网络控制 LED。可以在浏览器中打开串口监视器输出的 IP 地址，以打开和关闭 5 号引脚上的 LED（访问 http://yourAddress/H，打开 LED；访问 http://yourAddress/L，关闭 LED）。此示例是为使用 WPA 加密网络编写的，对于 WEP，相应地更改 Wifi.begin()调用即可。

```
#include <WiFi.h>
const char* ssid     = "yourssid";     //连接的 Wi-Fi 名称
const char* password = "yourpasswd";   //连接的 Wi-Fi 密码
WiFiServer server(80);   //服务器端定义
void setup()
{
    Serial.begin(115200);
    pinMode(5, OUTPUT);        //设置 LED 引脚
    delay(10);
    //连接 Wi-Fi
    Serial.println();
    Serial.println();
    Serial.print("Connecting to ");
```

```
        Serial.println(ssid);
        WiFi.begin(ssid, password);
        while (WiFi.status() != WL_CONNECTED) {
            delay(500);
            Serial.print(".");
        }
        Serial.println("");
        Serial.println("WiFi connected.");
        Serial.println("IP address: ");
        Serial.println(WiFi.localIP());
        server.begin();
    }
    int value = 0;
    void loop(){
     WiFiClient client = server.available();          //监听客户端请求
      if (client) {                                    //如果有客户端请求
        Serial.println("New Client.");                 //输出消息到串口监视器
        String currentLine = "";                       //创建一个字符串以保存来自客户端的数据
        while (client.connected()) {                   //连接客户端时，循环扫描
          if (client.available()) {                    //如果客户端有数据
            char c = client.read();                    //读取 1 字节
            Serial.write(c);                           //输出到串口监视器
            if (c == '\n') {                           //如果读取的字节是换行符
               //如果当前行为空，则连续有两个换行符
               //客户端 HTTP 请求结束，发送响应
               if (currentLine.length() == 0) {
                  //HTTP 头一般以响应代码（如 HTTP/1.1 200 OK）和内容类型开头，以便客户端知道接下来会发
生什么，然后是一个空行
                  client.println("HTTP/1.1 200 OK");
                  client.println("Content-Type:text/html");
                  client.println();
                  //HTTP 响应的内容如下
                  client.print("Click <a href=\"/H\">here</a> to turn the LED on pin 5 on.
<br>");
                  client.print("Click <a href=\"/L\">here</a> to turn the LED on pin 5 off.
<br>");
                  //HTTP 响应以另一个空行结束
                  client.println();
                  //跳出循环
                  break;
               } else {        //如果有换行符，则清除当前行
                  currentLine = "";
               }
            } else if (c != '\r') {          //如果除回车符之外还有其他内容
               currentLine += c;             //将其添加到当前行的末尾
            }
            //检查客户端请求是"GET/H"还是"GET/L"
            if (currentLine.endsWith("GET /H")) {
               digitalWrite(5, HIGH);                //请求为"GET/H"，打开 LED
            }
            if (currentLine.endsWith("GET /L")) {
```

199

```
            digitalWrite(5, LOW);                    //请求为"GET/L"，关闭 LED
         }
      }
   }
   //关闭连接
   client.stop();
   Serial.println("Client Disconnected.");
  }
}
```

6. MicroPython 开发环境服务器端实现

通过连接目标 Wi-Fi，为 ESP32 开发板分配 IP 地址，输出该 IP 地址以便客户端连接，代码如下。

```python
import network
import socket
import time
SSID=" "        #连接的目标 Wi-Fi 名称
PASSWORD=" "      #连接的目标 Wi-Fi 密码
port=10000        #使用的端口
wlan=None
listenSocket=None
def connectWifi(ssid,passwd):    #定义 Wi-Fi 连接函数
  global wlan
  wlan=network.WLAN(network.STA_IF)              #实例化 WLAN
  wlan.active(True)                              #激活网络接口
  wlan.disconnect()                              #断开上一连接
  wlan.connect(ssid,passwd)                      #连接 Wi-Fi
  while(wlan.ifconfig()[0]=='0.0.0.0'):
    time.sleep(1)
  return True
#捕获异常，如果在"try"中意外中断，则停止执行程序
try:
  connectWifi(SSID,PASSWORD)
  ip=wlan.ifconfig()[0]                          #获取 IP 地址
  listenSocket = socket.socket()                #创建 Socket
  listenSocket.bind((ip,port))                  #绑定 IP 地址和端口
  listenSocket.listen(1)                        #监听消息
  listenSocket.setsockopt(socket.SOL_SOCKET, socket.SO_REUSEADDR, 1)
#设置给定 Socket 选项的值
  print(ip)      #输出分配的 IP 地址，以便客户端连接
print ('tcp waiting...')
  while True:
    print("accepting.....")
    conn,addr = listenSocket.accept()            #接收连接，conn 是一个新的 Socket 对象
    print(addr,"connected")
    while True:
      data = conn.recv(1024)                     #从 Socket 接收 1024 字节的数据
      if(len(data) == 0):
        print("close socket")
        conn.close()                             #如果没有数据，关闭
        break
      print(data)
```

```
        ret = conn.send(data)                    #发送数据
except:
  if(listenSocket):
    listenSocket.close()
  wlan.disconnect()
  wlan.active(False)
```

6.4.4　基于 UDP 的 Socket 通信示例程序

本小节包括基于 ESP-IDF 的 VS Code、Arduino 和 MicroPython 开发环境的 3 种代码实现。用户数据报协议（User Datagram Protocol，UDP）属于传输层。UDP 是面向非连接的协议，它不与对方建立连接，而是直接把数据发送给对方。UDP 无须建立 3 次握手的连接，通信效率很高。因此，UDP 适用于一次传输数据量很少、对可靠性要求不高或对实时性要求高的应用场景。UDP 通信的过程如下。

服务器端通信步骤如下：

（1）使用 socket()，生成套接字文件描述符；

（2）通过 Socket 结构体设置服务器端地址和监听端口；

（3）使用 bind()绑定监听端口，将套接字文件描述符和地址类型变量绑定；

（4）使用 recvfrom()接收客户端的数据；

（5）使用服务器端 sendto()函数向客户端发送数据；

（6）关闭套接字，使用 close()释放资源。

客户端通信步骤如下：

（1）使用 socket()，生成套接字文件描述符；

（2）通过 Socket 结构体设置服务器端地址和监听端口；

（3）使用 sendto()向服务器端发送数据；

（4）使用 recvfrom()接收服务器端的数据；

（5）使用 close()关闭套接字。

ESP32 开发板可以作为客户端，也可以作为服务器端。为了实现网络通信，客户端和服务器端必须连接到同一个路由器或 AP，需要 SSID 和密码。本示例在手机上开启热点，SSID 为 testAP，密码为 87654321。

1．基于 ESP-IDF 的 VS Code 开发环境客户端实现

如果将 ESP32 作为客户端使用，准备连接服务器端，则仍然使用手机上下载的网络调试工具。单击"设置"图标，模式选择"UDP Server"，IP 地址为 193.168.43.1，端口为 3333；单击"收发模式"图标，再单击右上角开关打开服务器，如图 6-14 所示（实际操作中，以手机上显示的数值为准）。这个服务器端的 IP 地址和端口将写入 ESP32 的 UDP 客户端程序，以便 ESP32 作为客户端启动后，连接 UDP 服务器端。

在 VS Code 编辑器中，打开 UDP_CLIENT 文件夹中的 sdkconfig 文件，将手机热点的 SSID、密码、UDP 服务器端 IP 地址和端口在

图 6-14　手机端作为 UDP 服务器设置

sdkconfig 文件中进行修改，信息如下。

```
CONFIG_EXAMPLE_WIFI_SSID="testAP"
CONFIG_EXAMPLE_WIFI_PASSWORD="87654321"
CONFIG_EXAMPLE_IPV4_ADDR="192.168.43.1"
CONFIG_EXAMPLE_PORT=3333
```

以上修改是使 TCP 的客户端和服务器端连接在同一个手机热点下，并将 ESP32 作为客户端要连接的服务器端 IP 地址和端口写入程序。手机端的网络调试工具作为 UDP 服务器端，单击右上角开关打开服务器，等待 ESP32 作为 UDP 客户端完成连接。在 VS Code 中打开 udp_client.c 文件，写入如下代码。

```
#include <string.h>
#include <sys/param.h>
#include "freertos/FreeRTOS.h"
#include "freertos/task.h"
#include "freertos/event_groups.h"
#include "esp_system.h"
#include "esp_wifi.h"
#include "esp_event.h"
#include "esp_log.h"
#include "nvs_flash.h"
#include "esp_netif.h"
#include "protocol_examples_common.h"
#include "lwip/err.h"
#include "lwip/sockets.h"
#include "lwip/sys.h"
#include <lwip/netdb.h>
#include "addr_from_stdin.h"
#if defined(CONFIG_EXAMPLE_IPV4)
#define HOST_IP_ADDR CONFIG_EXAMPLE_IPV4_ADDR    //IPv4
#elif defined(CONFIG_EXAMPLE_IPV6)
#define HOST_IP_ADDR CONFIG_EXAMPLE_IPV6_ADDR    //IPv6
#else
#define HOST_IP_ADDR " "                         //其他
#endif
#define PORT CONFIG_EXAMPLE_PORT                 //端口定义
static const char *TAG = "example";
static const char *payload = "Message from ESP32 ";   //连接后发送信息
static void udp_client_task(void *pvParameters)        //构建UDP 客户端任务
{
    char rx_buffer[128];
    char host_ip[] = HOST_IP_ADDR;
    int addr_family = 0;
    int ip_protocol = 0;
    while (1) {
#if defined(CONFIG_EXAMPLE_IPV4)                         //IPv4
        struct sockaddr_in dest_addr;                   //Socket 结构体定义
        dest_addr.sin_addr.s_addr = inet_addr(HOST_IP_ADDR);
        dest_addr.sin_family = AF_INET;                 //地址组
        dest_addr.sin_port = htons(PORT);               //端口
        addr_family = AF_INET;                          //地址组
        ip_protocol = IPPROTO_IP;                       //IP 地址
#elif defined(CONFIG_EXAMPLE_IPV6)                      //IPv6
        struct sockaddr_in6 dest_addr = { 0 };
```

```
            inet6_aton(HOST_IP_ADDR, &dest_addr.sin6_addr);
            dest_addr.sin6_family = AF_INET6;
            dest_addr.sin6_port = htons(PORT);
            dest_addr.sin6_scope_id = esp_netif_get_netif_impl_index(EXAMPLE_INTERFACE);
            addr_family = AF_INET6;
            ip_protocol = IPPROTO_IPV6;
    #elif defined(CONFIG_EXAMPLE_SOCKET_IP_INPUT_STDIN)   //输入流
            struct sockaddr_in6 dest_addr = { 0 };
            ESP_ERROR_CHECK(get_addr_from_stdin(PORT, SOCK_DGRAM, &ip_protocol, &addr_
family, &dest_addr));   //初始化
    #endif
            int sock = socket(addr_family, SOCK_DGRAM, ip_protocol);   //创建 Socket
            if (sock < 0) {   //如果错误，输出信息
                ESP_LOGE(TAG, "Unable to create socket: errno %d", errno);
                break;
            }
            ESP_LOGI(TAG, "Socket created, sending to %s:%d", HOST_IP_ADDR, PORT);
            while (1) {
                int err = sendto(sock, payload, strlen(payload), 0, (struct sockaddr *)&
dest_addr, sizeof(dest_addr));   //发送定义的信息
                if (err < 0) {   //如果错误，输出信息
                    ESP_LOGE(TAG, "Error occurred during sending: errno %d", errno);
                    break;
                }
                ESP_LOGI(TAG, "Message sent");         //成功
                struct sockaddr_in source_addr;   //Socket 的 IPv4 或 IPv6 地址
                socklen_t socklen = sizeof(source_addr);   //获取 IP 地址长度
                int len = recvfrom(sock, rx_buffer, sizeof(rx_buffer) - 1, 0, (struct
sockaddr *)&source_addr, &socklen);   //从已连接的 Socket 上接收数据，并捕获数据发送源的地址
                if (len < 0) {      //如果错误，输出信息
                    ESP_LOGE(TAG, "recvfrom failed: errno %d", errno);
                    break;
                }
                else {   //接收数据
                    rx_buffer[len] = 0;   //字符串接收缓冲区
                    ESP_LOGI(TAG, "Received %d bytes from %s:", len, host_ip);   //输出信息
                    ESP_LOGI(TAG, "%s", rx_buffer);
                    if (strncmp(rx_buffer, "OK: ", 4) == 0) {   //如果输入 "OK: "，重新连接
                        ESP_LOGI(TAG, "Received expected message, reconnecting");
                        break;
                    }
                }
                vTaskDelay(2000 / portTICK_PERIOD_MS);
            }
            if (sock != -1) {   //关闭并重启
                ESP_LOGE(TAG, "Shutting down socket and restarting...");
                shutdown(sock, 0);
                close(sock);
            }
        }
        vTaskDelete(NULL);                        //删除任务
    }
```

```
void app_main(void)                            //主程序入口
{
    ESP_ERROR_CHECK(nvs_flash_init());     //闪存初始化
    ESP_ERROR_CHECK(esp_netif_init());     //网络接口初始化
    ESP_ERROR_CHECK(esp_event_loop_create_default());   //创建默认循环任务
    ESP_ERROR_CHECK(example_connect());    //连接
    xTaskCreate(udp_client_task, "udp_client", 4096, NULL, 5, NULL); //创建任务
}
```

通过 VS Code 开发环境进行构建、烧录，打开串口监视器会显示 ESP32 正在连接手机上的 UDP
服务器，连接成功后手机端的 TCP 服务器端如图 6-15 所示，显示服务器端的 IP 地址和端口、客户
端的 IP 地址；在手机端发送区输入"hello world!"，单击"发送"图标，客户端会返回程序设置的
信息，如图 6-16 所示；在 PC 端 VS Code 的串口监视器上显示的信息如图 6-17 所示，包括服务器端
的 IP 地址和端口、客户端的 IP 地址及发送的消息。

图 6-15　UDP 客户端连接手机服务器端

```
I (4586) esp_netif_handlers: example_connect: sta ip: 192.168.43.76, mask: 255.255.255.0, gw: 192.168.43.1
I (4586) example_connect: Got IPv4 event: Interface "example_connect: sta" address: 192.168.43.76
I (5586) example_connect: Got IPv6 event: Interface "example_connect: sta" address: fe80:0000:0000:0000:3e61:05ff:fe4c:3a3c, type: ESP_IP6_
ADDR_IS_LINK_LOCAL
I (5586) example_connect: Connected to example_connect: sta
I (5596) example_connect: - IPv4 address: 192.168.43.76
I (5596) example_connect: - IPv6 address: fe80:0000:0000:0000:3e61:05ff:fe4c:3a3c, type: ESP_IP6_ADDR_IS_LINK_LOCAL
I (5616) example: Socket created, sending to 192.168.43.1:3333
I (5616) example: Message sent
```

图 6-16　ESP32 作为客户端时串口监视器显示的信息

```
I (4586) esp_netif_handlers: example_connect: sta ip: 192.168.43.76, mask: 255.255.255.0, gw: 192.168.43.1
I (4586) example_connect: Got IPv4 event: Interface "example_connect: sta" address: 192.168.43.76
I (5586) example_connect: Got IPv6 event: Interface "example_connect: sta" address: fe80:0000:0000:0000:3e61:05ff:fe4c:3a3c, type: ESP_IP6_
ADDR_IS_LINK_LOCAL
I (5586) example_connect: Connected to example_connect: sta
I (5596) example_connect: - IPv4 address: 192.168.43.76
I (5596) example_connect: - IPv6 address: fe80:0000:0000:0000:3e61:05ff:fe4c:3a3c, type: ESP_IP6_ADDR_IS_LINK_LOCAL
I (5616) example: Socket created, sending to 192.168.43.1:3333
I (5616) example: Message sent
I (101976) example: Received 14 bytes from 192.168.43.1:
I (101976) example: hello world!
I (103976) example: Message sent
```

图 6-17　手机发送信息后串口监视器显示的信息

2. Arduino 开发环境客户端实现

代码如下。

```cpp
#include <WiFi.h>
#include <WiFiUdp.h>
//使用的 Wi-Fi 名称和密码，服务器端 IP 地址和端口
const char * networkName = "your-ssid";
const char * networkPswd = "your-password";
const char * udpAddress = "192.168.0.255";
const int udpPort = 3333;
boolean connected = false; //当前是否连接
WiFiUDP udp;   //UDP 实例
void setup(){
  Serial.begin(115200);   //初始化串口
  connectToWiFi(networkName, networkPswd);   //连接到 Wi-Fi 路由器
}
void loop(){
  //连接成功，发送数据
  if(connected){
    udp.beginPacket(udpAddress,udpPort);
    udp.printf("Seconds since boot: %lu", millis()/1000);
    udp.endPacket();
  }
  delay(1000);
}
void connectToWiFi(const char * ssid, const char * pwd){
  Serial.println("Connecting to WiFi network: " + String(ssid));   //删除旧的配置
  WiFi.disconnect(true);
  WiFi.onEvent(WiFiEvent);   //注册事件句柄
  WiFi.begin(ssid, pwd);       //初始化连接
  Serial.println("Waiting for WIFI connection...");
}
void WiFiEvent(WiFiEvent_t event){ //Wi-Fi 事件句柄
    switch(event) {
      case ARDUINO_EVENT_WIFI_STA_GOT_IP: //连接完成
          Serial.print("WiFi connected! IP address: ");
          Serial.println(WiFi.localIP());
          udp.begin(WiFi.localIP(),udpPort);   //初始化 UDP 和传输缓冲区
          connected = true;
          break;
      case ARDUINO_EVENT_WIFI_STA_DISCONNECTED:
          Serial.println("WiFi lost connection");
          connected = false;
          break;
      default: break;
    }
}
```

3. MicroPython 开发环境客户端实现

代码如下。

```python
import socket
```

```
import network
import time
host=' yourHOST '          #目标主机服务器端地址
port = 80                  #目标主机服务器端口
SSID="yourSSID"            #目标 Wi-Fi 名称
PASSWORD="yourPASSWD"      #目标 Wi-Fi 密码
wlan=None
s=None
def connectWifi(ssid,passwd):
  global wlan
  wlan=network.WLAN(network.STA_IF)              #创建 WLAN 对象
  wlan.active(True)                              #激活网络接口
  wlan.disconnect()                             #断开上次连接的 Wi-Fi
  wlan.connect(ssid,passwd)                     #连接 Wi-Fi
  while(wlan.ifconfig()[0]=='0.0.0.0'):
    time.sleep(1)
  return True
try:
  if(connectWifi(SSID,PASSWORD) == True):        #判断是否连接 Wi-Fi
    s=socket.socket(socket.AF_INET, socket.SOCK_DGRAM)  #创建 Socket
    s.setsockopt(socket.SOL_SOCKET,socket.SO_REUSEADDR,1)
                                                 #设置给定 Socket 选项的值
    ip=wlan.ifconfig()[0]                        #获取 IP 地址
    while True:
      s.sendto(b'hello\r\n',(host,port))        #连续发送数据 "hello"
      time.sleep(1)
except:
  if (s):
    s.close()
  wlan.disconnect()
  wlan.active(False)
```

4. 基于 ESP-IDF 的 VS Code 开发环境服务器端实现

如果将 ESP32 作为服务器端，那么可将手机上的网络调试工具作为客户端连接 ESP32 开发板。当 ESP32 作为服务器端时，IP 地址是连接手机热点后分配的，在运行时通过串口监视器获得，服务器端口可以在程序中设置。

在 VS Code 编辑器中，打开 UDP_SERVER 文件夹中的 sdkconfig 文件，将手机热点的 SSID、密码、TCP 服务器端口在 sdkconfig 文件中进行修改，信息如下。

```
CONFIG_EXAMPLE_WIFI_SSID="testAP"
CONFIG_EXAMPLE_WIFI_PASSWORD="87654321"
CONFIG_EXAMPLE_PORT=3333
```

以上修改是使 UDP 的客户端和服务器端连接在同一个手机热点下，手机端的网络调试工具作为 TCP 客户端，等待 ESP32 开发板的 UDP 服务器端启动，获取相关 IP 地址后才能进行连接。在 VS Code 中打开 udp_server.c 文件，写入如下代码。

```
#include <string.h>
#include <sys/param.h>
#include "freertos/FreeRTOS.h"
#include "freertos/task.h"
#include "esp_system.h"
#include "esp_WiFi.h"
```

```
#include "esp_event.h"
#include "esp_log.h"
#include "nvs_flash.h"
#include "esp_netif.h"
#include "protocol_examples_common.h"
#include "lwip/err.h"
#include "lwip/sockets.h"
#include "lwip/sys.h"
#include <lwip/netdb.h>
#define PORT CONFIG_EXAMPLE_PORT    //端口定义
static const char *TAG = "example";
static void udp_server_task(void *pvParameters)    //UDP 服务器端任务定义
{
    char rx_buffer[128];                    //接收缓冲区
    char addr_str[128];                     //地址字符串
    int addr_family = (int)pvParameters;    //地址组
    int ip_protocol = 0;                    //IP
    struct sockaddr_in6 dest_addr;          //目的地址
    while (1) {
        if (addr_family == AF_INET) {       //IPv4
            struct sockaddr_in *dest_addr_ip4 = (struct sockaddr_in *)&dest_addr;
            dest_addr_ip4->sin_addr.s_addr = htonl(INADDR_ANY);
            dest_addr_ip4->sin_family = AF_INET;
            dest_addr_ip4->sin_port = htons(PORT);
            ip_protocol = IPPROTO_IP;
        } else if (addr_family == AF_INET6) {   //IPv6
            bzero(&dest_addr.sin6_addr.un, sizeof(dest_addr.sin6_addr.un));
            dest_addr.sin6_family = AF_INET6;
            dest_addr.sin6_port = htons(PORT);
            ip_protocol = IPPROTO_IPV6;
        }
        int sock = socket(addr_family, SOCK_DGRAM, ip_protocol); //构建 Socket
        if (sock < 0) {   //如果错误，输出信息
            ESP_LOGE(TAG, "Unable to create socket: errno %d", errno);
            break;
        }
        ESP_LOGI(TAG, "Socket created");    //Socket 创建成功
#if defined(CONFIG_EXAMPLE_IPV4) && defined(CONFIG_EXAMPLE_IPV6)   //IPv6
        if (addr_family == AF_INET6) {
            //请注意，默认情况下，IPv6 地址绑定到这两个协议
            int opt = 1;
            setsockopt(sock, SOL_SOCKET, SO_REUSEADDR, &opt, sizeof(opt));
            setsockopt(sock, IPPROTO_IPV6, IPV6_V6ONLY, &opt, sizeof(opt));
        }
#endif
        int err = bind(sock, (struct sockaddr *)&dest_addr, sizeof(dest_addr));
            //绑定地址
        if (err < 0) {   //如果错误，输出信息
            ESP_LOGE(TAG, "Socket unable to bind: errno %d", errno);
        }
        ESP_LOGI(TAG, "Socket bound, port %d", PORT);   //成功绑定
        while (1) {
            ESP_LOGI(TAG, "Waiting for data");   //作为服务器端等待客户端消息
```

```
                struct sockaddr_in6 source_addr;      //源地址
                socklen_t socklen = sizeof(source_addr);      //地址长度
                int len = recvfrom(sock, rx_buffer, sizeof(rx_buffer) - 1, 0, (struct
sockaddr *)&source_addr, &socklen); //接收数据
            if (len < 0) {        //如果错误，输出信息
                ESP_LOGE(TAG, "recvfrom failed: errno %d", errno);
                break;
            }
            else {   //接收数据，获取客户端的 IP 地址作为字符串
                if (source_addr.sin6_family == PF_INET) {
                    inet_ntoa_r(((struct sockaddr_in *)&source_addr)->sin_addr.s_addr,
 addr_str, sizeof(addr_str) - 1);
                } else if (source_addr.sin6_family == PF_INET6) {   // IPv6
                    inet6_ntoa_r(source_addr.sin6_addr, addr_str, sizeof(addr_str) - 1);
                }
                rx_buffer[len] = 0; //作为字符串接收，输出信息
                ESP_LOGI(TAG, "Received %d bytes from %s:", len, addr_str);
                ESP_LOGI(TAG, "%s", rx_buffer);
                int err = sendto(sock, rx_buffer, len, 0, (struct sockaddr *)&source
_addr, sizeof(source_addr));   //接收到的字符串发回客户端
                if (err < 0) {
                    ESP_LOGE(TAG, "Error occurred during sending: errno %d", errno);
                    break;
                }
            }
        }
        if (sock != -1) {   //如果错误则关闭重启
            ESP_LOGE(TAG, "Shutting down socket and restarting...");
            shutdown(sock, 0);
            close(sock);
        }
    }
    vTaskDelete(NULL);   //删除任务
}
void app_main(void)        //主函数入口
{
    ESP_ERROR_CHECK(nvs_flash_init());    //闪存初始化
    ESP_ERROR_CHECK(esp_netif_init());    //网络接口初始化
    ESP_ERROR_CHECK(esp_event_loop_create_default());   //创建默认循环任务
    ESP_ERROR_CHECK(example_connect());   //连接
#ifdef CONFIG_EXAMPLE_IPV4    //IPv4
    xTaskCreate(udp_server_task, "udp_server", 4096, (void*)AF_INET, 5, NULL);
#endif
#ifdef CONFIG_EXAMPLE_IPV6    //IPv6
    xTaskCreate(udp_server_task, "udp_server", 4096, (void*)AF_INET6, 5, NULL);
#endif
}
```

5. Arduino 开发环境服务器端实现
代码如下。
```
#include <WiFi.h>
#include <WiFiUdp.h> //引用以使用 UDP
const char *ssid = "********";
```

```
const char *password = "********";
WiFiUDP Udp;                        //建立 UDP 对象
unsigned int localUdpPort = 2333;   //本地端口号
void setup()
{
  Serial.begin(115200);
  Serial.println();
  WiFi.mode(WIFI_STA);
  WiFi.begin(ssid, password);
  while (!WiFi.isConnected())
  {
    delay(500);
    Serial.print(".");
  }
  Serial.println("Connected");
  Serial.print("IP Address:");
  Serial.println(WiFi.localIP());
  Udp.begin(localUdpPort);  //启用 UDP 监听以接收数据
}
void loop()
{
  int packetSize = Udp.parsePacket();  //获取当前队首数据包长度
  if (packetSize)                        //若有数据可用
  {
    char buf[packetSize];
    Udp.read(buf, packetSize);           //读取当前包数据
    Serial.println();
    Serial.print("Received: ");
    Serial.println(buf);
    Serial.print("From IP: ");
    Serial.println(Udp.remoteIP());
    Serial.print("From Port: ");
    Serial.println(Udp.remotePort());
    Udp.beginPacket(Udp.remoteIP(), Udp.remotePort());  //准备发送数据
    Udp.print("Received: ");
    Udp.write((const uint8_t*)buf, packetSize);  //复制数据到发送缓存区
    Udp.endPacket();                   //发送数据
  }
}
```

6. MicroPython 开发环境服务器端实现

连接目标 Wi-Fi，分配 IP 地址后，输出到串口监视器，通过网络调试工具连接 ESP32 开发的服务器端，发送数据，代码如下。

```
import socket
import network
import time
port = 80          #设置参数
SSID="yourSSID"
PASSWORD="yourPASSWD"
wlan=None
s=None
def connectWifi(ssid,passwd):
  global wlan
```

209

```
      wlan=network.WLAN(network.STA_IF)              #创建 WLAN 对象
      wlan.active(True)                               #激活网络接口
      wlan.disconnect()                               #断开上次连接的 Wi-Fi
      wlan.connect(ssid,passwd)                       #连接 Wi-Fi
      while(wlan.ifconfig()[0]=='0.0.0.0'):
        time.sleep(1)
      return True
  #捕获异常，如果在"try"中意外中断，则停止执行程序
  try:
      if(connectWifi(SSID, PASSWORD) == True):        #判断是否连接 Wi-Fi
        s=socket.socket(socket.AF_INET, socket.SOCK_DGRAM)  #创建 Socket
        s.setsockopt(socket.SOL_SOCKET,socket.SO_REUSEADDR,1)  #设置给定 Socket 选项的值
        ip=wlan.ifconfig()[0]                         #获取 IP 地址
        s.bind((ip,port))                             #绑定 IP 地址和端口
        print(ip)
  print('waiting...')
      while True:
          data,addr=s.recvfrom(1024)                  #从 Socket 接收 1024 字节的数据
          print('received:',data,'from',addr)         #输出接收到的数据
          s.sendto(data,addr)                         #向 addr 地址发送数据
  except:
      if (s):
        s.close()
      wlan.disconnect()                               #断开 Wi-Fi
      wlan.active(False)
```

6.5 本章小结

本章详细介绍了 ESP32 开发板的网络连接开发；首先，对 ESP32 开发板的网络连接数据类型进行了介绍，并给出了 3 种开发环境下的详细开发代码；其次，对 ESP32 系统的智能配置数据类型进行了介绍，并给出了 3 种开发环境下的详细开发代码；最后，对 ESP32 开发板的网络接口进行了介绍，并给出了 3 种开发环境下的详细开发代码。

7 第 7 章 应用层技术开发

应用层协议（Application Layer Protocol，ALP）定义了不同的终端系统如何相互传递报文。应用层的层次结构如图 7-1 所示。

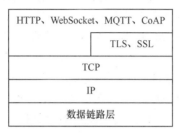

图 7-1 应用层的层次结构

应用层协议用于确定如下内容：交换的报文类型，如请求报文和响应报文；各种报文类型的语法，如报文中各个字段的公共详细描述；字段的语义，即字段中信息的含义；进程何时、如何发送报文及响应报文。应用层主要为应用程序提供网络服务，主要协议有 HTTP、WebSocket 协议、MQTT 协议等。

7.1 基于 HTTP 开发

超文本传输协议（HyperText Transfer Protocol，HTTP）是一种用于分布式、协作式和超媒体信息系统的应用层协议，是万维网数据通信的基础。其中，最著名的协议版本是 1999 年 6 月公布的 RFC 2616，它定义了广泛使用的 HTTP 1.1，其特点如下。

基于 HTTP 开发

- 无状态。协议对客户端没有状态存储，对事务处理没有"记忆"能力，例如，访问一个网站需要反复进行登录操作。
- 无连接。在 HTTP 1.1 之前，由于无状态的特点，客户端每次请求需要通过 TCP 进行 3 次握手和 4 次挥手，和服务器端重新建立连接。例如，某个客户端在短时间内多次请求同一个资源，服务器端并不能判断是否已经响应过该客户端的请求，所以每次需要重新响应请求，耗费不必要的时间和流量。
- 基于请求和响应（基本的特性）。由客户端发起请求，服务器端响应。
- 简单、快速、灵活。
- 使用明文，请求和响应不会对通信方进行确认，无法保护数据的完整性。

- HTTP 是一个客户端、服务器端请求和响应的标准。通过使用网页浏览器、网络爬虫或其他工具，客户端发送一个 HTTP 请求到服务器端上指定端口（默认端口为 80），响应的服务器端存储着一些资源，如文件和图像。

HTTP 可以在任何互联网协议或其他网络上实现。HTTP 假定其下层协议提供可靠的传输，因此，任何能够提供这种保证的协议都可以被其使用。目前 TCP/IP 是互联网上流行的协议族，因此可使用 TCP 作为其传输层，但是 HTTP 并没有规定必须使用它。

1. HTTP 工作原理

通常，HTTP 客户端发起一个请求，创建一个到服务器端指定端口（默认端口为 80）的 TCP 连接。HTTP 服务器端则在端口监听客户端的请求。一旦收到请求，服务器端会向客户端返回一个状态，如 "HTTP/1.1200OK"，以及返回的内容（如请求的文件、错误消息或其他信息）。以下是 HTTP 请求/响应的步骤。

（1）建立 TCP 连接。在 HTTP 工作开始之前，客户端首先要通过网络与服务器端建立连接，该连接是通过 TCP 来完成的。HTTP 是比 TCP 更高层次的应用层协议，根据规则，只有低层协议建立之后，才能进行高层协议的连接，因此要先建立 TCP 连接，一般 TCP 连接的使用 80 端口。

（2）客户端向服务器端发送请求。建立 TCP 连接后，客户端就会向服务器端发送请求。

（3）客户端发送请求标头信息。客户端发送请求之后，还要以标头信息的形式向服务器端发送一些其他信息，然后客户端发送一个空行来通知服务器端，该标头信息的发送已结束。

（4）服务器端响应。客户端向服务器端发出请求后，服务器端会对客户端返回响应。

（5）服务器端响应标头信息。正如客户端会随同请求发送关于自身的信息一样，服务器端也会随同响应向客户端发送关于它自己的数据及被请求的文档。

（6）服务器端向客户端发送数据。首先，服务器端向客户端发送标头信息后，会发送一个空行来表示标头信息的发送到此结束；其次，以 Content-Type 响应标头信息所描述的格式，发送用户所请求的实际数据。

（7）服务器端关闭 TCP 连接。一般情况下，一旦服务器端向客户端返回了请求的数据，就要关闭 TCP 连接。如果客户端或服务器端在其标头信息中加入了代码 Connection:keep-alive，TCP 连接将保持打开状态，于是客户端可以继续通过该连接发送请求。保持连接可节省为每个请求建立新连接所需的时间，还可节约网络带宽。

2. HTTP 请求方法

HTTP 1.1 共定义了 8 种方法（也叫"动作"），以不同方式操作指定的资源。

（1）GET：请求指定的页面信息，并返回实体主体。

（2）HEAD：类似于 GET，但返回的响应中没有具体的内容，用于获取报头。

（3）POST：向指定资源提交数据并请求处理（如提交表单或上传文件）。数据被包含在请求体中，POST 可能会导致新资源的建立或已有资源的修改。

（4）PUT：从客户端向服务器端传送的数据取代指定的文档内容。

（5）DELETE：请求服务器端删除指定的页面。

（6）CONNECT：HTTP 1.1 中预留给能够将连接改为管道方式的代理服务器端。

（7）OPTIONS：允许客户端查看服务器端的性能。

（8）TRACE：回显服务器端收到的请求，主要用于测试或诊断。

3. HTTP 状态码

所有 HTTP 响应的第一行都是状态行，依次是当前 HTTP 版本号、3 位数字组成的状态码、描述状态的短语，以空格分隔。状态码的第一位数字代表当前响应的类型。

（1）1×× ：消息——请求已被服务器端接收，继续处理。

（2）2×× ：成功——请求已成功被服务器端接收、理解并接受。

（3）3×× ：重定向——需要后续操作才能完成这一请求。

（4）4×× ：请求错误——请求含有语法错误或者无法被执行。

（5）5×× ：服务器端错误——服务器端在处理某个正确请求时发生错误。

4. URL

URL 俗称网址，学名叫作统一资源定位符（Uniform Resource Locator），是专为标识互联网上资源位置而设置的一种编址方式。URL 是对可以从互联网上得到的资源的位置和访问方法的一种简洁的表示，是互联网上标准资源的地址。互联网上的每个文件都有唯一的 URL，它包含的信息指明了文件的位置以及该如何处理该文件。

HTTP 的 URL 将从互联网获取信息的方法存储在一个简单的地址中，依次包含以下元素。

（1）传输协议为 HTTP。

（2）层级 URL 标记符号为 "//"，固定不变。

（3）访问资源需要的凭证，可省略。

（4）服务器端，一般为域名或 IP 地址。

（5）端口编号，以数字表示，默认值为 80，可省略。

（6）路径，以 "/" 分隔路径中的每一个目录名称。

（7）查询，以 "?" 开始，以 "=" 分隔参数名称与数据，一般以 UTF-8 编码。

（8）片段。以 "#" 开始。

5. HTTP 请求/响应

HTTP 请求包含 3 部分，即首行、标头、正文。

（1）首行：[方法] + [URL] + [版本]。

（2）标头：请求的属性，以冒号分隔键和值，键值对之间使用 "\n" 分隔，遇到空行表示标头结束。

（3）正文：空行后面的内容都是正文，允许为空字符串，如果正文存在则在标头中用一个 Content-Length 属性来标识正文的长度。

HTTP 响应也包含 3 部分，即首行、标头、正文。

（1）首行：[版本号] + [状态码] + [状态码解释]。

（2）标头：响应的属性，以冒号分隔键和值，键值对之间使用 "\n" 分隔，遇到空行表示标头结束。

（3）正文：空行后面的内容都是正文，允许为空字符串，如果正文存在则在标头中用一个 Content-Length 属性来标识正文的长度；如果服务器端返回了一个 HTML 页面，那么 HTML 页面内容就在正文中。

通过 Edge 浏览器打开网页，单击右上角的 3 个点，选择 "更多工具" → "开发人员工具"，出现开发人员工具窗口后，单击窗口第一行菜单栏上的 "网络"，按 "Ctrl+R" 组合键刷新，如图 7-2 所示，可以看到请求标头和响应标头。

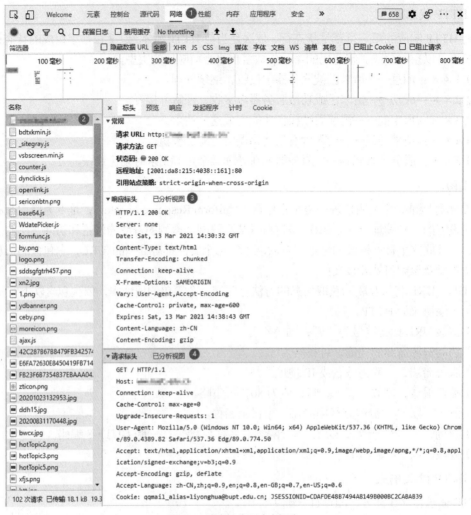

图 7-2　请求标头和响应标头

7.1.1　HTTP 服务器端数据类型定义

应用层协议是通过 HTTPD 2.2 实现的，即协议是通过具体的软件实现的。HTTPD 是 HTTP 中服务器端的程序。HTTPD 是由阿帕奇软件基金会（Apache Software Foundation，ASF）维护的开源项目之一，也是目前最为流行的网络服务器端程序之一。HTTP 服务器端的数据类型定义在 esp_http_server.h 头文件中。

1. httpd_config_t 类型

HTTP 服务器配置，是结构体类型，定义如下。

```
typedef struct httpd_config {
    unsigned task_priority;      /*运行服务器端 FreeRTOS 任务的优先级*/
    size_t stack_size;           /*服务器端任务允许的最大堆栈大小*/
    BaseType_t core_id;          /*HTTP 服务器端任务运行的核心*/
    uint16_t server_port;        /*用于接收和传输 HTTP 数据的 TCP 端口编号*/
    uint16_t ctrl_port;          /*UDP 端口编号，用于服务器端的各个组件之间异步交换控制信号*/
    uint16_t max_open_sockets;   /*连接的最大套接字/客户端数*/
```

```
    uint16_t max_uri_handlers;        /*允许最大 URI 处理程序数量*/
    uint16_t max_resp_headers;        /*HTTP 响应中允许的最大附加标头长度*/
    uint16_t backlog_conn;            /*积压连接数*/
    bool lru_purge_enable;            /*清除"最近最少使用"的连接*/
    uint16_t recv_wait_timeout;       /*接收超时(以秒为单位)*/
    uint16_t send_wait_timeout;       /*发送超时(以秒为单位)*/
    void* global_user_ctx;            /*全局用户上下文*/
    httpd_free_ctx_fn_t global_user_ctx_free_fn;   /*针对全局用户上下文释放功能*/
    void* global_transport_ctx;       /*全局传输上下文*/
    httpd_free_ctx_fn_t global_transport_ctx_free_fn; /*针对全局运输上下文释放功能*/
    httpd_open_func_t open_fn;        /*自定义会话打开回调*/
    httpd_close_func_t close_fn;      /*自定义会话关闭回调*/
    httpd_uri_match_func_t uri_match_fn;    /*URI 匹配器功能*/
} httpd_config_t;
```

2. httpd_req_t 类型

HTTP 请求数据结构,是结构体类型,定义如下。

```
typedef struct httpd_req {
    httpd_handle_t handle;  /*处理服务器端实例*/
    int method;  /*HTTP 请求的类型,如果是不受支持的方法,则为-1*/
    const char uri[HTTPD_MAX_URI_LEN + 1]; /*请求的 URI,空终止增加1字节*/
    size_t content_len; /*请求正文的长度*/
    void* aux;  /*内部使用的成员*/
    void* user_ctx;      /*在 URI 注册期间传递的用户上下文指针*/
    void* sess_ctx;      /*会话上下文指针*/
    httpd_free_ctx_fn_t free_ctx;      /*指向释放上下文挂钩的指针*/
    bool ignore_sess_ctx_changes;      /*指示是否应忽略会话上下文更改*/
} httpd_req_t;
```

3. httpd_uri_t 类型

URI 句柄,是结构体类型,定义如下。

```
typedef struct httpd_uri {
    const char * uri; /*要处理的 URI*/
    httpd_method_t method;  /*URI 支持的方法*/
    esp_err_t (* handler)(httpd_req_t * r);   /*处理程序调用支持的请求方法*/
    void* user_ctx;       /*指向处理程序可用的上下文数据的指针*/
#ifdef CONFIG_HTTPD_WS_SUPPORT
    /*用于指示 WebSocket 端点的标志,如果此标志为 True,则方法必须为 HTTP_GET;否则,握手将不被处理*/
    bool is_websocket;
#endif
} httpd_uri_t;
```

4. httpd_err_code_t 类型

在处理 HTTP 请求期间遇到错误代码时发送的 HTTP 响应,是枚举类型,定义如下。

```
Typedef enum {
    /*对于解析过程中的任何意外错误,如意外状态转换或未处理的错误*/
    HTTPD_500_INTERNAL_SERVER_ERROR = 0,
    /*对于 http_parser 不支持的方法*/
```

```
        HTTPD_501_METHOD_NOT_IMPLEMENTED,
        /*当 HTTP 版本不是 1.1 时*/
        HTTPD_505_VERSION_NOT_SUPPORTED,
        /*当 http_parser 不正确而暂停解析时*/
        HTTPD_400_BAD_REQUEST,
        /*找不到请求的 URI 时*/
        HTTPD_404_NOT_FOUND,
        /*当找到 URI，但是方法没有注册处理程序时*/
        HTTPD_405_METHOD_NOT_ALLOWED,
        /*当请求接收超时*/
        HTTPD_408_REQ_TIMEOUT,
        /*响应分块编码，当前不支持*/
        HTTPD_411_LENGTH_REQUIRED,
        /*当 URI 长度大于 CONFIG_HTTPD_MAX_URI_LEN 时*/
        HTTPD_414_URI_TOO_LONG,
        /*当标头部分长度大于 CONFIG_HTTPD_MAX_REQ_HDR_LEN 时*/
        HTTPD_431_REQ_HDR_FIELDS_TOO_LARGE,
        /*内部检索错误总数*/
        HTTPD_ERR_CODE_MAX
} httpd_err_code_t;
```

5. httpd_ws_type_t 类型

WebSocket 数据包类型（标头中的操作码），详细信息请参阅 RFC 6455，定义如下。

```
typedef enum {
        HTTPD_WS_TYPE_CONTINUE = 0x0,
        HTTPD_WS_TYPE_TEXT = 0x1,
        HTTPD_WS_TYPE_BINARY = 0x2,
        HTTPD_WS_TYPE_CLOSE = 0x8,
        HTTPD_WS_TYPE_PING = 0x9,
        HTTPD_WS_TYPE_PONG = 0xA
} httpd_ws_type_t;
```

6. httpd_ws_frame_t 类型

WebSocket 帧格式，是结构体类型，定义如下。

```
typedef struct httpd_ws_frame {
        bool final; /*最后一帧：对于接收到的帧，该字段指示是否设置了"FIN"标志；对于要传输的帧，仅在
```
分段的情况下才使用此字段选项，如果分段为假，则设置"FIN"标志。默认情况下，将 ws_frame 标记为完整/未分段的
消息（esp_http_server 不会自动对消息分段）*/
```
        bool fragmented;    /*指示分配用于传输的帧是消息片段，因此"FIN"标志是根据"final"选项手动设
```
置的，永远不会为接收到的消息设置此标志*/
```
        httpd_ws_type_t 类型;  /*WebSocket 帧类型*/
        uint8_t *payload;   /*预分配的数据缓冲区*/
        size_t len; /*WebSocket 数据的长度*/
} httpd_ws_frame_t;
```

初始化、URI 句柄、请求/响应相关描述请扫描二维码获取。

初始化等相关描述

7.1.2　HTTP 服务器端示例程序

本小节包括基于 ESP-IDF 的 VS Code、Arduino 和 MicroPython 开发环境的 3 种代码实现。

1. 基于 ESP-IDF 的 VS Code 开发环境实现

HTTP Server 组件提供了在 ESP32 上运行轻量级网络服务器端的功能。一般来说，使用 HTTP 服务器端组件 API 的步骤如下。

（1）httpd_start()：创建 HTTP 服务器端的实例，根据具体的配置为其分配内存和资源，并返回该服务器端实例的句柄。服务器端使用了两个套接字，一个用来监听 HTTP 数据（TCP 类型），另一个用来处理控制信号（UDP 类型），它们在服务器端的任务循环中轮流使用。通过向 httpd_start()传递 httpd_config_t 结构体，可以在创建服务器端实例时配置任务的优先级和堆栈的大小。TCP 数据被解析为 HTTP 请求，根据请求的 URI 调用用户注册的处理程序，在处理程序中需要往回发送 HTTP 响应数据包。

（2）httpd_register_uri_handler()：通过传入 httpd_uri_t 结构体的对象注册 URI 处理程序。该结构体的对象包括 URI、方法（如 HTTPD_GET、HTTPD_POST、HTTPD_PUT 等）、esp_err_t *handler (httpd_req_t *req)类型的函数指针、指向用户上下文数据的 user_ctx 指针。

（3）httpd_stop()：根据传入的句柄停用服务器端，并释放相关的内存和资源。这是一个阻塞函数，首先向服务器端发送停用信号，然后等待服务终止。在此期间，此函数会关闭所有已打开的连接，删除已注册的 URI 处理程序，并将所有会话的上下文数据重置为空。

使用 ESP32 进行服务器端应用是非常重要的场景，本示例使用 ESP-IDF 进行介绍，官方的源代码路径为 esp-idf/examples/protocols/http_server/simple。打开 VS Code，在 sdkconfig 文件中更新 Wi-Fi 名称和密码并保存，语句如下。

```
CONFIG_EXAMPLE_WIFI_SSID="myssid"              //设置 Wi-Fi 名称
CONFIG_EXAMPLE_WIFI_PASSWORD="mypassword"      //设置 Wi-Fi 密码
```

代码如下。

```
#include <esp_wifi.h>
#include <esp_event.h>
#include <esp_log.h>
#include <esp_system.h>
#include <nvs_flash.h>
#include <sys/param.h>
#include "nvs_flash.h"
#include "esp_netif.h"
#include "esp_eth.h"
#include "protocol_examples_common.h"
#include <esp_http_server.h>
static const char *TAG = "example";
static esp_err_t hello_get_handler(httpd_req_t *req) //HTTP GET 句柄
{
    char*  buf;
    size_t buf_len; /*获取标头长度，并分配长度+1 的内存，为终止符添加额外字节*/
    buf_len = httpd_req_get_hdr_value_len(req, "Host") + 1;
    if (buf_len > 1) {
        buf = malloc(buf_len);
        /*将以终止符结尾的字符串复制到缓冲区*/
        if (httpd_req_get_hdr_value_str(req, "Host", buf, buf_len) == ESP_OK) {
            ESP_LOGI(TAG, "Found header => Host: %s", buf);  //日志信息输出
        }
        free(buf);
    }
    buf_len = httpd_req_get_hdr_value_len(req, "Test-Header-2") + 1;  //获取字符串长度
```

```
        if (buf_len > 1) {
            buf = malloc(buf_len);    /*将以终止符结尾的字符串复制到缓冲区*/
            if (httpd_req_get_hdr_value_str(req, "Test-Header-2", buf, buf_len) == ESP_OK) {
                ESP_LOGI(TAG, "Found header => Test-Header-2: %s", buf);
            }
            free(buf);
        }
        buf_len = httpd_req_get_hdr_value_len(req, "Test-Header-1") + 1;  //获取字符串长度
        if (buf_len > 1) {
            buf = malloc(buf_len);  /*将以终止符结尾的字符串复制到缓冲区*/
            if (httpd_req_get_hdr_value_str(req, "Test-Header-1", buf, buf_len) == ESP_OK) {
                ESP_LOGI(TAG, "Found header => Test-Header-1: %s", buf);
            }
            free(buf);
        }
        /*读取 URL 查询字符串的长度，并分配长度+1 的内存，为终止符添加额外字节*/
        buf_len = httpd_req_get_url_query_len(req) + 1;
        if (buf_len > 1) {
            buf = malloc(buf_len);  /*将以终止符结尾的字符串复制到缓冲区*/
            if (httpd_req_get_url_query_str(req, buf, buf_len) == ESP_OK) {
                ESP_LOGI(TAG, "Found URL query => %s", buf);
                char param[32];
                /*从查询字符串获取期望键值*/
                if (httpd_query_key_value(buf, "query1", param, sizeof(param)) == ESP_OK) {
                    ESP_LOGI(TAG, "Found URL query parameter => query1=%s", param);
                }
                if (httpd_query_key_value(buf, "query3", param, sizeof(param)) == ESP_OK) {
                    ESP_LOGI(TAG, "Found URL query parameter => query3=%s", param);
                }
                if (httpd_query_key_value(buf, "query2", param, sizeof(param)) == ESP_OK) {
                    ESP_LOGI(TAG, "Found URL query parameter => query2=%s", param);
                }
            }
            free(buf);
        }
        /*设置定制的标头*/
        httpd_resp_set_hdr(req, "Custom-Header-1", "Custom-Value-1");
        httpd_resp_set_hdr(req, "Custom-Header-2", "Custom-Value-2");
        /*将带有自定义标头的正文设置为字符串，在用户上下文中发送响应*/
        const char* resp_str = (const char*) req->user_ctx;
        httpd_resp_send(req, resp_str, strlen(resp_str));
        /*发送响应后，旧的 HTTP 请求标头将丢失，检查是否可以读取 HTTP 请求标头*/
        if (httpd_req_get_hdr_value_len(req, "Host") == 0) {
            ESP_LOGI(TAG, "Request headers lost");
        }
        return ESP_OK;
}
static const httpd_uri_t hello = {    //针对 hello 的处理
    .uri      = "/hello",
    .method   = HTTP_GET,
    .handler  = hello_get_handler,
    /*Let's pass response string in user
     *context to demonstrate it's usage*/
    .user_ctx = "Hello World!"
```

```
};
static esp_err_t echo_post_handler(httpd_req_t *req)  /*HTTP POST 句柄*/
{
    char buf[100];
    int ret, remaining = req->content_len;
    while (remaining > 0) {              /*读取请求数据*/
        if ((ret = httpd_req_recv(req, buf,
                         MIN(remaining, sizeof(buf)))) <= 0) {
            if (ret == HTTPD_SOCK_ERR_TIMEOUT) {  /*超时后重试*/
                continue;
            }
            return ESP_FAIL;
        }
        httpd_resp_send_chunk(req, buf, ret);  /*返回同样的数据*/
        remaining -= ret;
        /*接收日志数据*/
        ESP_LOGI(TAG, "=========== RECEIVED DATA ==========");
        ESP_LOGI(TAG, "%.*s", ret, buf);
        ESP_LOGI(TAG, "===================================");
    }
    httpd_resp_send_chunk(req, NULL, 0);    //响应结束
    return ESP_OK;
}
static const httpd_uri_t echo = {  //针对 echo 的处理
    .uri      = "/echo",
    .method   = HTTP_POST,
    .handler  = echo_post_handler,
    .user_ctx = NULL
};
esp_err_t http_404_error_handler(httpd_req_t *req, httpd_err_code_t err)  //错误处理
{
    if (strcmp("/hello", req->uri) == 0) {  //针对 hello 的处理
        httpd_resp_send_err(req, HTTPD_404_NOT_FOUND, "/hello URI is not available");
        /*返回 ESP_OK 以保持底层套接字打开*/
        return ESP_OK;
    } else if (strcmp("/echo", req->uri) == 0) {  //针对 echo 的处理
        httpd_resp_send_err(req, HTTPD_404_NOT_FOUND, "/echo URI is not available");
        /*返回 ESP_FAIL 以关闭底层套接字*/
        return ESP_FAIL;
    }
    /*对于其他任何 URI，发送 404 并关闭套接字*/
    httpd_resp_send_err(req, HTTPD_404_NOT_FOUND, "Some 404 error message");
    return ESP_FAIL;
}
/*HTTP PUT 处理程序，URI 处理程序的实时注册和注销*/
static esp_err_t ctrl_put_handler(httpd_req_t *req)
{
    char buf;
    int ret;
    if ((ret = httpd_req_recv(req, &buf, 1)) <= 0) {
        if (ret == HTTPD_SOCK_ERR_TIMEOUT) {
            httpd_resp_send_408(req);
        }
```

```
                return ESP_FAIL;
        }
        if (buf == '0') {
            /*可以使用 URI 字符串注销 URI 处理程序*/
            ESP_LOGI(TAG, "Unregistering /hello and /echo URIs");
            httpd_unregister_uri(req->handle, "/hello");
            httpd_unregister_uri(req->handle, "/echo");
            /*注册自定义错误处理程序*/
            httpd_register_err_handler(req->handle, HTTPD_404_NOT_FOUND, http_404_error_
handler);
        }
        else {   //注册 hello 和 echo 的 URI
            ESP_LOGI(TAG, "Registering /hello and /echo URIs");
            httpd_register_uri_handler(req->handle, &hello);
            httpd_register_uri_handler(req->handle, &echo);
            /*取消注册自定义错误处理程序*/
            httpd_register_err_handler(req->handle, HTTPD_404_NOT_FOUND, NULL);
        }
        httpd_resp_send(req, NULL, 0);      /*以 NULL 回应*/
        return ESP_OK;
    }
    static const httpd_uri_t ctrl = {      //针对 ctrl 的处理
        .uri      = "/ctrl",
        .method   = HTTP_PUT,
        .handler  = ctrl_put_handler,
        .user_ctx = NULL
    };
    static httpd_handle_t start_webserver(void)   //开启网络服务器端
    {
        httpd_handle_t server = NULL;
        httpd_config_t config = HTTPD_DEFAULT_CONFIG();
        ESP_LOGI(TAG, "Starting server on port: '%d'", config.server_port);
        if (httpd_start(&server, &config) == ESP_OK) {    //开启 HTTPD 服务器端
            ESP_LOGI(TAG, "Registering URI handlers");         //设置 URI 句柄
            httpd_register_uri_handler(server, &hello);
            httpd_register_uri_handler(server, &echo);
            httpd_register_uri_handler(server, &ctrl);
            return server;
        }
        ESP_LOGI(TAG, "Error starting server!");
        return NULL;
    }
    static void stop_webserver(httpd_handle_t server)    //停用网络服务器端
    {
        httpd_stop(server);        //停用 HTTPD 服务器端
    }
    static void disconnect_handler(void* arg, esp_event_base_t event_base,
                                    int32_t event_id, void* event_data)
    {   //断开句柄
        httpd_handle_t* server = (httpd_handle_t*) arg;
        if (*server) {
            ESP_LOGI(TAG, "Stopping webserver");
            stop_webserver(*server);
```

```
        *server = NULL;
    }
}
static void connect_handler(void* arg, esp_event_base_t event_base,
                            int32_t event_id, void* event_data)
{   //连接句柄
    httpd_handle_t* server = (httpd_handle_t*) arg;
    if (*server == NULL) {
        ESP_LOGI(TAG, "Starting webserver");
        *server = start_webserver();
    }
}
void app_main(void)   //主函数入口
{
    static httpd_handle_t server = NULL;
    ESP_ERROR_CHECK(nvs_flash_init());
    ESP_ERROR_CHECK(esp_netif_init());
    ESP_ERROR_CHECK(esp_event_loop_create_default());
    ESP_ERROR_CHECK(example_connect());
    /*注册事件处理程序断开 Wi-Fi 或以太网时停用服务器端，并在连接后重新开启*/
#ifdef CONFIG_EXAMPLE_CONNECT_WIFI    //Wi-Fi 处理
    ESP_ERROR_CHECK(esp_event_handler_register(IP_EVENT, IP_EVENT_STA_GOT_IP, &conne
ct_handler, &server));
    ESP_ERROR_CHECK(esp_event_handler_register(WIFI_EVENT, WIFI_EVENT_STA_DISCONNECT
ED, &disconnect_handler, &server));
#endif // CONFIG_EXAMPLE_CONNECT_WIFI
#ifdef CONFIG_EXAMPLE_CONNECT_ETHERNET    //以太网处理
    ESP_ERROR_CHECK(esp_event_handler_register(IP_EVENT, IP_EVENT_ETH_GOT_IP, &conne
ct_handler, &server));
    ESP_ERROR_CHECK(esp_event_handler_register(ETH_EVENT, ETHERNET_EVENT_DISCONNECTED,
 &disconnect_handler, &server));
#endif // CONFIG_EXAMPLE_CONNECT_ETHERNET
    server = start_webserver();      /*开启服务器端*/
}
```

以上程序构建、烧录到 ESP32 开发板之后，打开串口监视器，等待客户端请求，可看到图 7-3
所示的服务器端启动结果，分配的 IP 地址为 192.168.1.5。

```
I (3596) example_connect: Got IPv6 event: Interface "example_connect: sta" address: fe80:0000:0000:0000:3e61:05ff:fe4c:3a3c, type: ESP_IP6_
ADDR_IS_LINK_LOCAL
I (4596) esp_netif_handlers: example_connect: sta ip: 192.168.1.5, mask: 255.255.255.0, gw: 192.168.1.1
I (4596) example_connect: Got IPv4 event: Interface "example_connect: sta" address: 192.168.1.5
I (4606) example_connect: Connected to example_connect: sta
I (4606) example_connect: - IPv4 address: 192.168.1.5
I (4616) example_connect: - IPv6 address: fe80:0000:0000:0000:3e61:05ff:fe4c:3a3c, type: ESP_IP6_ADDR_IS_LINK_LOCAL
I (4626) example: Starting server on port: '80'
I (4636) example: Registering URI handlers
```

图 7-3　服务器端启动结果

curl 是常用的命令行工具，作用是发出网络请求，然后得到并提取数据，解析服务器端返回的请
求。"curl" 是客户端（Client）URL 工具的意思。打开 ESP-IDF 命令行窗口并作为客户端，执行命令
curl 192.168.1.5:80/hello，ESP32 服务器端的返回信息为 "Hello World!"。

在命令行窗口中当前目录下建立测试文本文件 mytest.txt，内容为任意文本，然后执行如下命令。

```
curl -X POST --data-binary @mytest.txt 192.168.1.5:80/echo 〉 tmpfile.txt
```

echo 将 mytest.txt 文件发给服务器端，服务器端返回 tmpfile.txt 文件，两个文件存储在相同的目
录下，而且文件的内容相同。

通过以下两个命令，可以实现注销和重新注册 URI 句柄。

- curl -X PUT -d "0" 192.168.1.5:80/ctrl（可以注销 URI 句柄，不能访问 hello 和 echo）。
- curl -X PUT -d "1" 192.168.1.5:80/ctrl（重新注册 URI 句柄，可以访问 hello 和 echo）。

以上命令运行的结果如图 7-4 所示。

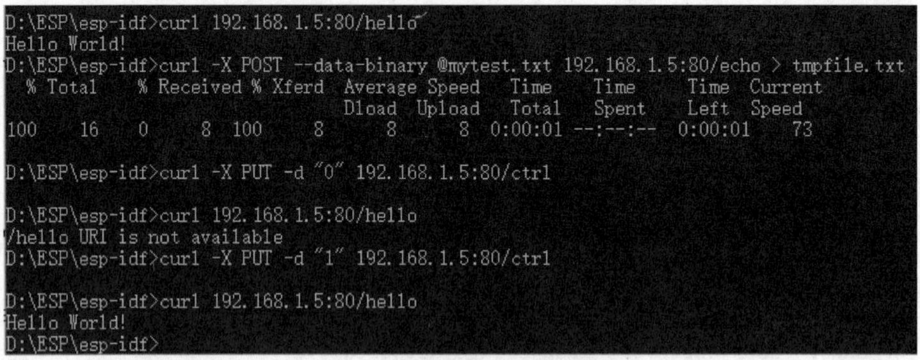

图 7-4 客户端测试服务器端返回结果

2. Arduino 开发环境实现

一个简单的 Web 服务器可以通过浏览器控制 LED。此程序将服务器端的 IP 地址输出到串行监视器，可以在浏览器中访问该地址，打开和关闭 5 号引脚上的 LED，代码如下。

```cpp
#include <WiFi.h>
const char* ssid     = "yourssid";
const char* password = "yourpasswd";
WiFiServer server(80);
void setup()
{
    Serial.begin(115200);
    pinMode(5, OUTPUT);        //设置 LED 引脚
    delay(10);
    //连接 Wi-Fi
    Serial.println();
    Serial.println();
    Serial.print("Connecting to ");
    Serial.println(ssid);
    WiFi.begin(ssid, password);
    while (WiFi.status() != WL_CONNECTED) {
        delay(500);
        Serial.print(".");
    }
    Serial.println("");
    Serial.println("WiFi connected.");
    Serial.println("IP address: ");
    Serial.println(WiFi.localIP());
    server.begin();
}
int value = 0;
void loop(){
 WiFiClient client = server.available();        //监听客户端请求
   if (client) {                                //如果有客户端请求
    Serial.println("New Client.");              //输出消息到串口监视器
```

```
String currentLine = "";                     //创建一个字符串以保存来自客户端的数据
while (client.connected()) {                  //连接客户端时，循环扫描
  if (client.available()) {                   //如果客户端有数据
    char c = client.read();                   //读取 1 字节，然后输出到串口监视器
    Serial.write(c);
    if (c == '\n') {                          //如果读取的字节是换行符
      //如果当前行为空，则连续有两个换行符。客户端 HTTP 请求结束，发送响应
      if (currentLine.length() == 0) {
        // HTTP 头一般以响应代码（如 HTTP/1.1 200 OK）
        //以内容类型为开头，以便客户端知道接下来会发生什么，然后是一个空行
        client.println("HTTP/1.1 200 OK");
        client.println("Content-Type:text/html");
        client.println();
        //HTTP 响应的内容如下
        client.print("Click <a href=\"/H\">here</a> to turn the LED on pin 5 on.<br>");
        client.print("Click <a href=\"/L\">here</a> to turn the LED on pin 5 off.<br>");
        // HTTP 响应以另一个空行结束
        client.println();
        //跳出循环
        break;
      } else {          //如果有换行符，则清除当前行
        currentLine = "";
      }
    } else if (c != '\r') {   //如果除回车符之外还有其他内容，则将其添加到当前行的末尾
      currentLine += c;
    }
    //检查客户端请求是 "GET /H" 还是 "GET /L"
    if (currentLine.endsWith("GET /H")) {
      digitalWrite(5, HIGH);                   //请求为 "GET /H"，打开 LED
    }
    if (currentLine.endsWith("GET /L")) {
      digitalWrite(5, LOW);                    //请求为 "GET /L"，关闭 LED
    }
  }
}
client.stop();          //关闭连接
Serial.println("Client Disconnected.");
}
}
```

3. MicroPython 开发环境实现

将 ESP32 设置为 AP 模式，输出分配的 IP 地址，通过手机接入 ESP32 的 Wi-Fi，在浏览器中输入 IP 地址，获取网页内容 "Hello World!"，代码如下。

```
import network
import usocket as socket   #引用 Socket 模块
#响应标头
responseHeaders = b'''
HTTP/1.1 200 OK
Content-Type: text/html
```

```
Connection: close
'''
#响应标头网页正文内容
content = b'''
Hello World!
'''
ap = network.WLAN(network.AP_IF)    #ESP32 为 AP 模式
ap.config(essid='ESP32' , authmode=4 , password='12345678')    #设置 AP 的名称和密码
ap.active(True) #开启无线热点
def main():    #定义主函数
    s = socket.socket()
    s.setsockopt(socket.SOL_SOCKET, socket.SO_REUSEADDR, 1) #（重要）设置端口释放后立即就
可以被再次使用
    s.bind(socket.getaddrinfo("0.0.0.0", 80)[0][-1])    #绑定地址
    s.listen(5)    #开启监听（最大连接数 5）
    print('接入热点后可从浏览器访问下面的地址：')
    print(ap.ifconfig()[0])
    print('')
    while True:    #在 main() 函数中进入死循环，在这里保持监听浏览器请求与对应处理
        client_sock, client_addr = s.accept()    #接收来自客户端的请求与客户端地址
        print('Client address:', client_addr)
        while True:
            h = client_sock.readline() #按行读取来自客户端的请求内容
            print(h.decode('utf8'), end='')
            if h == b'' or h == b'\r\n':    #读取到空行表示接收到完整的请求标头
                break
        client_sock.write(responseHeaders) #向客户端发送响应标头
        client_sock.write(content) #向客户端发送网页内容
        client_sock.close()
main()    #运行 main() 函数
```

7.1.3 HTTP 客户端数据类型定义

HTTP 客户端数据类型定义在 esp_http_client.h 头文件中。

1. esp_http_client_event_id_t 类型

HTTP 客户端事件 ID 类型，是枚举类型，定义如下。

```
typedef enum {
    HTTP_EVENT_ERROR = 0,                /*执行期间发生错误*/
    HTTP_EVENT_ON_CONNECTED,             /*HTTP 连接到服务器*/
    HTTP_EVENT_HEADERS_SENT,             /*发送标头事件*/
    HTTP_EVENT_HEADER_SENT = HTTP_EVENT_HEADERS_SENT, /*后向兼容*/
    HTTP_EVENT_ON_HEADER,                /*接收到服务器端发送的标头*/
    HTTP_EVENT_ON_DATA,                  /*接收到服务器端发送的数据*/
    HTTP_EVENT_ON_FINISH,                /*完成 HTTP 的会话*/
    HTTP_EVENT_DISCONNECTED,             /*断开连接*/
} esp_http_client_event_id_t;
```

2. esp_http_client_event_t 类型

HTTP 客户端事件数据类型，是结构体类型，定义如下。

```
Typedef struct esp_http_client_event {
    esp_http_client_event_id_t event_id;        /*事件 ID*/
    esp_http_client_handle_t client;            /*客户端句柄*/
    void *data;                                 /*事件的数据*/
    int data_len;                               /*数据的长度*/
    void *user_data;                            /*user_data 指针*/
    char *header_key;     /*HTTP_EVENT_ON_HEADER 事件 ID, 存储当前标头密钥*/
    char *header_value;   /*HTTP_EVENT_ON_HEADER 事件 ID, 存储当前标头值*/
} esp_http_client_event_t;
```

3. esp_http_client_transport_t 类型

HTTP 客户端传输层协议，是枚举类型，定义如下。

```
typedef enum {
    HTTP_TRANSPORT_UNKNOWN = 0x0,    /*未知*/
    HTTP_TRANSPORT_OVER_TCP,         /*TCP*/
    HTTP_TRANSPORT_OVER_SSL,         /*SSL*/
} esp_http_client_transport_t;
```

4. esp_http_client_method_t 类型

HTTP 方法定义，是枚举类型，定义如下。

```
typedef enum {
    HTTP_METHOD_GET = 0,        /*HTTP GET 方法*/
    HTTP_METHOD_POST,           /*HTTP POST 方法*/
    HTTP_METHOD_PUT,            /*HTTP PUT 方法*/
    HTTP_METHOD_PATCH,          /*HTTP PATCH 方法*/
    HTTP_METHOD_DELETE,         /*HTTP DELETE 方法*/
    HTTP_METHOD_HEAD,           /*HTTP HEAD 方法*/
    HTTP_METHOD_NOTIFY,         /*HTTP NOTIFY 方法*/
    HTTP_METHOD_SUBSCRIBE,      /*HTTP SUBSCRIBE 方法*/
    HTTP_METHOD_UNSUBSCRIBE,    /*HTTP UNSUBSCRIBE 方法*/
    HTTP_METHOD_OPTIONS,        /*HTTP OPTIONS 方法*/
    HTTP_METHOD_MAX,
} esp_http_client_method_t;
```

5. esp_http_client_auth_type_t 类型

HTTP 认证方式，是枚举类型，定义如下。

```
typedef enum {
    HTTP_AUTH_TYPE_NONE = 0,     /*无认证*/
    HTTP_AUTH_TYPE_BASIC,        /*HTTP 基本认证*/
    HTTP_AUTH_TYPE_DIGEST,       /*HTTP 摘要认证*/
} esp_http_client_auth_type_t;
```

6. esp_http_client_config_t 类型

HTTP 配置，是结构体类型，定义如下。

```
typedef struct {
    const char *url;    /*URL 信息是最重要的, 它将覆盖下面的其他字段 (如果有)*/
    const char *host;   /*域名或 IP 地址作为字符串*/
```

225

```
    int port;        /*连接的端口，默认取决于 esp_http_client_transport_t（80 或 443）*/
    const char *username;              /*用户名字符串指针，用于认证*/
    const char *password;              /*密码字符串指针，用于认证*/
    esp_http_client_auth_type_t auth_type;   /*认证类型*/
    const char *path;                  /*HTTP 路径，如果没有则使用默认路径 “/” */
    const char *query;                 /*HTTP 查询*/
    const char *cert_pem;  /*SSL 服务器认证，PEM 格式为字符串，客户端验证服务器端*/
    const char *client_cert_pem;       /*SSL 客户端认证，服务器端验证客户端*/
    const char *client_key_pem;        /*SSL 客户端密钥，服务器端要求验证客户端*/
    esp_http_client_method_t method;   /*HTTP 方法*/
    int timeout_ms;                    /*网络超时时间*/
    bool disable_auto_redirect;        /*禁用 HTTP 自动重定向*/
    int max_redirection_count;         /*最大重定向数，如果为 0，则使用默认值*/
    http_event_handle_cb event_handler;  /*HTTP 事件句柄*/
    esp_http_client_transport_t transport_type;    /*HTTP 传输层协议类型*/
    int buffer_size;                   /*HTTP 接收缓冲区大小*/
    int buffer_size_tx;                /*HTTP 发送缓冲区大小*/
    void *user_data;                   /*HTTP 用户数据指针*/
    bool is_async;                     /*设置异步模式，目前仅支持 HTTPS*/
    bool use_global_ca_store;          /*是否将全局 ca_store 用于所有连接*/
    bool skip_cert_common_name_check;  /*跳过对服务器端证书 CN 字段的任何验证*/
} esp_http_client_config_t;
```

7. HttpStatus_Code 类型

HTTP 状态码，是枚举类型，定义如下。

```
typedef enum {
    /*3××是关于重定向的*/
    HttpStatus_MovedPermanently = 301,
    HttpStatus_Found = 302,
    HttpStatus_TemporaryRedirect = 307,
    /*4××是关于请求错误的*/
    HttpStatus_Unauthorized = 401
} HttpStatus_Code;
```

esp_http_client
的 API

esp_http_client 的 API 请扫描二维码获取。

7.1.4 HTTP 客户端请求示例程序

本小节包括基于 ESP-IDF 的 VS Code、Arduino 和 MicroPython 开发环境的 3 种代码实现。

1. 基于 ESP-IDF 的 VS Code 开发环境实现

esp_http_client 提供了 API，用于从 ESP-IDF 程序发出 HTTP/HTTPS 请求，使用其进行 HTTP 请求的一般步骤如下。

（1）esp_http_client_init()：使用 HTTP 客户端，第一件事是通过使用 esp_http_client_config_t 配置传递参数创建 esp_http_client，未定义的配置将使用默认值。

（2）esp_http_client_perform()：需要使用初始化函数创建的 esp_http_client 参数。此函数执行 esp_http_client 的所有操作，打开连接、发送数据、下载数据和关闭连接（如有必要）。所有相关事件都将在 event_handle（由 esp_http_client_config_t 定义）中调用。此函数执行其工作并阻止当前任务，直到其工作完成。

（3）esp_http_client_cleanup()：完成 esp_http_client 的任务后，最后要调用的函数。它将关闭连接（如果有）并释放分配给 HTTP 客户端的所有内存。

使用 ESP32 进行客户端应用是非常重要的场景，下面对 ESP-IDF 的示例进行修改，官方的源代码路径为 esp-idf\examples\protocols\esp_http_client。打开 VS Code，在 sdkconfig 文件中更新 Wi-Fi 名称和密码并保存，语句如下。

```
CONFIG_EXAMPLE_WIFI_SSID="myssid"              //更换 Wi-Fi 名称
CONFIG_EXAMPLE_WIFI_PASSWORD="mypassword"      //更换 Wi-Fi 密码
```

代码如下。

```
#include <string.h>
#include "freertos/FreeRTOS.h"
#include "freertos/task.h"
#include "esp_system.h"
#include "esp_wifi.h"
#include "esp_event.h"
#include "esp_log.h"
#include "nvs_flash.h"
#include "protocol_examples_common.h"
#include "lwip/err.h"
#include "lwip/sockets.h"
#include "lwip/sys.h"
#include "lwip/netdb.h"
#include "lwip/dns.h"
/*定义常量*/
#define WEB_SERVER "example.com"
#define WEB_PORT "80"
#define WEB_PATH "/"
static const char *TAG = "example";
static const char *REQUEST = "GET " WEB_PATH " HTTP/1.0\r\n"
    "Host: "WEB_SERVER":"WEB_PORT"\r\n"
    "User-Agent: esp-idf/1.0 esp32\r\n"
    "\r\n";
static void http_get_task(void *pvParameters)    //GET 方法任务
{
    const struct addrinfo hints = {
        .ai_family = AF_INET,
        .ai_socktype = SOCK_STREAM,
    };
    struct addrinfo *res;
    struct in_addr *addr;
    int s, r;
    char recv_buf[64];
    while(1) {
        int err = getaddrinfo(WEB_SERVER, WEB_PORT, &hints, &res);
        if(err != 0 || res == NULL) {
            ESP_LOGE(TAG, "DNS lookup failed err=%d res=%p", err, res);
            vTaskDelay(1000 / portTICK_PERIOD_MS);
            continue;
        }
        /*输出 IP 地址*/
        addr = &((struct sockaddr_in *)res->ai_addr)->sin_addr;
        ESP_LOGI(TAG, "DNS lookup succeeded. IP=%s", inet_ntoa(*addr));
```

```
        s = socket(res->ai_family, res->ai_socktype, 0);
        if(s < 0) {
            ESP_LOGE(TAG, "... Failed to allocate socket.");
            freeaddrinfo(res);
            vTaskDelay(1000 / portTICK_PERIOD_MS);
            continue;
        }
        ESP_LOGI(TAG, "... allocated socket");
        if(connect(s, res->ai_addr, res->ai_addrlen) != 0) {
            ESP_LOGE(TAG, "... socket connect failed errno=%d", errno);
            close(s);
            freeaddrinfo(res);
            vTaskDelay(4000 / portTICK_PERIOD_MS);
            continue;
        }
        ESP_LOGI(TAG, "... connected");
        freeaddrinfo(res);
        if (write(s, REQUEST, strlen(REQUEST)) < 0) {
            ESP_LOGE(TAG, "... socket send failed");
            close(s);
            vTaskDelay(4000 / portTICK_PERIOD_MS);
            continue;
        }
        ESP_LOGI(TAG, "... socket send success");
        struct timeval receiving_timeout;
        receiving_timeout.tv_sec = 5;
        receiving_timeout.tv_usec = 0;
        if (setsockopt(s, SOL_SOCKET, SO_RCVTIMEO, &receiving_timeout,
                sizeof(receiving_timeout)) < 0) {
            ESP_LOGE(TAG, "... failed to set socket receiving timeout");
            close(s);
            vTaskDelay(4000 / portTICK_PERIOD_MS);
            continue;
        }
        ESP_LOGI(TAG, "... set socket receiving timeout success");
        /*读取 HTTP 响应*/
        do {
            bzero(recv_buf, sizeof(recv_buf));
            r = read(s, recv_buf, sizeof(recv_buf)-1);
            for(int i = 0; i < r; i++) {
                putchar(recv_buf[i]);
            }
        } while(r > 0);
        ESP_LOGI(TAG, "... done reading from socket. Last read return=%d errno=%d.",
r, errno);
        close(s);
        for(int countdown = 10; countdown >= 0; countdown--) {
            ESP_LOGI(TAG, "%d... ", countdown);
            vTaskDelay(1000 / portTICK_PERIOD_MS);
        }
        ESP_LOGI(TAG, "Starting again!");
    }
}
void app_main(void)
{
    ESP_ERROR_CHECK( nvs_flash_init() );
```

```
ESP_ERROR_CHECK(esp_netif_init());
ESP_ERROR_CHECK(esp_event_loop_create_default());
ESP_ERROR_CHECK(example_connect());
xTaskCreate(&http_get_task, "http_get_task", 4096, NULL, 5, NULL);
}
```

以上程序构建、烧录到 ESP32 开发板之后，打开串口监视器，客户端开始发送请求，输出结果如图 7-5 所示。

```
I (28666) example: Starting again!
I (28666) example: DNS lookup succeeded. IP=93.184.216.34
I (28666) example: ... allocated socket
I (28876) example: ... connected
I (28886) example: ... socket send success
I (28886) example: ... set socket receiving timeout success
HTTP/1.0 200 OK
```

图 7-5　客户端请求的输出结果

2. Arduino 开发环境实现

通过连接目标 Wi-Fi，实现对远程 URL 的访问，并输出结果，代码如下。

```
#include <WiFi.h>
const char* ssid     = " ";   //Wi-Fi 名称
const char* password = " ";   //Wi-Fi 密码
const char* host = "example.com";   //访问服务器的地址
const char* streamId   = "....................";
const char* privateKey = "....................";
void setup()
{
    Serial.begin(115200);
    delay(10);
    Serial.println();
    Serial.println();
    Serial.print("Connecting to ");
    Serial.println(ssid);
    WiFi.begin(ssid, password);   //连接 Wi-Fi 并输出 IP 地址
    while (WiFi.status() != WL_CONNECTED) {
        delay(500);
        Serial.print(".");
    }
    Serial.println("");
    Serial.println("WiFi connected");
    Serial.println("IP address: ");
    Serial.println(WiFi.localIP());
}
int value = 0;
void loop()
{
    delay(5000);
    ++value;
    Serial.print("connecting to ");
    Serial.println(host);
    WiFiClient client;     //使用 WiFiClient 类创建 TCP 连接
    const int httpPort = 80;
    if (!client.connect(host, httpPort)) {
```

```
            Serial.println("connection failed");
            return;
    }
    //创建 URL 请求
    String url = "/input/";
    url += streamId;
    url += "?private_key=";
    url += privateKey;
    url += "&value=";
    url += value;
    Serial.print("Requesting URL: ");
    Serial.println(url);
    //向服务器端发送请求
    client.print(String("GET ") + url + " HTTP/1.1\r\n" +
                 "Host: " + host + "\r\n" +
                 "Connection: close\r\n\r\n");
    unsigned long timeout = millis();
    while (client.available() == 0) {
        if (millis() - timeout > 5000) {
            Serial.println(">>> Client Timeout !");
            client.stop();
            return;
        }
    }
    //读取服务器端返回的所有行数据并在串口输出
    while(client.available()) {
        String line = client.readStringUntil('\r');
        Serial.print(line);
    }
    Serial.println();
    Serial.println("closing connection");
}
```

3. MicroPython 开发环境实现

通过连接目标 Wi-Fi，实现对远程 URL 的访问，并输出结果，代码如下。

```
import network, urequests, ujson
from utime import sleep_ms
ssid = ' '    #连接 Wi-Fi 的名称
password = ' ' #连接 Wi-Fi 的密码
url = ' http://example.com'                #测试用例
wlan = network.WLAN(network.STA_IF)        #创建站点接口
wlan.active(True)                          #激活接口
wlan.connect(ssid, password)               #连接 Wi-Fi
while not wlan.isconnected():
  print('.')
  sleep_ms(500)
print('WiFi connected')
response = urequests.get(url)
if response.status_code == 200:            #返回值 200 表示请求成功
    for i in response.text.split('\n'):    #输出 URL 的请求响应
      print(i)
      sleep_ms(10)
else:
```

```
print('Requests failed, status_code:')
print(response.status_code)
```

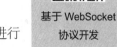

基于 WebSocket
协议开发

7.2 基于 WebSocket 协议开发

HTTP 的通信只能由客户端发起。WebSocket 是一种在单个 TCP 连接上进行全双工通信的协议。WebSocket 协议于 2011 年被因特网工程任务组（Internet Engineering Task Force，IETF）定为标准 RFC 6455，并由 RFC 7936 补充规范。WebSocket API 也被万维网联盟（World Wide Web Consortium，W3C）定为标准。

WebSocket 使得客户端和服务器端之间的数据交换变得更加简单，允许服务器端主动向客户端推送数据。在 WebSocket API 中，浏览器和服务器端只需要完成一次握手，两者之间就直接可以创建具有持久性的连接，并进行双向数据传输。

WebSocket 的最大特点是服务器端可以主动向客户端推送信息，客户端也可以主动向服务器端发送信息，是真正的双向平等对话。其特点如下：建立在 TCP 之上，服务器端的实现相对容易；对 HTTP 有着良好的兼容性，默认端口也是 80 和 443，并且握手阶段采用 HTTP，因此握手时不容易被屏蔽，能通过各种 HTTP 代理服务器端；数据格式属轻量级，性能开销小，通信高效；可以发送文本，也可以发送二进制数据；没有同源限制，客户端可以与任意服务器端通信；协议标识符是 ws（如果加密，则为 wss），服务器端网址是 URL。

WebSocket 使用和 HTTP 相同的 TCP 端口，可以绕过大多数防火墙的限制。默认情况下，WebSocket 使用 80 端口；运行在 TLS 之上时，默认使用 443 端口。WebSocket 与 HTTP 一样是基于 TCP、可靠性传输协议、应用层协议的。二者的不同点在于，WebSocket 为双向通信协议，采用模拟 Socket 接口，可以双向发送或接收信息，而 HTTP 是单向的。WebSocket 是需要握手来建立连接的。在握手时，WebSocket 数据通过 HTTP 传输，但是建立连接之后，真正传输时不需要 HTTP。

7.2.1 WebSocket 数据类型

ESP WebSocket 客户端是 WebSocket 客户端在 ESP32 上的具体实现。ESP32 可以通过 mbedtls 支持基于 TCP、SSL 的 WebSocket，易于设置 URI，并支持多个实例（一个应用程序中有多个客户端）。WebSocket 主要数据类型定义在 esp_websocket_client.h 头文件中。

1. esp_websocket_event_id_t 类型

WebSocket 客户端事件 ID，是枚举类型，定义如下。

```
typedef enum {
    WEBSOCKET_EVENT_ANY = -1,
    WEBSOCKET_EVENT_ERROR = 0,          /*执行期间发生错误*/
    WEBSOCKET_EVENT_CONNECTED,          /*连接到服务器端*/
    WEBSOCKET_EVENT_DISCONNECTED,       /*断开连接*/
    WEBSOCKET_EVENT_DATA,               /*从服务器端接收数据*/
    WEBSOCKET_EVENT_MAX
} esp_websocket_event_id_t;
```

2. esp_websocket_event_data_t 类型

WebSocket 事件数据，是结构体类型，定义如下。

```
typedef struct {
    const char *data_ptr;                     /*数据指针*/
```

```
    int data_len;                                   /*数据长度*/
    uint8_t op_code;                                /*接收的操作码*/
    esp_websocket_client_handle_t client;     /*esp_websocket_client_handle_t 类型句柄*/
    void *user_context;                             /*用户数据指针*/
    int payload_len;       /*总载荷长度，超过缓冲区的有效载荷将通过多个事件发布*/
    int payload_offset;           /*与此事件关联数据的实际偏移量*/
} esp_websocket_event_data_t;
```

3. esp_websocket_transport_t 类型

WebSocket 客户端的传输层，是枚举类型，定义如下。

```
typedef enum {
    WEBSOCKET_TRANSPORT_UNKNOWN = 0x0,    /*未知传输层*/
    WEBSOCKET_TRANSPORT_OVER_TCP,          /*TCP*/
    WEBSOCKET_TRANSPORT_OVER_SSL,          /*SSL*/
} esp_websocket_transport_t;
```

4. esp_websocket_client_config_t 类型

WebSocket 客户端设置与配置，是结构体类型，定义如下。

```
typedef struct {
    const char *uri;       /*WebSocket URI，有关 URI 的信息可以覆盖下面的其他字段*/
    const char *host;      /*域名或者 IP 地址字符串*/
    int port;              /*连接的端口，默认取决于 esp_websocket_transport_t（80 或 443）*/
    const char *username;          /*用于 HTTP 身份验证，暂时不支持*/
    const char *password;          /*用于 HTTP 身份验证，暂时不支持*/
    const char *path;              /*HTTP 路径（如果未设置），默认为 "/"*/
    bool disable_auto_reconnect;   /*断开是否自动重连*/
    void *user_context;            /*HTTP 用户数据指针*/
    int task_prio;                 /*WebSocket 任务优先级*/
    int task_stack;                /*WebSocket 任务栈*/
    int buffer_size;               /*WebSocket 缓冲区大小*/
    const char *cert_pem;       /*SSL 认证，PEM 格式为字符串，客户端要求验证
服务器端*/
    esp_websocket_transport_t transport;       /*WebSocket 传输层协议*/
    char *subprotocol;                         /*WebSocket 子协议*/
    char *user_agent;                          /*WebSocket 用户代理*/
    char *headers;                             /*WebSocket 额外标头*/
} esp_websocket_client_config_t;
```

esp_websocket_client 的 API 请扫描二维码获取。

esp_websocket _client 的 API

7.2.2 WebSocket 示例程序

我们先使用 Python 开启一个 WebSocket 服务器端，供下面的程序连接测试。首先，在 cmd 命令行输入 "pip install SimpleWebSocketServer"，安装 Python 扩展包。然后，从 GitHub 平台上下载文件包，并解压到桌面。打开 Python 编辑器，启动服务器端，运行如下代码，成功后等待客户端连接。在文件夹中找到客户端文件 websocket.html，确保服务器端、客户端的 IP 地址和端口一致，即可测试服务器端和客户端的连接是否成功并发送消息。

```
from SimpleWebSocketServer import SimpleWebSocketServer, WebSocket
class SimpleEcho(WebSocket):
```

```
    def handleMessage(self):
        # echo message back to client
        self.sendMessage(self.data)
    def handleConnected(self):
        print(self.address, 'connected')
    def handleClose(self):
        print(self.address, 'closed')
print('waiting for the incoming client...')
server = SimpleWebSocketServer('YourIP', 8000, SimpleEcho) #客户端和服务器端一致
server.serveforever()
```

本小节包括基于 ESP-IDF 的 VS Code、Arduino 和 MicroPython 开发环境的 3 种代码实现。

1. 基于 ESP-IDF 的 VS Code 开发环境实现

esp_websocket_client 提供了 API，用于从 ESP-IDF 程序发出请求。使用此 API 进行请求的一般步骤如下：定义 esp_websocket_client_config_t 类型变量，配置传递参数，创建 esp_websocket_client，未定义的配置将使用默认值；通过 esp_websocket_register_events() 函数完成事件注册；通过 esp_websocket_client_start() 函数开启请求，连接成功则开始收发数据，通过 esp_websocket_client_stop() 函数停止收发数据；通过 esp_websocket_client_destroy() 函数关闭连接（如果有），并释放分配给客户端的所有内存。

使用 ESP32 进行 WebSocket 客户端应用是非常重要的场景，下面对 ESP-IDF 框架的示例进行修改，官方的源代码路径为 esp-idf\examples\protocols\websocket。打开 VS Code，在 sdkconfig 文件中更新 Wi-Fi 名称和密码并保存，语句如下。

```
CONFIG_EXAMPLE_WIFI_SSID="myssid"            //更换 Wi-Fi 名称
CONFIG_EXAMPLE_WIFI_PASSWORD="mypassword"     //更换 Wi-Fi 密码
```

代码如下。

```
#include <stdio.h>
#include "esp_wifi.h"
#include "esp_system.h"
#include "nvs_flash.h"
#include "esp_event.h"
#include "protocol_examples_common.h"
#include "freertos/FreeRTOS.h"
#include "freertos/task.h"
#include "freertos/semphr.h"
#include "freertos/event_groups.h"
#include "esp_log.h"
#include "esp_websocket_client.h"
#include "esp_event.h"
#define NO_DATA_TIMEOUT_SEC 10               //10s 超时定义
static const char *TAG = "WEBSOCKET";
static TimerHandle_t shutdown_signal_timer;
static SemaphoreHandle_t shutdown_sema;
static void shutdown_signaler(TimerHandle_t xTimer)    //超时则关闭信号定时器
{
    ESP_LOGI(TAG, "No data received for %d seconds, signaling shutdown", NO_DATA_TIM
EOUT_SEC);
    xSemaphoreGive(shutdown_sema);
}
#if CONFIG_WEBSOCKET_URI_FROM_STDIN       //URI 从标准输入获取
static void get_string(char *line, size_t size)
```

```
    {
        int count = 0;
        while (count < size) {
            int c = fgetc(stdin);
            if (c == '\n') {
                line[count] = '\0';
                break;
            } else if (c > 0 && c < 127) {
                line[count] = c;
                ++count;
            }
            vTaskDelay(10 / portTICK_PERIOD_MS);
        }
    }
#endif /* CONFIG_WEBSOCKET_URI_FROM_STDIN */
    static void websocket_event_handler(void *handler_args, esp_event_base_t base, int32
_t event_id, void *event_data)   //WebSocket 事件句柄
    {
        esp_websocket_event_data_t *data = (esp_websocket_event_data_t *)event_data;
    //数据获取
        switch (event_id) {   //事件 ID 处理
        case WEBSOCKET_EVENT_CONNECTED:   //连接
            ESP_LOGI(TAG, "WEBSOCKET_EVENT_CONNECTED");
            break;
        case WEBSOCKET_EVENT_DISCONNECTED:   //断开
            ESP_LOGI(TAG, "WEBSOCKET_EVENT_DISCONNECTED");
            break;
        case WEBSOCKET_EVENT_DATA:   //接收数据
            ESP_LOGI(TAG, "WEBSOCKET_EVENT_DATA");
            ESP_LOGI(TAG, "Received opcode=%d", data->op_code);
            ESP_LOGW(TAG, "Received=%.*s", data->data_len, (char *)data->data_ptr);
            ESP_LOGW(TAG, "Total payload length=%d, data_len=%d, current payload offset=
%d\r\n", data->payload_len, data->data_len, data->payload_offset);
            xTimerReset(shutdown_signal_timer, portMAX_DELAY);
            break;
        case WEBSOCKET_EVENT_ERROR:   //错误
            ESP_LOGI(TAG, "WEBSOCKET_EVENT_ERROR");
            break;
        }
    }

    static void websocket_app_start(void)   //启动 WebSocket 应用
    {
        esp_websocket_client_config_t websocket_cfg = {};   //WebSocket 配置变量
        shutdown_signal_timer = xTimerCreate("Websocket shutdown timer", NO_DATA_TIMEOUT_
SEC * 1000 / portTICK_PERIOD_MS, pdFALSE, NULL, shutdown_signaler);   //创建定时器
        shutdown_sema = xSemaphoreCreateBinary();   //创建二值信号
#if CONFIG_WEBSOCKET_URI_FROM_STDIN   //URI 从标准输入获取
        char line[128];
        ESP_LOGI(TAG, "Please enter uri of websocket endpoint");
        get_string(line, sizeof(line));
        websocket_cfg.uri = line;
        ESP_LOGI(TAG, "Endpoint uri: %s\n", line);
#else
```

```
      websocket_cfg.uri = CONFIG_WEBSOCKET_URI;   //URI 从配置中获取
  #endif /* CONFIG_WEBSOCKET_URI_FROM_STDIN */
      ESP_LOGI(TAG, "Connecting to %s...", websocket_cfg.uri);      //连接并初始化
      esp_websocket_client_handle_t client = esp_websocket_client_init(&websocket_cfg);
      esp_websocket_register_events(client, WEBSOCKET_EVENT_ANY, websocket_event_handler,
(void *)client);  //注册事件
      esp_websocket_client_start(client);     //开启客户端
      xTimerStart(shutdown_signal_timer, portMAX_DELAY);   //开启定时器
      char data[32];
      int i = 0;
      while (i < 10) {  //小于 10 次，开始获取数据
          if (esp_websocket_client_is_connected(client)) {
              int len = sprintf(data, "hello %04d", i++);
              ESP_LOGI(TAG, "Sending %s", data);
              esp_websocket_client_send_text(client, data, len, portMAX_DELAY);//发送文本
          }
          vTaskDelay(1000 / portTICK_RATE_MS);   //每次延迟 1s
      }
      xSemaphoreTake(shutdown_sema, portMAX_DELAY);   //FreeRTOS 获取信号
      esp_websocket_client_stop(client);   //停用客户端
      ESP_LOGI(TAG, "Websocket Stopped");
      esp_websocket_client_destroy(client);   //释放资源
  }
  void app_main(void)   //主函数入口
  {
      ESP_LOGI(TAG, "[APP] Startup..");
      ESP_LOGI(TAG, "[APP] Free memory: %d bytes", esp_get_free_heap_size());
      ESP_LOGI(TAG, "[APP] IDF version: %s", esp_get_idf_version());
      esp_log_level_set("*", ESP_LOG_INFO);   //日志级别设置
      esp_log_level_set("WEBSOCKET_CLIENT", ESP_LOG_DEBUG);
      esp_log_level_set("TRANS_TCP", ESP_LOG_DEBUG);
      ESP_ERROR_CHECK(nvs_flash_init());   //闪存初始化
      ESP_ERROR_CHECK(esp_netif_init());   //网络接口初始化
      ESP_ERROR_CHECK(esp_event_loop_create_default());   //创建默认循环事件
  ESP_ERROR_CHECK(example_connect());   //连接网络
      websocket_app_start();   //开启 WebSocket 应用程序
  }
```

以上程序构建、烧录到 ESP32 开发板后，打开串口监视器，可看到客户端开始发送请求，如图 7-6 所示，分配的 IP 地址为 192.168.1.5，并按照程序输出客户端的第 0 次请求，总计输出 10 次请求，然后结束运行。

```
I (2606) example_connect: Got IPv6 event: Interface "example_connect: sta" address: fe80:0000:0000:0000:3e61:05ff:fe4c:3a3c, type: ESP_IP6_
ADDR_IS_LINK_LOCAL
I (3606) esp_netif_handlers: example_connect: sta ip: 192.168.1.5, mask: 255.255.255.0, gw: 192.168.1.1
I (3606) example_connect: Got IPv4 event: Interface "example_connect: sta" address: 192.168.1.5
I (3616) example_connect: Connected to example_connect: sta
I (3616) example_connect: - IPv4 address: 192.168.1.5
I (3626) example_connect: - IPv6 address: fe80:0000:0000:0000:3e61:05ff:fe4c:3a3c, type: ESP_IP6_ADDR_IS_LINK_LOCAL
I (3636) WEBSOCKET: Connecting to ws://echo.websocket.org...
I (4166) WEBSOCKET: WEBSOCKET_EVENT_CONNECTED
I (4646) WEBSOCKET: Sending hello 0000
I (5156) WEBSOCKET: WEBSOCKET_EVENT_DATA
I (5156) WEBSOCKET: Received opcode=1
W (5156) WEBSOCKET: Received=hello 0000
W (5156) WEBSOCKET: Total payload length=10, data_len=10, current payload offset=0
```

图 7-6　WebSocket 请求响应输出

235

2. Arduino 开发环境实现

需要在 GitHub 平台下载 WebSocketClient 库，通过读取目标主机的数据并在串口输出，同时读取引脚上的模拟值发送给主机，实现双向通信，代码如下。

```
#include <WiFi.h>
#include <WebSocketClient.h>
const char* ssid     = "";  //Wi-Fi 名称
const char* password = "";  //Wi-Fi 密码
char path[] = "/";        //路径
char host[] = "echo.websocket.org";    //主机地址
//实例化 WebSocketClient
WebSocketClient webSocketClient;
//使用 WiFiClient 类创建 TCP 连接
WiFiClient client;
void setup() {
  Serial.begin(115200);
  delay(10);
  //连接 Wi-Fi
  Serial.println();
  Serial.println();
  Serial.print("Connecting to ");
  Serial.println(ssid);
  WiFi.begin(ssid, password);
  while (WiFi.status() != WL_CONNECTED) {
    delay(500);
    Serial.print(".");
  }
  Serial.println("");
  Serial.println("WiFi connected");
  Serial.println("IP address: ");
  Serial.println(WiFi.localIP());
  delay(5000);
  //连接 WebSocket 服务器端
  if (client.connect("echo.websocket.org", 80)) {
    Serial.println("Connected");
  } else {
    Serial.println("Connection failed.");
    while(1) {
      //等待
    }
  }
  //与服务器端握手
  webSocketClient.path = path;
  webSocketClient.host = host;
  if (webSocketClient.handshake(client)) {
    Serial.println("Handshake successful");
  } else {
    Serial.println("Handshake failed.");
    while(1) {
      //等待
    }
  }
}
```

```
void loop() {
  String data;
  if (client.connected()) {
    //接收数据
    webSocketClient.getData(data);  //获取数据并在串口输出
    if (data.length() > 0) {
      Serial.print("Received data: ");
      Serial.println(data);
    }
    pinMode(32, INPUT);  //32 号引脚设置为输入
    data = String(analogRead(32));  //读取模拟值
    Serial.print("Sentdata:");
    Serial.println(data);
    //发送数据
    webSocketClient.sendData(data);
  } else {
    Serial.println("Client disconnected.");
  }
  delay(3000);
}
```

3. MicroPython 开发环境实现

如果程序不能导入 websocket_helper，可将以下代码存为文件 websocket_helper.py，并保存在 MicroPython 的设备上。

```python
#!/usr/bin/python
# -*- coding: utf-8 -*-
import sys
try:
    import ubinascii as binascii
except:
    import binascii
try:
    import uhashlib as hashlib
except:
    import hashlib
DEBUG = 0
def server_handshake(sock):
    clr = sock.makefile("rwb", 0)
    l = clr.readline()
    #sys.stdout.write(repr(l))
    webkey = None
    while 1:
        l = clr.readline()
        if not l:
            raise OSError("EOF in headers")
        if l == b"\r\n":
            break
        h, v = [x.strip() for x in l.split(b":", 1)]
        if DEBUG:
            print((h, v))
        if h == b'Sec-WebSocket-Key':
            webkey = v
    if not webkey:
        raise OSError("Not a websocket request")
```

```
        if DEBUG:
            print("Sec-WebSocket-Key:", webkey, len(webkey))
        respkey = webkey + b"258EAFA5-E914-47DA-95CA-C5AB0DC85B11"
        respkey = hashlib.sha1(respkey).digest()
        respkey = binascii.b2a_base64(respkey)[:-1]
        resp = b"""\ HTTP/1.1 101 Switching Protocols\r Upgrade: websocket\r Connection:
Upgrade\r Sec-WebSocket-Accept: %s\r \r """ % respkey
        if DEBUG:
            print(resp)
        sock.send(resp)
    def client_handshake(sock):
        cl = sock.makefile("rwb", 0)
        cl.write(b"""\ GET / HTTP/1.1\r Host: echo.websocket.org\r Connection: Upgrade\r
Upgrade: websocket\r Sec-WebSocket-Key: foo\r \r """)
        l = cl.readline()
        while 1:
            l = cl.readline()
            if l == b"\r\n":
                break
```

执行的主函数文件 websocket.py 代码如下。

```
#!/usr/bin/python
# -*- coding: utf-8 -*-
import socket
import websocket_helper
try:
    import network
except:
    pass
import sys
import os
try:
    import ustruct as struct
except:
    import struct
DEBUG = False
class websocket:
    def __init__(self, s):
        self.s = s
    def write(self, data):
        l = len(data)
        if l < 126:
            hdr = struct.pack(">BB", 0x82, l)
        else:
            hdr = struct.pack(">BBH", 0x82, 126, l)
        self.s.send(hdr)
        self.s.send(data)
    def recvexactly(self, sz):
        res = b""
        while sz:
            data = self.s.recv(sz)
            if not data:
                break
            res += data
            sz -= len(data)
        return res
```

```
    def read(self):
        while True:
            hdr = self.recvexactly(2)
            assert len(hdr) == 2
            firstbyte, secondbyte = struct.unpack(">BB", hdr)
            mskenable =  True if secondbyte & 0x80 else False
            length = secondbyte & 0x7f
            if DEBUG:
                print('test length=%d' % length)
                print('mskenable=' + str(mskenable))
            if length == 126:
                hdr = self.recvexactly(2)
                assert len(hdr) == 2
                (length,) = struct.unpack(">H", hdr)
            if length == 127:
                hdr = self.recvexactly(8)
                assert len(hdr) == 8
                (length,) = struct.unpack(">Q", hdr)
            if DEBUG:
                print('length=%d' % length)
            opcode =  firstbyte & 0x0f
            if opcode == 8:
                self.s.close()
                return ''
            fin = True if firstbyte&0x80 else False
            if DEBUG:
                print('fin='+str(fin))
                print('opcode=%d'%opcode)
            if mskenable:
                hdr = self.recvexactly(4)
                assert len(hdr) == 4
                (msk1,msk2,msk3,msk4) = struct.unpack(">BBBB", hdr)
                msk = [msk1,msk2,msk3,msk4]
            data = []
            while length:
                skip = self.s.recv(length)
                # debugmsg("Skip data: %s" % skip)
                length -= len(skip)
                data.extend(skip)
            newdata = []
            for i,item in enumerate(data):      #解码数据
                j = i % 4
                newdata.append(chr(data[i] ^ msk[j]))
            res = ''.join(newdata)
            return res
print('my server start...')
try:
    sta_if = network.WLAN(network.STA_IF)
    sta_if.active(True)
    sta_if.connect('Redmi_77DE','12345678')
    while True:
      if sta_if.ifconfig()[0] != '0.0.0.0':
        break
    print('succ connect wifi ap,get ipaddr:')
    print(sta_if.ifconfig())
```

```
except:
    pass
sock = socket.socket()
sock.setsockopt(socket.SOL_SOCKET, socket.SO_REUSEADDR, 1)
sock.bind(('0.0.0.0', 8000))
sock.listen(5)
print('websocket listen at 8000...')
while True:
    conn, address = sock.accept()  # 接收到 socket
    print('client connect...:')
    print(address)
    websocket_helper.server_handshake(conn)
    ws = websocket(conn)
    print('websocket connect succ')
    while True:
        text = ws.read()
        if text =='':
            break
        print(text)
```

7.3 基于 MQTT 协议开发

基于 MQTT 协议
开发

消息队列遥测传输（Message Queuing Telemetry Transport，MQTT）协议是一种基于发布/订阅（Publish/Subscribe）模式的"轻量级"通信协议，该协议构建于 TCP/IP 上，由 IBM 公司在 1999 年发布。MQTT 最大的优点在于，以极少的代码和有限的带宽，为连接远程设备提供实时、可靠的消息服务。作为一种低开销、低带宽占用的即时通信协议，其在物联网、小型设备、移动设备等方面有较广泛的应用。

MQTT 是一种基于客户-服务器体系结构的发布/订阅传输协议。MQTT 是轻量、简单、开放和易于实现的，这些特点使它适用范围非常广。MQTT 在受限的环境如机器与机器通信、物联网、通过卫星链路通信的传感器、偶尔拨号的医疗设备、智能家居及一些小型化设备中已广泛使用。其系统架构如图 7-7 所示。

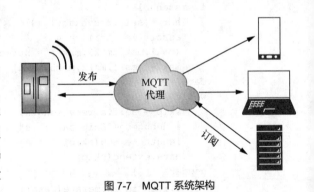

图 7-7 MQTT 系统架构

1. MQTT 开发原则

由于物联网设备的能力受限，因此 MQTT 开发应遵循以下原则：尽可能精简，不添加可有可无的功能；采用发布/订阅模式，方便消息在传感器之间传递；允许用户动态创建主题，降低运维成本；信息传输量降到最低以提高传输效率；考虑低带宽、高延迟、不稳定的网络等因素；支持物联网连续的会话控制；低计算能力，尽可能少地进行信息处理；稳定可靠，提供服务质量管理；数据类型与格式不可知，保持灵活性。

2. MQTT 工作原理

此处主要对 MQTT 的工作原理进行总结。

（1）协议实现方式。

MQTT 协议需要客户端和服务器端通信来实现，在通信过程中，MQTT 协议中有 3 种身份：发布（Publish）者、代理（Broker）、订阅（Subscribe）者。其中消息的发布者和订阅者都是客户端，消息代理是服务器端，发布者可以同时是订阅者。

MQTT 消息分为主题（Topic）和负载（Payload）两部分：主题可以理解为消息的类型，订阅者订阅后，就会收到该主题的负载；负载是指订阅者具体要使用的内容。

（2）网络传输与应用消息。

MQTT 会构建底层网络传输：它将建立客户端到服务器端的连接，提供两者之间有序的、无损的、基于字节流的双向传输。当应用数据通过 MQTT 网络发送时，MQTT 会把与之相关的服务质量（Quality of Service，QoS）和主题名（Topic Name）相关联。

（3）MQTT 客户端。

MQTT 客户端是一个使用 MQTT 协议的应用程序或者设备，建立到服务器端的网络连接。其作用包括：发布其他客户端可能会订阅的消息；订阅其他客户端发布的消息；退订或删除应用程序的消息；断开与服务器端连接。

（4）MQTT 服务器端。

MQTT 服务器端也称为"代理"，可以是一个应用程序或一台设备。它位于发布者和订阅者之间。其作用包括：接受来自客户端的网络连接；接收客户端发布的消息；处理来自客户端的订阅和退订请求；向订阅的客户端转发应用程序消息。

（5）协议中的订阅、会话等。

订阅包含主题筛选器（Topic Filter）和最大服务质量。订阅会与一个会话（Session）关联。一个会话可以包含多个订阅，其中的每个订阅都有一个不同的主题筛选器。

每个客户端与服务器端建立连接后就出现一个会话，客户端和服务器端之间有状态交互。会话可能存在于一个网络连接中，也可能在客户端和服务器端之间跨越多个连续的网络连接。

主题名是指连接到一个应用程序消息的标签，该标签与服务器端的订阅相匹配。服务器端会将消息发送给订阅所匹配标签的每个客户端。

主题筛选器采用通配符对主题名进行筛选，在订阅表达式中使用，表示订阅所匹配到的多个主题。

负载是指订阅者具体接收的内容。

（6）协议中的方法。

MQTT 协议中定义了一些方法（也叫"动作"），用于对确定资源进行操作。资源可以代表预先存在的数据或动态生成的数据，取决于服务器端的实现。通常来说，资源指服务器端的文件或输出。主要方法如下。

- Connect：等待与服务器端建立连接。
- Disconnect：等待 MQTT 客户端完成所做的工作，并与服务器端断开 TCP/IP 会话。
- Subscribe：等待完成订阅。
- UnSubscribe：等待服务器端取消客户端的一个或多个主题订阅。
- Publish：MQTT 客户端发送请求，发送完成后返回应用程序线程。

（7）协议数据包结构。

在 MQTT 协议中，一个 MQTT 数据包由固定头（Fixed Header）、可变头（Variable Header）、负载 3 个部分构成。MQTT 数据包结构如下：固定头存在于所有 MQTT 数据包中，表示数据包类型及数据包的分组类标识；可变头存在于部分 MQTT 数据包中，数据包类型决定了可变头是否存在及其具体内容；负载存在于部分 MQTT 数据包中，表示客户端收到的具体内容。

7.3.1 MQTT 数据类型

ESP32 开发板支持基于 TCP 的 MQTT。具有 mbedtls 的 SSL、基于 WebSocket 和安全 WebSocket 的 MQTT 易于设置 URI，支持多个实例（一个应用程序中有多个客户端），支持订阅、发布、身份验证、最终消息、保持连接和所有 3 个 QoS 级别（即一个功能齐全的客户端）。MQTT 主要数据类型定义在 mqtt_client.h 头文件中。

1. esp_mqtt_event_id_t 类型

MQTT 事件类型，是枚举类型，定义如下。

```
typedef enum {
    MQTT_EVENT_ANY = -1,
    MQTT_EVENT_ERROR = 0,              /*错误事件*/
    MQTT_EVENT_CONNECTED,              /*连接事件*/
    MQTT_EVENT_DISCONNECTED,           /*断开事件*/
    MQTT_EVENT_SUBSCRIBED,             /*订阅事件*/
    MQTT_EVENT_UNSUBSCRIBED,           /*取消订阅事件 */
    MQTT_EVENT_PUBLISHED,              /*发布事件*/
    MQTT_EVENT_DATA,                   /*数据事件，包括相关变量处理*/
    MQTT_EVENT_BEFORE_CONNECT,         /*该事件在连接之前发生*/
} esp_mqtt_event_id_t;
```

2. esp_mqtt_connect_return_code_t 类型

通过连接事件传播的 MQTT 连接返回码，是枚举类型，定义如下。

```
typedef enum {
    MQTT_CONNECTION_ACCEPTED = 0,          /*接收连接*/
    MQTT_CONNECTION_REFUSE_PROTOCOL,       /*错误的协议*/
    MQTT_CONNECTION_REFUSE_ID_REJECTED,    /*ID 被拒绝*/
    MQTT_CONNECTION_REFUSE_SERVER_UNAVAILABLE,  /*服务器端不可用*/
    MQTT_CONNECTION_REFUSE_BAD_USERNAME,   /*错误的用户名*/
    MQTT_CONNECTION_REFUSE_NOT_AUTHORIZED  /*错误的用户名和密码*/
} esp_mqtt_connect_return_code_t;
```

3. esp_mqtt_error_type_t 类型

通过 ERROR 事件传播的 MQTT 错误类型码，是枚举类型，定义如下。

```
typedef enum {
    MQTT_ERROR_TYPE_NONE = 0,    /*无错误*/
    MQTT_ERROR_TYPE_ESP_TLS,     /*TLS 错误*/
    MQTT_ERROR_TYPE_CONNECTION_REFUSED,  /*拒绝连接*/
} esp_mqtt_error_type_t;
```

4. esp_mqtt_transport_t 类型

MQTT 传输层的选择，是枚举类型，定义如下。

```
typedef enum {
    MQTT_TRANSPORT_UNKNOWN = 0x0,  /*未知*/
    MQTT_TRANSPORT_OVER_TCP,            /*MQTT 通过 TCP，使用 "mqtt" */
```

```
    MQTT_TRANSPORT_OVER_SSL,          /*MQTT 通过 SSL, 使用 "mqtts" */
    MQTT_TRANSPORT_OVER_WS,           /*MQTT 通过 WebSocket, 使用 "ws" */
    MQTT_TRANSPORT_OVER_WSS           /*MQTT 通过安全 WebSocket, 使用 "wss" */
} esp_mqtt_transport_t;
```

5. esp_mqtt_protocol_ver_t 类型

MQTT 协议版本, 是枚举类型, 定义如下。

```
typedef enum {
    MQTT_PROTOCOL_UNDEFINED = 0,
    MQTT_PROTOCOL_V_3_1,
    MQTT_PROTOCOL_V_3_1_1
} esp_mqtt_protocol_ver_t;
```

6. esp_mqtt_error_codes_t 类型

MQTT 错误代码, 是结构体类型, 将作为上下文信息传递到 ERROR 事件, 定义如下。

```
typedef struct esp_mqtt_error_codes { /*对于 esp_tls_last_error 的结构体兼容*/
    esp_err_t esp_tls_last_esp_err;   /*esp_tls 组件报告的最后一个 esp_err 码*/
    int esp_tls_stack_err;   /*从基础 TLS 堆栈报告的特定错误代码*/
    int esp_tls_cert_verify_flags;   /*证书验证期间从基础 TLS 堆栈报告的标志*/
    /* esp_mqtt 特定结构体扩展*/
    esp_mqtt_error_type_t error_type; /*错误类型, 引用错误源*/
    esp_mqtt_connect_return_code_t connect_return_code; /*代理连接被拒绝错误代码*/
} esp_mqtt_error_codes_t;
```

7. esp_mqtt_event_t 类型

MQTT 事件配置, 是结构体类型, 定义如下。

```
typedef struct {
    esp_mqtt_event_id_t event_id;         /*MQTT 事件类型*/
    esp_mqtt_client_handle_t client;      /*MQTT 客户端事件句柄*/
    void *user_context;                   /*从 MQTT 客户端配置传递的用户上下文*/
    char *data;                           /*事件关联的数据*/
    int data_len;                         /*事件数据长度*/
    int total_data_len;                   /*数据的总长度（较长的数据由多个事件提供）*/
    int current_data_offset;              /*与此事件关联数据的实际偏移量*/
    char *topic;                          /*与此事件相关的主题*/
    int topic_len;                        /*与此事件关联的该事件的主题长度*/
    int msg_id;                           /*MQTT 消息的消息标识 ID*/
    int session_present;                  /*连接事件的 MQTT session_present 标志*/
    esp_mqtt_error_codes_t *error_handle; /*错误句柄, 包括 TLS 错误和内部错误*/
} esp_mqtt_event_t;
```

8. esp_mqtt_client_config_t 类型

MQTT 客户端配置, 是结构体类型, 定义如下。

```
typedef struct {
    mqtt_event_callback_t event_handle;   /*MQTT 事件句柄, 作为传统模式下的回调*/
    esp_event_loop_handle_t event_loop_handle; /*MQTT 事件循环库的句柄*/
    const char *host;          /*MQTT 服务器域（IPv4 作为字符串）*/
    const char *uri;           /*完整的 MQTT 代理 URI*/
    uint32_t port;             /*MQTT 服务器端口*/
```

```
        const char *client_id;      /*默认客户端 ID 为 "ESP32_%CHIPID%"，其中%CHIPID%是 MAC 地址的后
3 字节（十六进制格式）*/
        const char *username;                /*MQTT 用户名*/
        const char *password;                /*MQTT 密码*/
        const char *lwt_topic;               /*LWT（最后遗嘱）消息主题（默认为 NULL）*/
        const char *lwt_msg;                 /*LWT 消息（默认为 NULL）*/
        int lwt_qos;                         /*LWT 消息质量*/
        int lwt_retain;                      /*LWT 保留的消息标志*/
        int lwt_msg_len;                     /*LWT 消息长度*/
        int disable_clean_session;           /*清除会话，默认 clean_session 为 True */
        int keepalive;                       /*保持活动状态，默认 120s*/
        bool disable_auto_reconnect;         /*是否自动重新连接*/
        void *user_context;                  /*将用户上下文传递给此选项*/
        int task_prio;                       /*MQTT 任务优先级，默认值为 5，可配置*/
        int task_stack;                      /*MQTT 任务堆栈大小，默认为 6144 字节，可配置*/
        int buffer_size;                     /*MQTT 发送/接收缓冲区的大小，默认为 1024 字节*/
        const char *cert_pem;                /*指向用于服务器端验证的证书数据的指针，默认为 NULL*/
        size_t cert_len;                     /*cert_pem 指向缓冲区的长度，以 NULL 终止的可能为 0*/
        const char *client_cert_pem;         /*指向 SSL 相互认证的指针，默认为 NULL*/
        size_t client_cert_len;              /*client_cert_pem 指向缓冲区长度，以 NULL 终止的可能为 0*/
        const char *client_key_pem;          /*指向 SSL 相互认证的私钥数据的指针，默认为 NULL*/
        size_t client_key_len;               /*client_key_pem 指向缓冲区长度，以 NULL 终止的可能为 0*/
        esp_mqtt_transport_t transport;      /*覆盖 URI 传输层*/
        int refresh_connection_after_ms;     /*此时间后刷新连接（以毫秒为单位）*/
        const struct psk_key_hint* psk_hint_key;   /*PSK 结构的指针，启用 PSK 验证*/
        bool use_global_ca_store;            /*将全局 ca_store 用于设置该布尔值的所有连接*/
        int reconnect_timeout_ms;            /*未禁用自动重新连接，则在此时间后重新连接到代理（以
毫秒为单位）*/
        const char **alpn_protos;            /*以 NULL 终止的 ALPN 支持的应用程序协议列表*/
        const char *clientkey_password;      /*客户端密钥解密字符串 */
        int clientkey_password_len;          /*clientkey_password 指向的密码的字符串长度*/
        esp_mqtt_protocol_ver_t protocol_ver; /*MQTT 用于连接的协议版本*/
        int out_buffer_size;                 /*MQTT 输出缓冲区的大小*/
        bool skip_cert_common_name_check;    /*跳过证书的任何验证，会降低
TLS 安全性*/
        bool use_secure_element;             /*启用安全元素以启用 SSL 连接*/
        void *ds_data;                       /*数字签名参数的句柄载体*/
    } esp_mqtt_client_config_t;
```

mqtt_client 的 API

　　MQTT 的主要 API 定义在 mqtt_client.h 头文件中，相关功能总结请扫描二维码获取。

7.3.2 MQTT 示例程序

　　物联网蓬勃发展的当下，MQTT 得到了广泛应用，多数物联网平台均使用该协议。MQTT 实际上是一个开源协议，开发者可以用它建立自己的服务器端。ESP32 开发板更多的应用场景是作为设备联网。本书以客户端为例介绍 MQTT 远程访问方法。

下面对 ESP-IDF 的示例进行修改，官方的源代码路径为 esp-idf\examples\protocols\ mqtt\tcp。

1.　基于 ESP-IDF 的 VS Code 开发环境实现

打开 VS Code，在 sdkconfig 文件中更新 Wi-Fi 名称和密码并保存，语句如下。

```
CONFIG_BROKER_URL="mqtt://test.mosquitto.org"
CONFIG_EXAMPLE_WIFI_SSID="myssid"                //更换 Wi-Fi 名称
CONFIG_EXAMPLE_WIFI_PASSWORD="mypassword"        //更换 Wi-Fi 密码
```

代码如下。

```c
#include <stdio.h>
#include <stdint.h>
#include <stddef.h>
#include <string.h>
#include "esp_wifi.h"
#include "esp_system.h"
#include "nvs_flash.h"
#include "esp_event.h"
#include "esp_netif.h"
#include "protocol_examples_common.h"
#include "freertos/FreeRTOS.h"
#include "freertos/task.h"
#include "freertos/semphr.h"
#include "freertos/queue.h"
#include "lwip/sockets.h"
#include "lwip/dns.h"
#include "lwip/netdb.h"
#include "esp_log.h"
#include "mqtt_client.h"
//#define CONFIG_BROKER_URL_FROM_STDIN 1 如果定义，运行时输入链接地址
static const char *TAG = "MQTT_EXAMPLE";
static esp_err_t mqtt_event_handler_cb(esp_mqtt_event_handle_t event)    //事件句柄回调程序
{
    esp_mqtt_client_handle_t client = event->client;
    int msg_id;
    // your_context_t *context = event->context;
    switch (event->event_id) {   //根据事件 ID，执行相关分支
        case MQTT_EVENT_CONNECTED:
            ESP_LOGI(TAG, "MQTT_EVENT_CONNECTED");
            msg_id = esp_mqtt_client_publish(client, "/topic/qos1", "data_3", 0, 1, 0);
            ESP_LOGI(TAG, "sent publish successful, msg_id=%d", msg_id);
            msg_id = esp_mqtt_client_subscribe(client, "/topic/qos0", 0);
            ESP_LOGI(TAG, "sent subscribe successful, msg_id=%d", msg_id);
            msg_id = esp_mqtt_client_subscribe(client, "/topic/qos1", 1);
            ESP_LOGI(TAG, "sent subscribe successful, msg_id=%d", msg_id);
            msg_id = esp_mqtt_client_unsubscribe(client, "/topic/qos1");
            ESP_LOGI(TAG, "sent unsubscribe successful, msg_id=%d", msg_id);
            break;
        case MQTT_EVENT_DISCONNECTED:
            ESP_LOGI(TAG, "MQTT_EVENT_DISCONNECTED");
            break;
        case MQTT_EVENT_SUBSCRIBED:
            ESP_LOGI(TAG, "MQTT_EVENT_SUBSCRIBED, msg_id=%d", event->msg_id);
            msg_id = esp_mqtt_client_publish(client, "/topic/qos0", "data", 0, 0, 0);
            ESP_LOGI(TAG, "sent publish successful, msg_id=%d", msg_id);
```

```
                        break;
            case MQTT_EVENT_UNSUBSCRIBED:
                ESP_LOGI(TAG, "MQTT_EVENT_UNSUBSCRIBED, msg_id=%d", event->msg_id);
                break;
            case MQTT_EVENT_PUBLISHED:
                ESP_LOGI(TAG, "MQTT_EVENT_PUBLISHED, msg_id=%d", event->msg_id);
                break;
            case MQTT_EVENT_DATA:
                ESP_LOGI(TAG, "MQTT_EVENT_DATA");
                printf("TOPIC=%.*s\r\n", event->topic_len, event->topic);
                printf("DATA=%.*s\r\n", event->data_len, event->data);
                break;
            case MQTT_EVENT_ERROR:
                ESP_LOGI(TAG, "MQTT_EVENT_ERROR");
                break;
            default:
                ESP_LOGI(TAG, "Other event id:%d", event->event_id);
                break;
        }
        return ESP_OK;
    }
    static void mqtt_event_handler(void *handler_args, esp_event_base_t base, int32_t
event_id, void *event_data) {    //事件句柄处理程序
        ESP_LOGD(TAG, "Event dispatched from event loop base=%s, event_id=%d", base, event_id);
        mqtt_event_handler_cb(event_data);
    }
    static void mqtt_app_start(void)    //应用开启
    {
        esp_mqtt_client_config_t mqtt_cfg = {
            .uri = CONFIG_BROKER_URL,        //使用在 sdkconfig 中设置的链接地址
        };
#if CONFIG_BROKER_URL_FROM_STDIN    //如果定义了键盘输入
        char line[128];
        if (strcmp(mqtt_cfg.uri, "FROM_STDIN") == 0) {
            int count = 0;
            printf("Please enter url of mqtt broker\n");
            while (count < 128) {
                int c = fgetc(stdin);
                if (c == '\n') {
                    line[count] = '\0';
                    break;
                } else if (c > 0 && c < 127) {
                    line[count] = c;
                    ++count;
                }
                vTaskDelay(10 / portTICK_PERIOD_MS);
            }
            mqtt_cfg.uri = line;
            printf("Broker url: %s\n", line);
        } else {
            ESP_LOGE(TAG, "Configuration mismatch: wrong broker url");
            abort();
        }
#endif /* CONFIG_BROKER_URL_FROM_STDIN */
        esp_mqtt_client_handle_t client = esp_mqtt_client_init(&mqtt_cfg); //定义客户端并注册
```

```
    esp_mqtt_client_register_event(client, ESP_EVENT_ANY_ID, mqtt_event_handler, client);
    esp_mqtt_client_start(client);    //开启客户端
}
void app_main(void)    //主程序入口
{
    ESP_LOGI(TAG, "[APP] Startup..");    //信息日志输出设置
    ESP_LOGI(TAG, "[APP] Free memory: %d bytes", esp_get_free_heap_size());
    ESP_LOGI(TAG, "[APP] IDF version: %s", esp_get_idf_version());
    esp_log_level_set("*", ESP_LOG_INFO);
    esp_log_level_set("MQTT_CLIENT", ESP_LOG_VERBOSE);
    esp_log_level_set("MQTT_EXAMPLE", ESP_LOG_VERBOSE);
    esp_log_level_set("TRANSPORT_TCP", ESP_LOG_VERBOSE);
    esp_log_level_set("TRANSPORT_SSL", ESP_LOG_VERBOSE);
    esp_log_level_set("TRANSPORT", ESP_LOG_VERBOSE);
    esp_log_level_set("OUTBOX", ESP_LOG_VERBOSE);
    ESP_ERROR_CHECK(nvs_flash_init());        //初始化闪存
    ESP_ERROR_CHECK(esp_netif_init());        //初始化网络接口
    ESP_ERROR_CHECK(esp_event_loop_create_default());    //创建默认循环任务
    ESP_ERROR_CHECK(example_connect());    //连接网络
    mqtt_app_start();    //开启应用
}
```

以上程序构建、烧录到 ESP32 开发板后，打开串口监视器，可看到图 7-8 所示的 MQTT 请求返回结果。

```
I (4589) MQTT_EXAMPLE: MQTT_EVENT_CONNECTED
I (4589) MQTT_EXAMPLE: sent publish successful, msg_id=38931
I (4589) MQTT_EXAMPLE: sent subscribe successful, msg_id=32162
I (4589) MQTT_EXAMPLE: sent subscribe successful, msg_id=25138
I (4599) MQTT_EXAMPLE: sent unsubscribe successful, msg_id=33076
I (4879) MQTT_EXAMPLE: MQTT_EVENT_PUBLISHED, msg_id=38931
I (5089) MQTT_EXAMPLE: MQTT_EVENT_SUBSCRIBED, msg_id=32162
I (5089) MQTT_EXAMPLE: sent publish successful, msg_id=0
I (5089) MQTT_EXAMPLE: MQTT_EVENT_DATA
TOPIC=/topic/qos0
DATA={"onoff":true,"uni_adr":8194}
I (5099) MQTT_EXAMPLE: MQTT_EVENT_SUBSCRIBED, msg_id=25138
I (5109) MQTT_EXAMPLE: sent publish successful, msg_id=0
I (5109) MQTT_EXAMPLE: MQTT_EVENT_DATA
TOPIC=/topic/qos1
DATA={"onoff":true,"uni_adr":8194}
I (5119) MQTT_EXAMPLE: MQTT_EVENT_UNSUBSCRIBED, msg_id=33076
I (5299) MQTT_EXAMPLE: MQTT_EVENT_DATA
TOPIC=/topic/qos0
DATA=data
I (5569) MQTT_EXAMPLE: MQTT_EVENT_DATA
TOPIC=/topic/qos0
DATA=data
```

图 7-8　MQTT 请求返回结果

2. Arduino 开发环境实现

实现 ESP32 开发板与远程服务器端的通信。下载本地测试服务器 EMQX，选择适合自己操作系统的版本，以 Windows 操作系统为例，可使用 v3.1.0 版本，下载后解压到文件夹。使用 cmd 命令进入\bin 目录，运行 "emqx start" 启动服务器端，在浏览器中输入 "http://<服务器 IP 地址或域名>:18083" 进行访问，以用户名 admin 和密码 public 登录。Arduino 开发环境实现客户端，代码如下。

```
#include<WiFi.h>
#include<PubSubClient.h>                        //在管理库中下载
const char*ssid ="";                           //ESP32 连接的 Wi-Fi 名称
const char*password = "";                       //Wi-Fi 密码
const char*mqttServer = "";                     //要连接到的服务器 IP 地址
```

```
        const int mqttPort =1883;                      //要连接到的服务器端口
        const char*mqttUser = "admin";                 //MQTT 服务器账号
        const char*mqttPassword = "public";            //MQTT 服务器密码

        WiFiClient espClient;                          //定义 WiFiClient 实例
        PubSubClient client(espClient);                //定义 PubSubClient 实例
        void callback(char*topic, byte* payload, unsigned int length)
        {
            Serial.print("来自订阅的主题:");            //串口输出"来自订阅的主题:"
            Serial.println(topic);                      //串口输出订阅的主题
            Serial.print("信息: ");                     //串口输出"信息:"
            for (int i = 0; i< length; i++)             //使用循环输出接收到的信息
            {
                Serial.print((char)payload[i]);
            }
            Serial.println();
            Serial.println("-----------------------");
        }
        void setup()
        {
            Serial.begin(115200);                           //串口函数，波特率设置
            while (WiFi.status() != WL_CONNECTED)           //若 Wi-Fi 接入成功
            {
                Serial.println("连接 Wi-Fi 中");            //串口输出"连接 Wi-Fi 中"
                WiFi.begin(ssid,password);                  //接入 Wi-Fi 函数（Wi-Fi 名称、密码）
                delay(2000);                                //若尚未连接 Wi-Fi，则进行重连 Wi-Fi 的循环
            }
            Serial.println("Wi-Fi 连接成功");   //连接 Wi-Fi 成功之后会跳出循环,串口输出"Wi-Fi 连接成功"
            client.setServer(mqttServer,mqttPort);//MQTT 服务器连接函数（服务器 IP 地址、端口）
            client.setCallback(callback);              //设定回调方式，ESP32 收到订阅消息时会调用此方法
            while (!client.connected())                //是否连接上 MQTT 服务器
            {
                Serial.println("连接服务器中");         //串口输出"连接服务器中"
                if (client.connect("ESP32Client",mqttUser, mqttPassword )) //如果服务器连接成功
                {
                    Serial.println("服务器连接成功");         //串口输出"服务器连接成功"
                }
                else
                {
                    Serial.print("连接服务器失败");          //串口输出"连接服务器失败"
                    Serial.print(client.state());          //重新连接函数
                    delay(2000);
                }
            }
            client.subscribe("ESP32");                  //连接 MQTT 服务器后订阅主题
            Serial.print("已订阅主题，等待主题消息……");    //串口输出"已订阅主题，等待主题消息……"
            client.publish("/World","Hello from ESP32"); //向服务器端发送的信息（主题、内容）
        }

        void loop()
```

```
{
    client.loop();                              //回旋接收函数，等待服务器端返回的数据
}
```

3. MicroPython 开发环境实现

通过 ESP32 开发板与远程服务器端通信，代码如下。

```python
from umqtt.simple import MQTTClient
from machine import Pin
from utime import sleep_ms
import network
SSID = ''
PASSWORD = ''
led = Pin(2, Pin.OUT, value = 0)
SERVER = 'yourMQTTSever'         #MQTT 服务器端地址
PORT = 'yourMQTTSeverPort'       #MQTT 服务器端口
CLIENT_ID = 'yourClientID'       #MQTT 客户端 ID
TOPIC = b"yourTOPIC"             #订阅主题
username='yourIotUserName'       #可选，用户名
password='yourIotPassword'       #可选，用户密码
state = 0
c = None
def sub_cb(topic, msg):
    global state
    print((topic, msg))
    if msg == b"on":             #点亮
        state = 1
    elif msg == b"off":          #关闭
        state = 0
    elif msg == b"toggle":       #翻转
        state = 1 - state
    else:
        return
    led.value(state)
    print(state)
def connectWifi(ssid,passwd):
    global wlan
    wlan=network.WLAN(network.STA_IF)           #实例化 WLAN
    wlan.active(True)                           #激活网络接口
    wlan.disconnect()                           #断开现有连接
    wlan.connect(ssid,passwd)                   #连接 Wi-Fi
    while(wlan.ifconfig()[0] == '0.0.0.0'):
        print('.')
        sleep_ms(500)
    print('WiFi connected')
connectWifi(SSID, PASSWORD)     #连接 Wi-Fi
#捕获异常，如果在 "try" 中意外中断，则停止执行程序
try:
    c = MQTTClient(CLIENT_ID, SERVER, PORT) #实例化 MQTT 客户端
    #c = MQTTClient(CLIENT_ID, SERVER, PORT, username, password)
    c.set_callback(sub_cb)                      #设置回调函数
    c.connect()                                 #连接 MQTT 服务器端
```

```
    c.subscribe(TOPIC)                                    #客户端订阅一个主题
    print("Connected to %s, subscribed to %s topic" % (SERVER, TOPIC))
    while True:
      c.wait_msg()                                        #等待消息
finally:
    if(c is not None):
      c.disconnect()
    wlan.disconnect()
    wlan.active(False)
```

7.4 本章小结

本章详细介绍了 ESP32 开发板的应用层技术开发：首先，对 ESP32 开发板基于 HTTP 开发进行了介绍，并给出了 3 种开发环境下的详细开发代码；其次，对 ESP32 开发板基于 WebSocket 协议开发进行了介绍，并给出了 3 种开发环境下的详细开发代码；最后，对 ESP32 开发板基于 MQTT 协议开发进行了介绍，并给出了 3 种开发环境下的详细开发代码。

第8章 蓝牙技术开发

8

蓝牙技术是一种无线数据与语音通信的开放性全球规范技术，它以低成本的近距离无线连接为基础，为固定设备与移动设备通信环境建立一个特别连接。其实质是为固定设备或移动设备之间的通信环境建立通用的无线电空中接口，将通信技术与计算机技术进一步结合起来，使各种设备在没有用电线或电缆相互连接的情况下，能在近距离范围内实现相互通信或操作。蓝牙工作在全球通用的 2.4GHz（工业、科学、医学）频段，使用 IEEE 802.15 标准。蓝牙技术作为一种新兴的短距离无线通信技术，推动了低速率无线个人区域网的发展。

8.1 蓝牙协议基础

蓝牙是物联网接入采用的重要方法之一。蓝牙协议规定了两个层次，分别为蓝牙核心协议和蓝牙应用层协议。蓝牙核心协议是对蓝牙技术本身的规范，主要包括控制器（Controller）和主机（Host），不涉及其应用方式；蓝牙应用层协议是在蓝牙核心协议的基础上，根据具体的应用需求定义出的特定策略。蓝牙协议栈如图 8-1 所示。

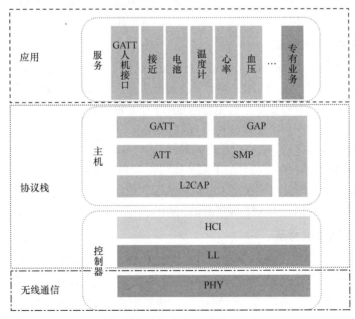

图 8-1　蓝牙协议栈

1. 物理层

物理（Physical，简称 PHY）层实现 1Mbit/s 自适应跳频的高斯频移键控（Gaussian Frequency-Shift Keying，GFSK）射频，工作于免许可证的 2.4GHz 频段。

2. 链路层

链路层（Link Layer，LL）用于控制设备的射频状态，设备将处于 5 种状态之一：等待、广告、扫描、初始化、连接。广播设备不需要建立连接就可以发送数据，而扫描设备接收广播设备发送的数据。发起连接的设备发送连接请求，回应广播设备。如果广播设备接收连接请求，那么广播设备与发起连接的设备将会进入连接状态。发起连接的设备称为主机，接收连接的设备称为从机。

3. 主机控制接口层

主机控制接口（Host Controller Interface，HCI）层为主机和控制器提供标准通信接口。主机控制接口可以是软件或者硬件接口，如 UART 接口、SPI 接口、USB 接口等。

4. 逻辑链路控制和适配协议层

逻辑链路控制和适配协议（Logical Link Control and Adaptation Protocol，L2CAP）层为上层提供数据封装服务，允许逻辑上的点对点数据通信。

5. 安全管理协议层

安全管理协议（Security Manage Protocol，SMP）层定义了配对和密钥分配方式，并为协议栈其他层与另一个设备之间的安全连接和数据交换提供服务。

6. 属性协议层

属性协议（Attribute Protocol，简称 ATT）层允许设备向另一个设备展示一块特定的数据，即"属性"。在 ATT 环境中，展示"属性"的设备称为服务器端，与之配对的设备称为客户端。链路层状态（主机和从机）与设备的 ATT 角色是相互独立的。例如，主机既可以是 ATT 服务器端，也可以是 ATT 客户端；从机既可以是 ATT 服务器端，也可以是 ATT 客户端。

7. 通用属性配置文件层

通用属性配置文件（Generic Attribute Profile，简称 GATT）层定义使用 ATT 的服务框架，规定配置文件（Profile）的结构。在 BLE 中，所有被配置文件或者服务用到的数据块称为"特性"，两个建立连接的设备之间的所有数据通信都通过 GATT 子程序处理。GATT 层用于已连接蓝牙设备之间的数据通信，应用程序和配置文件直接使用 GATT 层。

两个设备建立连接之后，它们就扮演两种角色之一：GATT 服务器端（为 GATT 客户端提供数据服务的设备），GATT 客户端（从 GATT 服务器端读/写应用数据的设备）。

注意：GATT 角色与链路层状态（主机和从机）相互独立，与 ATT 角色也相互独立。主机既可以是 GATT 客户端也可以是 GATT 服务器端，从机既可以是 GATT 客户端也可以是 GATT 服务器端。

8. 通用访问配置文件层

通用访问配置文件（Generic Access Profile，GAP）层负责处理设备访问模式和程序，包括设备发现、建立连接、终止连接、初始化安全特性和设备配置。GAP 层扮演 4 种角色之一：广播者（不可连接的广播设备），观察者（扫描设备，但不发起建立连接），外设（可连接的广播设备，可以在单个链路层连接中作为从机），集中器（扫描广播设备并发起连接，可以在单个链路层连接中作为主机）。

外设广播特定的数据使集中器知道它是一个可以连接的设备。广播内容包括设备地址以及一些额外的数据，如设备名等，也可以是自定义的数据，只要满足广播数据中广告的格式即可。集中器收到广播数据后向外设发送扫描请求，外设将特定的数据回应给集中器，称为扫描回应。集中器收到扫描回应后便知道这是一个可以建立连接的外设。这就是设备发现的全过程。此时集中器可以向外设发起建立连接的请求，连接请求包括一些连接参数。

9. BT 与 BLE 的区别

当前的蓝牙协议分为基础率/增强数据率和低功耗两种技术类型。经典蓝牙统称为 BT，低功耗蓝牙称为 BLE。

BT 泛指支持蓝牙 4.0 以下协议的模块，一般用于数据量比较大的传输。经典蓝牙模块可再细分为传统蓝牙模块和高速蓝牙模块。传统蓝牙模块在 2004 年推出，其代表是支持蓝牙 2.1 协议的模块，在智能手机"爆发"的时期得到广泛应用；高速蓝牙模块在 2009 年推出，数据传输率提高到约 24Mbit/s，约是传统蓝牙模块的 8 倍。

BLE 指支持蓝牙 4.0 及以上协议的模块，最大的特点是功耗的降低。BLE 技术采用可变连接时间间隔，这个间隔根据具体应用可以设置为几毫秒到几秒不等。另外，BLE 技术由于采用非常快速的连接方式，因此可以处于"非连接"状态（节省能源），此时链路两端仅能知晓对方，必要时可以在尽可能短的时间内开启或关闭链路。

BLE 的客户端请求数据服务时，可以主动搜索并连接附近的服务器端。服务器端提供数据服务，不需要进行主动设置，只要开启广播就可以被附近的客户端搜索到。服务器端提供特征对数据进行封装，多个特征组成服务。服务是 BLE 的基本应用。如果某个服务是蓝牙联盟定义的标准服务，也可以称其为配置文件。

8.2 ESP32 蓝牙架构

ESP32 蓝牙架构

ESP32 支持双模蓝牙，即同时支持 BT 和 BLE ESP32 蓝牙架构整体上与蓝牙协议栈是一致的，可分为蓝牙控制器和蓝牙主机两大部分：蓝牙控制器包括物理层、基带、链路控制管理、设备管理和人机交互等模块，可用于硬件接口管理、链路管理等；蓝牙主机则包括 L2CAP、SMP、SDP、ATT、GATT、GAP 以及各种规范，构建了向应用层提供接口的基础，方便应用层对蓝牙系统的访问。

8.2.1 蓝牙应用结构

ESP32 蓝牙主机可以与蓝牙控制器运行在同一个宿主上，也可以分布在不同的宿主上。图 8-2 所示为 ESP32 蓝牙主机与蓝牙控制器的关系。ESP32 上，HCI 在同一时间只能使用一个 I/O 接口，如使用 UART，则放弃虚拟主机控制接口（Virtual Host Controller Interface，VHCI）、SDIO 等其他 I/O 接口。ESP32 蓝牙主机主要有 3 个使用场景。

（1）场景 1（ESP-IDF 默认）：在 ESP32 系统上，选择 Bluedroid 为蓝牙主机，并通过 VHCI 访问蓝牙控制器。此场景下，Bluedroid 和蓝牙控制器运行在同一宿主上（即 ESP32 芯片），不需要额外连接运行蓝牙主机的 PC 或其他主机设备。

（2）场景 2：在 ESP32 上运行蓝牙控制器（此时设备将单纯作为蓝牙控制器使用），外接一个运行蓝牙主机的设备（如运行 BlueZ 的 Linux PC、运行 Bluedroid 的 Android 手机等）。此场景下，蓝牙控制器和蓝牙主机运行在不同宿主上，与手机、平板电脑、PC 的使用方式类似。

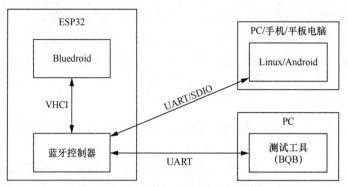

图 8-2　ESP32 蓝牙主机与控制器的关系

（3）场景 3：此场景与场景 2 类似，特别之处在于，在进行蓝牙认证（Bluetooth Qualification Body，BQB）或其他认证时，可以将 ESP32 作为被测器件，用 UART 作为 I/O 接口，连接作为测试工具的 PC，即可完成认证。

ESP-IDF 的默认运行环境为双核 FreeRTOS，ESP32 蓝牙可按照功能分为多个任务运行，不同任务的优先级不同，其中优先级最高的是运行蓝牙控制器的任务。蓝牙控制器任务对实时性的要求较高，在 FreeRTOS 中的优先级仅次于 IPC 任务（IPC 任务用于双核 CPU 的进程间通信）。Bluedroid（ESP-IDF 默认蓝牙主机）共包含 4 个任务，分别运行 BTC、BTU、HCI UPWARD 及 HCI DOWNWARD。

ESP32 的蓝牙控制器同时支持 BT 和 BLE，支持蓝牙 4.2 及以上版本。蓝牙控制器中主要集成了 H4 协议、链路管理、链路控制、设备管理、人机接口等功能。这些功能都以库的形式提供给开发者，并提供一些 API 用来访问蓝牙控制器。

在 ESP-IDF 中，经过大量修改的 Bluedroid 被作为蓝牙主机。Bluedroid 拥有较为完善的功能，支持常用的架构设计，同时也较为复杂。经过修改，Bluedroid 保留了蓝牙主机的大多数控制层。

ESP32 经典蓝牙主机协议栈源于 Bluedroid，后经过改良以配合嵌入式系统的应用。在底层中，蓝牙主机协议栈通过 VHCI 与蓝牙双模控制器进行通信；在上层中，蓝牙主机协议栈为用户应用程序提供用于协议栈管理和规范的 API。协议栈一方面定义了特定功能的消息格式和过程，如数据传输、链路控制、安全服务和服务信息交换等；另一方面定义了蓝牙系统中从 PHY 到 L2CAP 及核心规范外的其他协议所需的功能和特性。

8.2.2　ESP32 BLE

本小节介绍 ESP32 BLE 的通用访问规范、属性协议、通用属性规范及建立 GATT 服务等。

1. 通用访问规范

GAP 定义了 BLE 设备的发现流程、设备管理和设备连接的建立。BLE 的 GAP 采用 API 调用和事件（Event）返回的设计模式，通过事件返回来获取 API 在协议栈的处理结果。当对端设备主动发起请求时，也通过事件返回获取对端设备的状态。BLE 设备定义了以下 4 类 GAP 层角色。

（1）广播者：通过发送广播让接收者发现自己。这种角色只能发送广播，不能被连接。

（2）观察者：接收广播事件并发送扫描请求。这种角色只能发送扫描请求，不能被连接。

（3）外设：广播者接收观察者发来的请求后进入这种角色，作为从机在链路中进行通信。

（4）集中器：观察者主动进行初始化并建立一个物理链路时就会进入这种角色，在链路中被称为主机。

2. 属性协议

BLE 的数据以属性形式存在，每条属性由 4 个元素组成。

（1）属性句柄：与使用内存地址查找内存中的内容一样，通过属性句柄以找到相应的属性。例如，第一个属性的句柄是 0x0001，第二个属性的句柄是 0x0002，以此类推，属性句柄最大可以为 0xFFFF。

（2）属性类型：每个数据有自己需要代表的意思，例如，表示温度、发射功率、电量等各种各样的信息。蓝牙组织 Bluetooth SIG 对常用的一些数据类型进行了归类，赋予不同的数据类型不同的通用唯一识别码（Universally Unique Identifier，UUID）。例如，0x2A09 表示电池信息，0x2A6E 表示温度信息。UUID 可以是 16 位，也可以是 128 位。

（3）属性值：属性值是每个属性真正承载的信息，其他 3 个元素都是为了让对方能够更好地获取属性值。有些属性的长度是固定的，例如，电池属性的长度只有 1 字节，因为需要表示的数据仅为 0～100%，而 1 字节足以表示 1～100；而有些属性的长度是可变的，如基于 BLE 实现的透明传输模块。

（4）属性许可：每个属性对各自的属性值有相应的访问限制，例如，有些属性是可读的，有些是可写的，有些是可读又可写的，等等。拥有数据的一方可以通过属性许可控制本地数据的可读/写属性。

存有数据（即属性）的设备称为服务器端，获取数据的设备称为客户端。下面是服务器端和客户端间的常用操作：客户端给服务器端发送数据，对服务器端的数据进行写操作（写操作分两种，一种是写入请求，另一种是写入命令，两者的主要区别是前者需要对方回复，而后者不需要）；服务器端给客户端发送数据，主要是通过服务器端指示或者通知的形式，将服务器端更新的数据发送给客户端（与写操作类似，指示和通知的主要区别是前者需要对方回复确认）；客户端也可以主动通过读操作读取服务器端的数据。服务器端和客户端的交互操作都是通过消息 ATT 的协议数据单元（Protocol Data Unit，PDU）实现的。每个设备可以指定自己支持的最大消息长度，ESP32 IDF 规定可以设置的范围是 23～517 字节，对属性值的总长度未做限制。

3. 通用属性规范

属性协议规定了 BLE 中的最小数据存储单位，而 GATT 则定义了如何用特性值和描述符表示一个数据、如何把相似的数据聚合成服务，以及如何发现对端设备拥有哪些服务和数据。

GATT 引进了特性值的概念。这是由于在某些时候，一个数据可能并不只是单纯的数值，还会带有一些额外的信息：这个数据的单位是质量单位千克（kg）、温度单位摄氏度（℃），还是其他单位；在同样的温度属性 UUID 下，该数据表示主卧温度还是客厅温度；在表示 230 000、460 000 这样的数据时，可以增加指数信息，例如，告知对方该数据的指数是 10^4，这样在空中传递 23、46 即可。

实际应用中还可能出现其他以各种方式表达数据的需求。每个属性均需要安排一大段数据空间来存储这些额外信息。然而，一个数据很有可能用不到绝大部分的额外信息，因此这种设计并不符合 BLE 协议尽可能精简的要求。在此背景下，GATT 引进了描述符的概念。每种描述符可以表达一种意思，用户可使用描述符来描述数据的额外信息。需要说明的是，每个数据和描述符并非一一对应，一个复杂的数据可以拥有多个描述符，而一个简单的数据可以没有任何描述符。

数据本身的属性值及其可能携带的描述符构成了数据的特性。数据的特性包含以下几部分。

（1）特性声明：主要告诉对方此声明后面的内容为特性值。当前特性声明和下一个特性声明之间的所有句柄构成一个完整的特性值。此外，特性声明还包括紧跟其后的特性值可读/写属性信息。

（2）特性值：特性的核心部分，一般跟在特性声明后面，承载特性的真正内容。

（3）描述符：对数据特性进行进一步描述，每个数据可以有多个描述符，也可以没有描述符。

BLE 协议把一些常用的功能定义成一个服务，例如，把电池的特性和行为定义成电池服务，把心率测试相关的特性和行为定义成心跳服务，把体重测试相关的特性和行为定义成体重服务。可以看到，每个服务包含若干个特性，每个特性包含若干个描述符。用户可以根据自己的应用需求选择服务，并将之组成最终的应用产品。

4. 建立 GATT 服务

ESP32 IDF 1.0 实现了手动添加服务和特性，这种方式需要用户基于事件逐条地添加属性。所有的读/写操作都会通过事件到达应用层，由用户自己组包回复。但是对不熟悉 BLE 协议的用户来说，这种方式容易出错，尤其在需要添加大型 GATT 数据库的情况下，不推荐使用。

在此背景之下，ESP32 IDF 2.0 基于先前版本推出了通过属性表添加服务和特性的功能。用户只需将要添加的服务和特性逐一填入表格，然后调用 esp_ble_gatts_create_attr_tab() 函数，即可添加对应的服务和特性。此外，这种通过属性表添加服务和特性的功能还支持底层自动回复，也就是说，底层可以自动回复一些请求，并识别一些错误，用户只负责收发数据，而无须进行复杂的错误识别。用户可方便地从其他平台移植规范到 ESP32 平台，整个过程不用重新实现全部规范。

5. 基于 ESP32 IDF 发现对方设备的服务信息（GATT 客户端）

GATT 客户端需要具有发现对方设备的服务和特性的功能。不同的设备可能会使用不同的服务发现流程，下面以查找对方设备的 GATT 服务为例介绍 ESP32 IDF 的服务发现流程。

（1）发现对方所有的服务信息，包括服务的 UUID 和句柄范围。

- GATT 服务：UUID 0x1801，句柄 0x0001～0x0005。
- GAP 服务：UUID 0x1800，句柄 0x0014～0x001C。

（2）在 GATT 服务的句柄范围（0x0001～0x0005）内，继续查找所有的特性（0x2803）。

找到特性 "Service Change Characteristic"，句柄 0x0002～0x0003。其中，0x0002 对应的是特性声明，0x0003 对应的是特性值。所以每个特性至少需要占据 2 个属性句柄。

（3）GATT 服务的句柄范围是 0x0001～0x0005，所以在 0x0003 后面可能跟着相应的描述符，因此，继续从 0x0004 开始查找所有的描述符。0x0004 对应的是 "Client Characteristic Configuration" 描述符；0x0005 暂时没有任何信息，可能是为服务预留的句柄。

（4）至此，GATT 服务的所有信息发现完毕。

8.3　ESP32 蓝牙数据类型

ESP32 蓝牙数据类型

ESP32 定义了蓝牙控制器及 VHCI、蓝牙通用定义、蓝牙主机、GAP、GATT 和 BLUFI 等的数据类型。

8.3.1　Controller & VHCI

蓝牙控制器和 VHCI 的数据类型主要定义在头文件 esp_bt.h 中。

1. esp_bt_mode_t 类型

蓝牙控制器的蓝牙模式，是枚举类型，定义如下。

```
typedef enum {
    ESP_BT_MODE_IDLE = 0x00,    /*空闲模式*/
    ESP_BT_MODE_BLE = 0x01,     /*运行 BLE 模式*/
```

```
    ESP_BT_MODE_CLASSIC_BT = 0x02,    /*运行 BT 模式*/
    ESP_BT_MODE_BTDM = 0x03,    /*双模运行*/
} esp_bt_mode_t;
```

2. esp_bt_controller_config_t 类型

蓝牙控制器配置选项，配置掩码指示启用了哪些功能，这意味着配置掩码启用某些功能的某些选项或参数。

```
typedef struct {
    /*以下参数可以调用 esp_bt_controller_init()进行配置*/
    uint16_t controller_task_stack_size;    /*蓝牙控制器任务堆栈大小*/
    uint8_t controller_task_prio;           /*蓝牙控制器任务优先级*/
    uint8_t hci_uart_no;          /*UART1/UART2 作为 HCI I/O 接口，指示 UART 标号*/
    uint32_t hci_uart_baudrate;   /*UART1/UART2 作为 HCI I/O 接口，指示 UART 波特率*/
    uint8_t scan_duplicate_mode;              /*重复扫描模式*/
    uint8_t scan_duplicate_type;              /*重复扫描类型*/
    uint16_t normal_adv_size;                 /*重复扫描的标准广播包大小*/
    uint16_t mesh_adv_size;                   /*重复扫描的网格广播包大小*/
    uint16_t send_adv_reserved_size;          /*蓝牙控制器最小内存值*/
    uint32_t  controller_debug_flag;          /*蓝牙控制器调试日志标志*/
    uint8_t mode;                             /*蓝牙控制器模式：BR/EDR、BLE 和双模*/
    uint8_t ble_max_conn;                     /*BLE 最大连接数*/
    uint8_t bt_max_acl_conn;                  /*BR/EDR 访问控制列表最大连接数*/
    uint8_t bt_sco_datapath;                  /*同步连接数据路径 HCI 或 PCM*/
    bool auto_latency;                        /*BLE 自动延迟，用于增强经典蓝牙性能*/
    bool bt_legacy_auth_vs_evt;               /*防止 BIAS 攻击所需的传统蓝牙身份验证*/
    /* esp_bt_controller_init()无法配置以下参数，这些参数由 menuconfig 或来自宏的值覆盖*/
    uint8_t bt_max_sync_conn;    /*BR/EDR 最大同步连接数，在配置菜单中有效*/
    uint8_t ble_sca;             /*BLE 晶振精度指标*/
    uint8_t pcm_role;            /*PCM 角色（主机&从机）*/
    uint8_t pcm_polar;           /*PCM 触发极性（下降沿&上升沿）*/
    uint32_t magic;              /*魔术数字*/
} esp_bt_controller_config_t;
```

3. esp_bt_controller_status_t 类型

蓝牙控制器的状态，是枚举类型，定义如下。

```
typedef enum {
    ESP_BT_CONTROLLER_STATUS_IDLE = 0,
    ESP_BT_CONTROLLER_STATUS_INITED,
    ESP_BT_CONTROLLER_STATUS_ENABLED,
    ESP_BT_CONTROLLER_STATUS_NUM,
} esp_bt_controller_status_t;
```

4. esp_power_level_t 类型

蓝牙发射功率电平（索引），不同索引代表不同功率（单位为 dBm），是枚举类型，定义如下。

```
typedef enum {
    ESP_PWR_LVL_N12 = 0,                    /*对应-12dBm*/
    ESP_PWR_LVL_N9  = 1,                    /*对应-9dBm*/
    ESP_PWR_LVL_N6  = 2,                    /*对应-6dBm*/
```

```
    ESP_PWR_LVL_N3   = 3,                /*对应-3dBm*/
    ESP_PWR_LVL_N0   = 4,                /*对应 0dBm*/
    ESP_PWR_LVL_P3   = 5,                /*对应+3dBm*/
    ESP_PWR_LVL_P6   = 6,                /*对应+6dBm*/
    ESP_PWR_LVL_P9   = 7,                /*对应+9dBm*/
    ESP_PWR_LVL_N14 = ESP_PWR_LVL_N12,   /*向后兼容，-14dBm 实际为-12dBm*/
    ESP_PWR_LVL_N11 = ESP_PWR_LVL_N9,    /*向后兼容，-11dBm 实际为-9dBm*/
    ESP_PWR_LVL_N8   = ESP_PWR_LVL_N6,   /*向后兼容，-8dBm 实际为-6dBm*/
    ESP_PWR_LVL_N5   = ESP_PWR_LVL_N3,   /*向后兼容，-5dBm 实际为-3dBm*/
    ESP_PWR_LVL_N2   = ESP_PWR_LVL_N0,   /*向后兼容，-2dBm 实际为 0dBm*/
    ESP_PWR_LVL_P1   = ESP_PWR_LVL_P3,   /*向后兼容，+1dBm 实际为+3dBm*/
    ESP_PWR_LVL_P4   = ESP_PWR_LVL_P6,   /*向后兼容，+4dBm 实际为+6dBm*/
    ESP_PWR_LVL_P7   = ESP_PWR_LVL_P9,   /*向后兼容，+7dBm 实际为+9dBm*/
} esp_power_level_t;
```

5. esp_ble_power_type_t 类型

BLE 发射功率，是枚举类型，定义如下。ESP_BLE_PWR_TYPE_CONN_HDL0～ESP_BLE_PWR_TYPE_CONN-HDL8 用于在每个连接后设置功率，ESP_BLE_PWR_TYPE_ADV 用于广播和扫描响应，ESP_BLE_PWR_TYPE_SCAN 用于扫描，ESP_BLE_PWR_TYPE_DEFAULT 为连接后的默认值。

```
typedef enum {
    ESP_BLE_PWR_TYPE_CONN_HDL0   = 0,    /*对于连接句柄 0*/
    ESP_BLE_PWR_TYPE_CONN_HDL1   = 1,    /*对于连接句柄 1*/
    ESP_BLE_PWR_TYPE_CONN_HDL2   = 2,    /*对于连接句柄 2*/
    ESP_BLE_PWR_TYPE_CONN_HDL3   = 3,    /*对于连接句柄 3*/
    ESP_BLE_PWR_TYPE_CONN_HDL4   = 4,    /*对于连接句柄 4*/
    ESP_BLE_PWR_TYPE_CONN_HDL5   = 5,    /*对于连接句柄 5*/
    ESP_BLE_PWR_TYPE_CONN_HDL6   = 6,    /*对于连接句柄 6*/
    ESP_BLE_PWR_TYPE_CONN_HDL7   = 7,    /*对于连接句柄 7*/
    ESP_BLE_PWR_TYPE_CONN_HDL8   = 8,    /*对于连接句柄 8*/
    ESP_BLE_PWR_TYPE_ADV         = 9,    /*广播和扫描响应*/
    ESP_BLE_PWR_TYPE_SCAN        = 10,   /*扫描*/
    ESP_BLE_PWR_TYPE_DEFAULT     = 11,   /*默认值*/
    ESP_BLE_PWR_TYPE_NUM         = 12,   /*类型编号*/
} esp_ble_power_type_t;
```

6. esp_sco_data_path_t 类型

蓝牙音频数据传输路径，是枚举类型，定义如下。

```
typedef enum {
    ESP_SCO_DATA_PATH_HCI = 0,                /*数据通过 HCI 传输*/
    ESP_SCO_DATA_PATH_PCM = 1,                /*数据通过 PCM 传输*/
} esp_sco_data_path_t;
```

8.3.2 BT COMMON

本小节介绍蓝牙的公共数据类型，主要定义在 esp_bt_defs.h、esp_bt_main.h、esp_bt_device.h 头文件中。

1. esp_bt_status_t 类型

蓝牙的返回状态值，是枚举类型，定义如下。

```
typedef enum {
    ESP_BT_STATUS_SUCCESS = 0,      /*成功*/
    ESP_BT_STATUS_FAIL,             /*失败*/
    ESP_BT_STATUS_NOT_READY,        /*未准备*/
    ESP_BT_STATUS_NOMEM,            /*无存储空间*/
    ESP_BT_STATUS_BUSY,             /*系统忙*/
    ESP_BT_STATUS_DONE              /*完成*/
    ESP_BT_STATUS_UNSUPPORTED,      /*不支持*/
    ESP_BT_STATUS_PARM_INVALID,     /*无效*/
    ESP_BT_STATUS_UNHANDLED,        /*未处理*/
    ESP_BT_STATUS_AUTH_FAILURE,     /*认证失败*/
    ESP_BT_STATUS_RMT_DEV_DOWN  = 10, /*远端设备下线*/
    ESP_BT_STATUS_AUTH_REJECTED,    /*认证被拒绝*/
    ESP_BT_STATUS_INVALID_STATIC_RAND_ADDR,   /*无效静态随机地址*/
    ESP_BT_STATUS_PENDING,                    /*挂起状态*/
    ESP_BT_STATUS_UNACCEPT_CONN_INTERVAL,     /*不接收的连接间隔*/
    ESP_BT_STATUS_PARAM_OUT_OF_RANGE, /*参数超出范围*/
    ESP_BT_STATUS_TIMEOUT,    /*超时*/
    ESP_BT_STATUS_PEER_LE_DATA_LEN_UNSUPPORTED, /*不支持数据*/
    ESP_BT_STATUS_CONTROL_LE_DATA_LEN_UNSUPPORTED,/*不支持数据*/
    ESP_BT_STATUS_ERR_ILLEGAL_PARAMETER_FMT, /*非法参数*/
    ESP_BT_STATUS_MEMORY_FULL = 20, /*内存满*/
    ESP_BT_STATUS_EIR_TOO_LARGE,      /*扩展查询响应太大*/
} esp_bt_status_t;
```

2. esp_bt_uuid_t 类型

蓝牙 UUID，是结构体类型，定义如下。

```
typedef struct {
#define ESP_UUID_LEN_16      2
#define ESP_UUID_LEN_32      4
#define ESP_UUID_LEN_128     16
    uint16_t len;                 /*UUID长度，为16位、32位或128位*/
    union {
        uint16_t    uuid16;                       /*16位UUID*/
        uint32_t    uuid32;                       /*32位UUID*/
        uint8_t     uuid128[ESP_UUID_LEN_128];  /*128位UUID*/
    } uuid;                                        /*UUID */
} __attribute__((packed)) esp_bt_uuid_t;
```

3. esp_bt_dev_type_t 类型

蓝牙设备，是枚举类型，定义如下。

```
typedef enum {
    ESP_BT_DEVICE_TYPE_BREDR   = 0x01,    //BT
    ESP_BT_DEVICE_TYPE_BLE     = 0x02,    //BLE
    ESP_BT_DEVICE_TYPE_DUMO    = 0x03,    //双模
} esp_bt_dev_type_t;
```

4. esp_ble_addr_type_t 类型

BLE 设备地址，是枚举类型，定义如下。

```
typedef enum {
    BLE_ADDR_TYPE_PUBLIC = 0x00,       //公开
    BLE_ADDR_TYPE_RANDOM = 0x01,       //随机
    BLE_ADDR_TYPE_RPA_PUBLIC = 0x02,   //可解析私有地址公开
    BLE_ADDR_TYPE_RPA_RANDOM = 0x03,   //可解析私有地址随机
} esp_ble_addr_type_t;
```

5. esp_ble_wl_addr_type_t 类型

白名单地址，是枚举类型，定义如下。

```
typedef enum {
    BLE_WL_ADDR_TYPE_PUBLIC = 0x00,       //公开
    BLE_WL_ADDR_TYPE_RANDOM = 0x01,       //随机
} esp_ble_wl_addr_type_t;
```

6. esp_bluedroid_status_t 类型

蓝牙堆栈状态类型，表示蓝牙堆栈是否就绪，是枚举类型，定义如下。

```
typedef enum {
    ESP_BLUEDROID_STATUS_UNINITIALIZED = 0,    /*蓝牙未初始化*/
    ESP_BLUEDROID_STATUS_INITIALIZED,  /*蓝牙初始化但未启动*/
    ESP_BLUEDROID_STATUS_ENABLED       /*蓝牙初始化且启动*/
} esp_bluedroid_status_t;
```

8.3.3 BLE

本小节介绍低功耗蓝牙的数据类型，主要定义在头文件 esp_gap_ble_api.h、esp_gatt_defs.h、esp_gatts_api.h、esp_gattc_api.h 和 esp_blufi_api.h 中。

1. GAP 相关数据类型

（1）esp_ble_adv_type_t 类型。

广播模式，是枚举类型，定义如下。

```
typedef enum {
    ADV_TYPE_IND = 0x00,       //非定向广播
    ADV_TYPE_DIRECT_IND_HIGH = 0x01,    //高占空比定向广播
    ADV_TYPE_SCAN_IND          = 0x02,  //非定向扫描
    ADV_TYPE_NONCONN_IND       = 0x03,  //非连接广播
    ADV_TYPE_DIRECT_IND_LOW    = 0x04,  //低占空比定向广播
} esp_ble_adv_type_t;
```

（2）esp_ble_adv_channel_t 类型。

广播信道掩码，是枚举类型，定义如下。

```
typedef enum {
    ADV_CHNL_37    = 0x01,
    ADV_CHNL_38    = 0x02,
    ADV_CHNL_39    = 0x04,
    ADV_CHNL_ALL   = 0x07,
} esp_ble_adv_channel_t;
```

（3）esp_ble_adv_filter_t 类型。

广播过滤，是枚举类型，定义如下。

```
typedef enum {
    //允许来自任何设备的扫描和连接请求
    ADV_FILTER_ALLOW_SCAN_ANY_CON_ANY  = 0x00,
    //仅允许来自白名单设备的扫描请求和来自任何设备的连接请求
    ADV_FILTER_ALLOW_SCAN_WLST_CON_ANY,
    //允许来自任何设备的扫描请求和仅来自白名单设备的连接请求
    ADV_FILTER_ALLOW_SCAN_ANY_CON_WLST,
    //仅允许来自白名单设备的扫描和连接请求
    ADV_FILTER_ALLOW_SCAN_WLST_CON_WLST,
} esp_ble_adv_filter_t;
```

（4）esp_ble_adv_params_t 类型。

广播参数，是结构体类型，定义如下。

```
typedef struct {
    uint16_t  adv_int_min;    /*最小广播间隔*/
    uint16_t  adv_int_max;    /*最大广播间隔*/
    esp_ble_adv_type_t  adv_type;  /*广播类型*/
    esp_ble_addr_type_t  own_addr_type; /*所有者的蓝牙设备地址类型*/
    esp_bd_addr_t  peer_addr;    /*对端的蓝牙设备地址*/
    esp_ble_addr_type_t  peer_addr_type;    /*对端的蓝牙设备地址类型*/
    esp_ble_adv_channel_t  channel_map;    /*广播信道映射*/
    esp_ble_adv_filter_t  adv_filter_policy;  /*广播过滤策略*/
} esp_ble_adv_params_t;
```

（5）esp_ble_adv_data_t 类型。

广播数据内容，是结构体类型，定义如下。

```
typedef struct {
    bool  set_scan_rsp;      /*将此广播数据设置为扫描响应与否*/
    bool  include_name;      /*广播数据包括设备名称*/
    bool  include_txpower;   /*广播数据包括发射功率*/
    int   min_interval;      /*广播数据显示连接最小间隔*/
    int   max_interval;      /*广播数据显示从属首选连接最大间隔*/
    int   appearance;        /*设备外观*/
    uint16_t  manufacturer_len;    /*制造商数据长度*/
    uint8_t  *p_manufacturer_data;  /*制造商数据指针*/
    uint16_t  service_data_len;    /*服务数据长度*/
    uint8_t  *p_service_data;    /*服务数据指针*/
    uint16_t  service_uuid_len;    /*服务 UUID 长度*/
    uint8_t  *p_service_uuid;    /*服务 UUID 数组指针*/
    uint8_t  flag;        /*发现模式的广播标志*/
} esp_ble_adv_data_t;
```

（6）esp_ble_scan_type_t 类型。

BLE 扫描，是枚举类型，定义如下。

```
typedef enum {
    BLE_SCAN_TYPE_PASSIVE  =  0x0,    /*被动扫描*/
    BLE_SCAN_TYPE_ACTIVE   =  0x1,    /*主动扫描*/
} esp_ble_scan_type_t;
```

（7）esp_ble_scan_filter_t 类型。

BLE 扫描过滤，是枚举类型，定义如下。

```
typedef enum {
    BLE_SCAN_FILTER_ALLOW_ALL = 0x0,    /*接收所有扫描*/
    BLE_SCAN_FILTER_ALLOW_ONLY_WLST = 0x1, /*只接收白名单和定向广播*/
    BLE_SCAN_FILTER_ALLOW_UND_RPA_DIR = 0x2,    /*接收无向广播数据包、有向广播数据包，其中发起
者地址是可解析的私有地址*/
    BLE_SCAN_FILTER_ALLOW_WLIST_RPA_DIR = 0x3,    /*接收来自广播主地址在白名单中设备的广播数
据包、定向广播数据包，其中发起者地址是可解析的私有地址*/
} esp_ble_scan_filter_t;
```

（8）esp_ble_scan_duplicate_t 类型。

BLE 重复扫描，是枚举类型，定义如下。

```
typedef enum {
    BLE_SCAN_DUPLICATE_DISABLE = 0x0, /*链路层为数据包向主机生成报告*/
    BLE_SCAN_DUPLICATE_ENABLE= 0x1,    /*链路层过滤向主机发送的重复报告*/
    BLE_SCAN_DUPLICATE_MAX = 0x2,    /*0x02～0xFF，保留使用*/
} esp_ble_scan_duplicate_t;
```

（9）esp_ble_scan_params_t 类型。

BLE 扫描参数，是结构体类型，定义如下。

```
//Ble scan parameters
typedef struct {
    esp_ble_scan_type_t   scan_type;                    /*扫描类型*/
    esp_ble_addr_type_t   own_addr_type;                /*所有者地址类型*/
    esp_ble_scan_filter_t  scan_filter_policy;        /*扫描过滤策略*/
    uint16_t  scan_interval;            /*扫描间隔*/
    uint16_t  scan_window;              /*扫描窗口*/
    esp_ble_scan_duplicate_t  scan_duplicate;  /*重复扫描参数*/
} esp_ble_scan_params_t;
```

（10）esp_gap_conn_params_t 类型。

连接参数信息，是结构体类型，定义如下。

```
typedef struct {
    uint16_t  interval;   /*连接间隔*/
    uint16_t  latency;    /*连接事件的从属延时，范围：0x0000～0x01F3*/
    uint16_t  timeout;    /*BLE 链路监督超时，范围：0x000A～0x0C80*/
} esp_gap_conn_params_t;
```

（11）esp_ble_conn_update_params_t 类型。

连接更新参数，是结构体类型，定义如下。

```
typedef struct {
    esp_bd_addr_t  bda;   /*蓝牙设备地址*/
    uint16_t  min_int;    /*最小连接间隔*/
    uint16_t  max_int;    /*最大连接间隔*/
    uint16_t  latency;    /*连接事件的从属延时，范围：0x0000～0x01F3*/
    uint16_t  timeout;    /*BLE 链路监督超时，范围：0x000A～0x0C80*/
} esp_ble_conn_update_params_t;
```

（12）esp_ble_pkt_data_length_params_t 类型。

BLE 数据长度，是结构体类型，定义如下。

```
typedef struct
{
    uint16_t rx_len;                        /*接收数据长度*/
    uint16_t tx_len;                        /*发送数据长度*/
}esp_ble_pkt_data_length_params_t;
```
（13）esp_gap_search_evt_t 类型。

BLE GAP 扫描结果事件，是枚举类型，定义如下。

```
typedef enum {
    ESP_GAP_SEARCH_INQ_RES_EVT = 0,     /*对端设备的查询结果*/
    ESP_GAP_SEARCH_INQ_CMPL_EVT = 1,    /*查询完成*/
    ESP_GAP_SEARCH_DISC_RES_EVT = 2,    /*对端设备的发现结果*/
    ESP_GAP_SEARCH_DISC_BLE_RES_EVT = 3,    /*对端设备 GATT 服务发现结果*/
    ESP_GAP_SEARCH_DISC_CMPL_EVT = 4,        /*发现完成*/
    ESP_GAP_SEARCH_DI_DISC_CMPL_EVT = 5,    /*DI 发现完成*/
    ESP_GAP_SEARCH_SEARCH_CANCEL_CMPL_EVT = 6, /*取消搜索*/
    ESP_GAP_SEARCH_INQ_DISCARD_NUM_EVT = 7,     /*流控丢弃数据包*/
} esp_gap_search_evt_t;
```
（14）esp_ble_evt_type_t 类型。

BLE 扫描结果事件类型，表示结果为扫描响应、广播数据或其他事件，是枚举类型，定义如下。

```
typedef enum {
    ESP_BLE_EVT_CONN_ADV = 0x00,        /*可连接非定向广播*/
    ESP_BLE_EVT_CONN_DIR_ADV = 0x01,    /*可连接定向广播*/
    ESP_BLE_EVT_DISC_ADV = 0x02,        /*可扫描非定向广播*/
    ESP_BLE_EVT_NON_CONN_ADV = 0x03,    /*不可连接非定向广播*/
    ESP_BLE_EVT_SCAN_RSP = 0x04,        /*扫描响应*/
} esp_ble_evt_type_t;
```

2. GATT 相关数据类型

（1）esp_gatt_prep_write_type 类型。

客户端写属性，是枚举类型，定义如下。

```
typedef enum {
    ESP_GATT_PREP_WRITE_CANCEL = 0x00,   /*准备取消写操作*/
    ESP_GATT_PREP_WRITE_EXEC = 0x01,     /*准备执行写操作*/
} esp_gatt_prep_write_type;
```
（2）esp_gatt_conn_reason_t 类型。

GATT 连接原因，是枚举类型，定义如下。

```
typedef enum {
    ESP_GATT_CONN_UNKNOWN = 0, /*未知*/
    ESP_GATT_CONN_L2C_FAILURE = 1, /*通用 L2CAP 失败*/
    ESP_GATT_CONN_TIMEOUT = 0x08,   /*连接超时*/
    ESP_GATT_CONN_TERMINATE_PEER_USER = 0x13,   /*对端连接终止*/
    ESP_GATT_CONN_TERMINATE_LOCAL_HOST = 0x16,   /*本地主机连接终止*/
    ESP_GATT_CONN_FAIL_ESTABLISH = 0x3e,   /*建立连接失败*/
    ESP_GATT_CONN_LMP_TIMEOUT = 0x22,        /*LMP 响应超时*/
    ESP_GATT_CONN_CONN_CANCEL = 0x0100,    /* L2CAP 连接取消*/
    ESP_GATT_CONN_NONE = 0x0101   /*无连接取消*/
} esp_gatt_conn_reason_t;
```

（3）esp_gatt_id_t 类型。

GATT 的 ID 包括 UUID 和实例 ID，是结构体类型，定义如下。

```
typedef struct {
    esp_bt_uuid_t    uuid;                    /*UUID*/
    uint8_t          inst_id;                 /*实例 ID*/
} __attribute__((packed)) esp_gatt_id_t;
```

（4）esp_gatt_srvc_id_t 类型。

GATT 服务 ID，是结构体类型，定义如下。

```
typedef struct {
    esp_gatt_id_t    id;                      /*服务 ID*/
    bool             is_primary;              /*是否为主服务*/
} __attribute__((packed)) esp_gatt_srvc_id_t;
```

（5）esp_attr_desc_t 类型。

属性描述，是结构体类型，定义如下。

```
 typedef struct
 {
    uint16_t uuid_length;                /*UUID 长度*/
    uint8_t  *uuid_p;                    /*UUID*/
    uint16_t perm;                       /*属性权限*/
    uint16_t max_length;                 /*元素的最大长度*/
    uint16_t length;                     /*元素的当前长度*/
    uint8_t  *value;                     /*元素值数组*/
 } esp_attr_desc_t;
```

（6）esp_attr_control_t 类型。

属性自动回复标志，是结构体类型，定义如下。

```
typedef struct
{
#define ESP_GATT_RSP_BY_APP    0    //有应用响应
#define ESP_GATT_AUTO_RSP      1    //有 GATT 堆栈自动响应
    uint8_t auto_rsp;
} esp_attr_control_t;
```

（7）esp_gatts_attr_db_t 类型。

添加在 GATT 服务器端数据库的属性类型，是结构体类型，定义如下。

```
typedef struct
{
    esp_attr_control_t    attr_control;     /*属性控制类型*/
    esp_attr_desc_t       att_desc;         /*属性类型*/
} esp_gatts_attr_db_t;
```

（8）esp_attr_value_t 类型。

设置属性值的类型，是结构体类型，定义如下。

```
typedef struct
{
    uint16_t attr_max_len;     /*属性最大值长度*/
    uint16_t attr_len;         /*属性当前值长度*/
    uint8_t *attr_value;       /*属性值的指针*/
} esp_attr_value_t;
```

（9）esp_gatts_incl_svc_desc_t 类型。

GATT 包含的服务入口元素，是结构体类型，定义如下。

```
typedef struct
{
    uint16_t start_hdl;    /*包含服务的起始句柄值*/
    uint16_t end_hdl;      /*包含服务的结束句柄值*/
    uint16_t uuid;         /*UUID*/
} esp_gatts_incl_svc_desc_t;
```

（10）esp_gatt_value_t 类型。

GATT 属性值，是结构体类型，定义如下。

```
typedef struct {
    uint8_t  value[ESP_GATT_MAX_ATTR_LEN];    /*属性值*/
    uint16_t handle;                          /*属性句柄*/
    uint16_t offset;                          /*属性值偏移*/
    uint16_t len;                             /*属性值长度*/
    uint8_t  auth_req;                        /*认证请求*/
} esp_gatt_value_t;
```

（11）esp_gatt_rsp_t 类型。

GATT 远程读请求响应，是联合体类型，定义如下。

```
typedef union {
    esp_gatt_value_t attr_value;    /*GATT 属性结构*/
    uint16_t         handle;        /*属性句柄*/
} esp_gatt_rsp_t;
```

（12）esp_gatt_write_type_t 类型。

GATT 写类型，是枚举类型，定义如下。

```
typedef enum {
    ESP_GATT_WRITE_TYPE_NO_RSP = 1,    /*写属性不需要响应*/
    ESP_GATT_WRITE_TYPE_RSP,           /*写属性需要远程响应*/
} esp_gatt_write_type_t;
```

（13）esp_gatt_conn_params_t 类型。

连接参数信息，是结构体类型，定义如下。

```
typedef struct {
    uint16_t interval;    /*连接间隔*/
    uint16_t latency;     /*连接事件的从属延时，范围为 0x0000～0x01F3*/
    uint16_t timeout;     /*BLE 链路监督超时，范围为 0x000A～0x0C80*/
} esp_gatt_conn_params_t;
```

（14）esp_gatt_db_attr_type_t 类型。

属性元素的类型，是枚举类型，定义如下。

```
typedef enum {
    ESP_GATT_DB_PRIMARY_SERVICE,     /*缓存中主要服务属性类型*/
    ESP_GATT_DB_SECONDARY_SERVICE,   /*缓存中次要服务属性类型*/
    ESP_GATT_DB_CHARACTERISTIC,      /*缓存中特征属性类型*/
    ESP_GATT_DB_DESCRIPTOR,    /*缓存中特征描述符属性类型*/
    ESP_GATT_DB_INCLUDED_SERVICE,    /*缓存中包含服务属性类型*/
    ESP_GATT_DB_ALL,    /*缓存中的所有属性类型*/
} esp_gatt_db_attr_type_t;
```

（15）esp_gattc_multi_t 类型。

读取多个属性，是结构体类型，定义如下。

```
typedef struct {
    uint8_t  num_attr;           /*属性数量*/
    uint16_t handles[ESP_GATT_MAX_READ_MULTI_HANDLES];  /*句柄列表*/
} esp_gattc_multi_t;
```

（16）esp_gattc_db_elem_t 类型。

数据库属性元素，是结构体类型，定义如下。

```
typedef struct {
    esp_gatt_db_attr_type_t  type;      /*属性类型*/
    uint16_t  attribute_handle;         /*属性句柄，对所有类型都有效*/
    uint16_t  start_handle;             /*服务起始句柄*/
    uint16_t  end_handle;               /*服务结束句柄*/
    esp_gatt_char_prop_t properties;    /*特征属性*/
    esp_bt_uuid_t  uuid;                /*属性的 UUID*/
} esp_gattc_db_elem_t;
```

（17）esp_gattc_service_elem_t 类型。

服务元素，是结构体类型，定义如下。

```
typedef struct {
    bool  is_primary; /*服务标志，如果是主要服务，则为 True；是次要服务，则为 False*/
    uint16_t  start_handle;     /*服务起始句柄*/
    uint16_t  end_handle;       /*服务结束句柄*/
    esp_bt_uuid_t  uuid;        /*服务的 UUID*/
} esp_gattc_service_elem_t;
```

（18）esp_gattc_char_elem_t 类型。

特征元素，是结构体类型，定义如下。

```
typedef struct {
    uint16_t  char_handle;      /*特征句柄*/
    esp_gatt_char_prop_t  properties; /*特征属性*/
    esp_bt_uuid_t  uuid;        /*特征 UUID*/
} esp_gattc_char_elem_t;
```

（19）esp_gattc_descr_elem_t 类型。

描述符元素，是结构体类型，定义如下。

```
typedef struct {
    uint16_t  handle;       /*特征描述符句柄*/
    esp_bt_uuid_t  uuid;    /*特征描述符 UUID*/
} esp_gattc_descr_elem_t;
```

（20）esp_gattc_incl_svc_elem_t 类型。

包含的服务元素，是结构体类型，定义如下。

```
typedef struct {
    uint16_t  handle;   /*服务当前属性句柄*/
    uint16_t  incl_srvc_s_handle;  /*服务起始句柄*/
    uint16_t  incl_srvc_e_handle;   /*服务结束句柄*/
    esp_bt_uuid_t  uuid;    /*服务 UUID*/
} esp_gattc_incl_svc_elem_t;
```

3. GATT 服务器端相关数据类型

（1）esp_gatts_cb_event_t 类型。

GATT 服务器端回调函数事件，是枚举类型，定义如下。

```
typedef enum {
    ESP_GATTS_REG_EVT = 0,              /*注册应用 ID*/
    ESP_GATTS_READ_EVT = 1,             /*客户端请求读取*/
    ESP_GATTS_WRITE_EVT = 2,            /*客户端写入请求*/
    ESP_GATTS_EXEC_WRITE_EVT = 3,       /*客户端执行写操作*/
    ESP_GATTS_MTU_EVT = 4,              /*设置最大传输单元*/
    ESP_GATTS_CONF_EVT = 5,             /*接收确认*/
    ESP_GATTS_UNREG_EVT = 6,            /*解除注册 ID*/
    ESP_GATTS_CREATE_EVT = 7,           /*完成服务创建*/
    ESP_GATTS_ADD_INCL_SRVC_EVT = 8,    /*完成添加服务*/
    ESP_GATTS_ADD_CHAR_EVT = 9,         /*完成添加特征*/
    ESP_GATTS_ADD_CHAR_DESCR_EVT = 10,  /*完成添加描述符*/
    ESP_GATTS_DELETE_EVT = 11,          /*完成删除服务*/
    ESP_GATTS_START_EVT = 12,           /*完成开启服务*/
    ESP_GATTS_STOP_EVT = 13,            /*完成停止服务*/
    ESP_GATTS_CONNECT_EVT = 14,         /*客户端连接*/
    ESP_GATTS_DISCONNECT_EVT = 15,      /*客户端断开*/
    ESP_GATTS_OPEN_EVT = 16,            /*完成对端连接*/
    ESP_GATTS_CANCEL_OPEN_EVT = 17,     /*完成对端断开*/
    ESP_GATTS_CLOSE_EVT = 18,           /*服务关闭*/
    ESP_GATTS_LISTEN_EVT = 19,          /*监听连接*/
    ESP_GATTS_CONGEST_EVT = 20,         /*发生阻塞*/
    ESP_GATTS_RESPONSE_EVT = 21,        /*完成发送响应*/
    ESP_GATTS_CREAT_ATTR_TAB_EVT = 22,  /*完成创建表*/
    ESP_GATTS_SET_ATTR_VAL_EVT = 23,    /*完成设置属性值*/
    ESP_GATTS_SEND_SERVICE_CHANGE_EVT = 24, /*完成发送服务更改指示*/
} esp_gatts_cb_event_t;
```

（2）esp_ble_gatts_cb_param_t 类型。

GATT 服务器端回调参数，是联合体类型，定义如下。

```
typedef union {
    /*ESP_GATTS_REG_EVT, 注册事件*/
    struct gatts_reg_evt_param {
        esp_gatt_status_t status;       /*操作状态*/
        uint16_t app_id;                /*应用 ID*/
    } reg;
    /*ESP_GATTS_READ_EVT, 读取事件*/
    struct gatts_read_evt_param {
        uint16_t conn_id;               /*连接 ID*/
        uint32_t trans_id;              /*转移 ID*/
        esp_bd_addr_t bda;              /*读取的设备地址*/
        uint16_t handle;                /*属性句柄*/
        uint16_t offset;                /*偏移量*/
        bool is_long;                   /*是否为长值*/
```

```
            bool need_rsp;                          /*是否需要响应*/
        } read;
        /*ESP_GATTS_WRITE_EVT, 写入事件*/
        struct gatts_write_evt_param {
            uint16_t conn_id;                      /*连接 ID*/
            uint32_t trans_id;                     /*转移 ID*/
            esp_bd_addr_t bda;                     /*写入的设备地址*/
            uint16_t handle;                       /*属性句柄*/
            uint16_t offset;                       /*偏移量*/
            bool need_rsp;                         /*是否需要响应*/
            bool is_prep;                          /*写操作准备*/
            uint16_t len;                          /*属性值的长度*/
            uint8_t *value;                        /*属性值*/
        } write;
         /*ESP_GATTS_EXEC_WRITE_EVT, 执行写操作*/
        struct gatts_exec_write_evt_param {
            uint16_t conn_id;                         /*连接 ID*/
            uint32_t trans_id;                        /*转移 ID*/
            esp_bd_addr_t bda;                        /*写入的设备地址*/
#define ESP_GATT_PREP_WRITE_CANCEL 0x00          /*取消准备写入*/
#define ESP_GATT_PREP_WRITE_EXEC 0x01            /*执行准备写入*/
            uint8_t exec_write_flag;                  /*执行写入标志*/
        } exec_write;
        /*ESP_GATTS_MTU_EVT, 最大传输单元事件*/
        struct gatts_mtu_evt_param {
            uint16_t conn_id;                         /*连接 ID*/
            uint16_t mtu;                             /*最大传输单元大小*/
        } mtu;
        /*ESP_GATTS_CONF_EVT, 确认事件*/
        struct gatts_conf_evt_param {
            esp_gatt_status_t status;              /*操作状态*/
            uint16_t conn_id;                      /*连接 ID*/
            uint16_t handle;                       /*属性句柄*/
            uint16_t len;                          /*指示或通知值长度*/
            uint8_t *value;                        /*指示或通知值*/
        } conf;
        /*ESP_GATTS_CREATE_EVT, 创建事件*/
        struct gatts_create_evt_param {
            esp_gatt_status_t status;              /*操作状态*/
            uint16_t service_handle;               /*服务属性句柄*/
            esp_gatt_srvc_id_t service_id;         /*服务 ID*/
        } create;
        /*ESP_GATTS_ADD_INCL_SRVC_EVT, 增加服务事件*/
        struct gatts_add_incl_srvc_evt_param {
            esp_gatt_status_t status;              /*操作状态*/
            uint16_t attr_handle;                  /*属性句柄*/
            uint16_t service_handle;               /*服务句柄*/
        } add_incl_srvc;
```

```
/*ESP_GATTS_ADD_CHAR_EVT，增加特征事件*/
struct gatts_add_char_evt_param {
    esp_gatt_status_t status;           /*操作状态*/
    uint16_t attr_handle;               /*特征属性句柄*/
    uint16_t service_handle;            /*服务属性句柄*/
    esp_bt_uuid_t char_uuid;            /*特征 UUID*/
} add_char;
/*ESP_GATTS_ADD_CHAR_DESCR_EVT，增加特征描述事件*/
struct gatts_add_char_descr_evt_param {
    esp_gatt_status_t status;           /*操作状态*/
    uint16_t attr_handle;               /*描述符属性句柄*/
    uint16_t service_handle;            /*服务属性句柄*/
    esp_bt_uuid_t descr_uuid;           /*特征描述符 UUID*/
} add_char_descr;
/*ESP_GATTS_DELETE_EVT，删除事件*/
struct gatts_delete_evt_param {
    esp_gatt_status_t status;           /*操作状态*/
    uint16_t service_handle;            /*服务属性句柄*/
} del;
/*ESP_GATTS_START_EVT，开始事件*/
struct gatts_start_evt_param {
    esp_gatt_status_t status;           /*操作状态*/
    uint16_t service_handle;            /*服务属性句柄*/
} start;
/*ESP_GATTS_STOP_EVT，停止事件*/
struct gatts_stop_evt_param {
    esp_gatt_status_t status;           /*操作状态*/
    uint16_t service_handle;            /*服务属性句柄*/
} stop;
/*ESP_GATTS_CONNECT_EVT，连接事件*/
struct gatts_connect_evt_param {
    uint16_t conn_id;                   /*连接 ID*/
    uint8_t link_role;                  /*连接角色：主机= 0，从机 = 1*/
    esp_bd_addr_t remote_bda;           /*远程蓝牙设备地址*/
    esp_gatt_conn_params_t conn_params; /*当前连接参数*/
} connect;
/*ESP_GATTS_DISCONNECT_EVT，断开事件*/
struct gatts_disconnect_evt_param {
    uint16_t conn_id;                   /*连接 ID*/
    esp_bd_addr_t remote_bda;           /*远程蓝牙设备地址*/
    esp_gatt_conn_reason_t reason;      /*断开原因*/
} disconnect;
/*ESP_GATTS_OPEN_EVT，打开事件*/
struct gatts_open_evt_param {
    esp_gatt_status_t status;           /*操作状态*/
} open;
/*ESP_GATTS_CANCEL_OPEN_EVT，取消打开事件*/
struct gatts_cancel_open_evt_param {
    esp_gatt_status_t status;           /*操作状态*/
```

```
        } cancel_open;
    /*ESP_GATTS_CLOSE_EVT, 关闭事件*/
    struct gatts_close_evt_param {
        esp_gatt_status_t status;              /*操作状态*/
        uint16_t conn_id;                      /*连接 ID*/
    } close;
     /*ESP_GATTS_CONGEST_EVT, 阻塞事件*/
    struct gatts_congest_evt_param {
        uint16_t conn_id;                      /*连接 ID*/
        bool congested;                        /*是否阻塞*/
    } congest;
    /*ESP_GATTS_RESPONSE_EVT, 响应事件*/
    struct gatts_rsp_evt_param {
        esp_gatt_status_t status;              /*操作状态*/
        uint16_t handle;                       /*属性句柄*/
    } rsp;
    /*ESP_GATTS_CREAT_ATTR_TAB_EVT, 创建属性表事件*/
    struct gatts_add_attr_tab_evt_param{
        esp_gatt_status_t status;              /*操作状态*/
        esp_bt_uuid_t svc_uuid;                /*服务 UUID 类型*/
        uint8_t svc_inst_id;                   /*服务 ID*/
        uint16_t num_handle;                   /*加入数据库的属性句柄编号*/
        uint16_t *handles;                     /*句柄的编号*/
    } add_attr_tab;
  /*ESP_GATTS_SET_ATTR_VAL_EVT, 设置属性值事件*/
    struct gatts_set_attr_val_evt_param{
        uint16_t srvc_handle;                  /*服务句柄*/
        uint16_t attr_handle;                  /*属性句柄*/
        esp_gatt_status_t status;              /*操作状态*/
    } set_attr_val;
    /*ESP_GATTS_SEND_SERVICE_CHANGE_EVT, 服务更改事件*/
    struct gatts_send_service_change_evt_param{
        esp_gatt_status_t status;              /*操作状态*/
    } service_change;
} esp_ble_gatts_cb_param_t;
```

4. GATT 客户端相关数据类型

（1）esp_gattc_cb_event_t 类型。

GATT 客户端回调函数事件，是枚举类型，定义如下。

```
typedef enum {
    ESP_GATTC_REG_EVT = 0,              /*注册*/
    ESP_GATTC_UNREG_EVT = 1,           /*解除注册*/
    ESP_GATTC_OPEN_EVT = 2,            /*GATT 虚拟连接建立*/
    ESP_GATTC_READ_CHAR_EVT = 3,       /*GATT 特征读取*/
    ESP_GATTC_WRITE_CHAR_EVT = 4,      /*GATT 特征写操作完成*/
    ESP_GATTC_CLOSE_EVT = 5,           /*GATT 虚拟连接关闭*/
    ESP_GATTC_SEARCH_CMPL_EVT = 6,     /*GATT 发现服务完成*/
    ESP_GATTC_SEARCH_RES_EVT = 7,      /*获得服务发现结果*/
    ESP_GATTC_READ_DESCR_EVT = 8,      /*GATT 特征描述符读取完成*/
```

```
    ESP_GATTC_WRITE_DESCR_EVT = 9,          /*GATT 特征描述符写操作完成*/
    ESP_GATTC_NOTIFY_EVT = 10,              /*GATT 通知或指示到达*/
    ESP_GATTC_PREP_WRITE_EVT = 11,          /*GATT 准备写操作完成*/
    ESP_GATTC_EXEC_EVT = 12,                /*写操作执行完成*/
    ESP_GATTC_ACL_EVT = 13,                 /*ACL 连接完成*/
    ESP_GATTC_CANCEL_OPEN_EVT = 14,         /*客户端连接取消*/
    ESP_GATTC_SRVC_CHG_EVT = 15,            /*发生服务改变*/
    ESP_GATTC_ENC_CMPL_CB_EVT = 17,         /*加密程序完成*/
    ESP_GATTC_CFG_MTU_EVT = 18,             /*完成配置最大传输单元*/
    ESP_GATTC_ADV_DATA_EVT = 19,            /*广播数据*/
    ESP_GATTC_MULT_ADV_ENB_EVT = 20,        /*启动多播*/
    ESP_GATTC_MULT_ADV_UPD_EVT = 21,        /*多播参数更新*/
    ESP_GATTC_MULT_ADV_DATA_EVT = 22,       /*多播数据到达*/
    ESP_GATTC_MULT_ADV_DIS_EVT = 23,        /*禁用多播数据*/
    ESP_GATTC_CONGEST_EVT = 24,             /*连接阻塞*/
    ESP_GATTC_BTH_SCAN_ENB_EVT = 25,        /*启动批量扫描*/
    ESP_GATTC_BTH_SCAN_CFG_EVT = 26,        /*批量扫描存储配置完成*/
    ESP_GATTC_BTH_SCAN_RD_EVT = 27,         /*批量扫描读取事件*/
    ESP_GATTC_BTH_SCAN_THR_EVT = 28,        /*设置批量扫描阈值*/
    ESP_GATTC_BTH_SCAN_PARAM_EVT = 29,      /*设置批量扫描参数完成*/
    ESP_GATTC_BTH_SCAN_DIS_EVT = 30,        /*禁用批量扫描*/
    ESP_GATTC_SCAN_FLT_CFG_EVT = 31,        /*扫描过滤配置完成*/
    ESP_GATTC_SCAN_FLT_PARAM_EVT = 32,      /*设置扫描过滤参数*/
    ESP_GATTC_SCAN_FLT_STATUS_EVT = 33,     /*扫描过滤参数报告状态*/
    ESP_GATTC_ADV_VSC_EVT = 34,             /*广播制造商特定内容事件*/
    ESP_GATTC_REG_FOR_NOTIFY_EVT = 38,      /*服务注册通知完成*/
    ESP_GATTC_UNREG_FOR_NOTIFY_EVT = 39,    /*解除服务注册通知*/
    ESP_GATTC_CONNECT_EVT = 40,             /*物理层建立连接*/
    ESP_GATTC_DISCONNECT_EVT = 41,          /*物理层连接断开*/
    ESP_GATTC_READ_MULTIPLE_EVT = 42,       /*完成读取多个特征或描述符*/
    ESP_GATTC_QUEUE_FULL_EVT = 43,          /*命令队列满*/
    ESP_GATTC_SET_ASSOC_EVT = 44,           /*完成设置关联地址*/
    ESP_GATTC_GET_ADDR_LIST_EVT = 45,       /*获取缓存中的地址列表*/
    ESP_GATTC_DIS_SRVC_CMPL_EVT = 46,       /*完成发现服务*/
} esp_gattc_cb_event_t;
```

（2）esp_ble_gattc_cb_param_t 类型。

GATT 客户端回调参数，是联合体类型，定义如下。

```
typedef union {
    /*ESP_GATTC_REG_EVT, 注册事件*/
    struct gattc_reg_evt_param {
        esp_gatt_status_t status;           /*操作状态*/
        uint16_t app_id;                    /*应用 ID*/
    } reg;
    /*ESP_GATTC_OPEN_EVT, 打开事件*/
    struct gattc_open_evt_param {
        esp_gatt_status_t status;               /*操作状态*/
```

```
            uint16_t conn_id;                    /*连接 ID*/
            esp_bd_addr_t remote_bda;            /*远程蓝牙设备地址*/
            uint16_t mtu;                        /*最大传输单元大小*/
        } open;
        /*ESP_GATTC_CLOSE_EVT, 关闭事件*/
        struct gattc_close_evt_param {
            esp_gatt_status_t status;            /*操作状态*/
            uint16_t conn_id;                    /*连接 ID*/
            esp_bd_addr_t remote_bda;            /*远程蓝牙设备地址*/
            esp_gatt_conn_reason_t reason;       /*连接关闭原因*/
        } close;
        /*ESP_GATTC_CFG_MTU_EVT, 配置最大传输单元事件*/
        struct gattc_cfg_mtu_evt_param {
            esp_gatt_status_t status;            /*操作状态*/
            uint16_t conn_id;                    /*连接 ID*/
            uint16_t mtu;                        /*最大传输单元大小*/
        } cfg_mtu;
        /*ESP_GATTC_SEARCH_CMPL_EVT, 搜索完成事件*/
        struct gattc_search_cmpl_evt_param {
            esp_gatt_status_t status;                    /*操作状态*/
            uint16_t conn_id;                            /*连接 ID*/
            esp_service_source_t searched_service_source; /*服务信息源*/
        } search_cmpl;
        /*ESP_GATTC_SEARCH_RES_EVT, 搜索结果事件*/
        struct gattc_search_res_evt_param {
            uint16_t conn_id;                    /*连接 ID*/
            uint16_t start_handle;               /*服务开始句柄*/
            uint16_t end_handle;                 /*服务结束句柄*/
            esp_gatt_id_t srvc_id;               /*服务 ID*/
            bool     is_primary;                 /*是否为主服务*/
        } search_res;
        /*ESP_GATTC_READ_CHAR_EVT, ESP_GATTC_READ_DESCR_EVT, 读事件*/
        struct gattc_read_char_evt_param {
            esp_gatt_status_t status;            /*操作状态*/
            uint16_t conn_id;                    /*连接 ID*/
            uint16_t handle;                     /*特征句柄*/
            uint8_t *value;                      /*特征值*/
            uint16_t value_len;                  /*特征值长度*/
        } read;
        /*ESP_GATTC_WRITE_CHAR_EVT,ESP_GATTC_PREP_WRITE_EVT, ESP_GATTC_WRITE_DESCR_EVT,写
事件*/
        struct gattc_write_evt_param {
            esp_gatt_status_t status;            /*操作状态*/
            uint16_t conn_id;                    /*连接 ID*/
            uint16_t handle;                     /*句柄*/
            uint16_t offset;                     /*偏移量*/
        } write;
        /*ESP_GATTC_EXEC_EVT, 执行事件*/
```

```
struct gattc_exec_cmpl_evt_param {
    esp_gatt_status_t status;           /*操作状态*/
    uint16_t conn_id;                   /*连接 ID*/
} exec_cmpl;
/*ESP_GATTC_NOTIFY_EVT, 通知事件*/
struct gattc_notify_evt_param {
    uint16_t conn_id;                   /*连接 ID*/
    esp_bd_addr_t remote_bda;           /*远程蓝牙设备地址*/
    uint16_t handle;                    /*句柄*/
    uint16_t value_len;                 /*通知属性值长度*/
    uint8_t *value;                     /*通知属性值*/
    bool is_notify;                     /*是否为通知*/
} notify;
/*ESP_GATTC_SRVC_CHG_EVT, 服务更改事件*/
struct gattc_srvc_chg_evt_param {
    esp_bd_addr_t remote_bda;           /*远程蓝牙设备地址*/
} srvc_chg;
/*ESP_GATTC_CONGEST_EVT, 阻塞事件*/
struct gattc_congest_evt_param {
    uint16_t conn_id;                   /*连接 ID*/
    bool congested;                     /*是否阻塞*/
} congest;
/*ESP_GATTC_REG_FOR_NOTIFY_EVT, 注册通知事件*/
struct gattc_reg_for_notify_evt_param {
    esp_gatt_status_t status;           /*操作状态*/
    uint16_t handle;                    /*句柄*/
} reg_for_notify;
/*ESP_GATTC_UNREG_FOR_NOTIFY_EVT, 解除注册通知事件*/
struct gattc_unreg_for_notify_evt_param {
    esp_gatt_status_t status;           /*操作状态*/
    uint16_t handle;                    /*句柄*/
} unreg_for_notify;
/*ESP_GATTC_CONNECT_EVT, 连接事件*/
struct gattc_connect_evt_param {
    uint16_t conn_id;                   /*连接 ID*/
    uint8_t link_role;                  /*连接角色: 主机= 0, 从机= 1*/
    esp_bd_addr_t remote_bda;           /*远程蓝牙设备地址*/
    esp_gatt_conn_params_t conn_params; /*当前连接参数*/
} connect;
/*ESP_GATTC_DISCONNECT_EVT, 断开连接事件*/
struct gattc_disconnect_evt_param {
    esp_gatt_conn_reason_t reason;      /*断开原因*/
    uint16_t conn_id;                   /*连接 ID*/
    esp_bd_addr_t remote_bda;           /*远程蓝牙设备地址*/
} disconnect;
/*ESP_GATTC_SET_ASSOC_EVT, 设置关联事件*/
struct gattc_set_assoc_addr_cmp_evt_param {
    esp_gatt_status_t status;           /*操作状态*/
} set_assoc_cmp;
```

```
        /*ESP_GATTC_GET_ADDR_LIST_EVT, 获取地址列表*/
        struct gattc_get_addr_list_evt_param {
            esp_gatt_status_t status;          /*操作状态*/
            uint8_t num_addr;                  /*缓存地址列表的地址编号*/
            esp_bd_addr_t *addr_list;          /*地址指针*/
        } get_addr_list;
        /*ESP_GATTC_QUEUE_FULL_EVT, 队列充满事件*/
        struct gattc_queue_full_evt_param {
            esp_gatt_status_t status;          /*操作状态*/
            uint16_t conn_id;                  /*连接 ID*/
            bool    is_full;                   /*是否已满*/
        } queue_full;
        /*ESP_GATTC_DIS_SRVC_CMPL_EVT, 发现服务完成事件*/
        struct gattc_dis_srvc_cmpl_evt_param {
            esp_gatt_status_t status;          /*操作状态*/
            uint16_t conn_id;                  /*连接 ID*/
        } dis_srvc_cmpl;
} esp_ble_gattc_cb_param_t;
```

5. BLUFI 相关数据类型

BLUFI 是基于 GATT 的配置文件，用于 ESP32 Wi-Fi 连接/断开 AP 或设置 SoftAP 等。

（1）esp_blufi_callbacks_t 类型。

BLUFI 回调，是结构体类型，定义如下。

```
typedef struct {
    esp_blufi_event_cb_t  event_cb;  /*事件回调*/
    esp_blufi_negotiate_data_handler_t  negotiate_data_handler;  /*协商数据函数*/
    esp_blufi_encrypt_func_t  encrypt_func;        /*加密数据函数*/
    esp_blufi_decrypt_func_t  decrypt_func;        /*解密数据函数*/
    esp_blufi_checksum_func_t  checksum_func;      /*校验和函数*/
} esp_blufi_callbacks_t;
```

（2）esp_blufi_cb_event_t 类型。

回调事件，是枚举类型，定义如下。

```
typedef enum {
    ESP_BLUFI_EVENT_INIT_FINISH = 0,   /*完成初始化*/
    ESP_BLUFI_EVENT_DEINIT_FINISH,     /*完成去初始化*/
    ESP_BLUFI_EVENT_SET_WIFI_OPMODE,   /*手机设置 ESP32 的 Wi-Fi 操作模式*/
    ESP_BLUFI_EVENT_BLE_CONNECT,       /*手机连接 BLE*/
    ESP_BLUFI_EVENT_BLE_DISCONNECT,    /*手机断开 BLE*/
    ESP_BLUFI_EVENT_REQ_CONNECT_TO_AP, /*手机请求 STA 连接 AP*/
    ESP_BLUFI_EVENT_REQ_DISCONNECT_FROM_AP, /*手机请求 STA 断开 AP*/
    ESP_BLUFI_EVENT_GET_WIFI_STATUS,   /*手机获取 Wi-Fi 状态*/
    ESP_BLUFI_EVENT_DEAUTHENTICATE_STA, /*手机解除 STA 身份验证*/
    ESP_BLUFI_EVENT_RECV_STA_BSSID,    /*手机发送 STA BSSID 到 ESP32 连接*/
    ESP_BLUFI_EVENT_RECV_STA_SSID,     /*手机发送 STA SSID 到 ESP32 连接*/
    ESP_BLUFI_EVENT_RECV_STA_PASSWD,   /*手机发送 STA 密码到 ESP32 连接*/
    ESP_BLUFI_EVENT_RECV_SOFTAP_SSID,  /*手机发送 SoftAP SSID 到 ESP32*/
    ESP_BLUFI_EVENT_RECV_SOFTAP_PASSWD, /*手机发送 SoftAP 密码*/
```

```
    ESP_BLUFI_EVENT_RECV_SOFTAP_MAX_CONN_NUM, /*发送最大连接数*/
    ESP_BLUFI_EVENT_RECV_SOFTAP_AUTH_MODE, /*发送 SoftAP 认证模式*/
    ESP_BLUFI_EVENT_RECV_SOFTAP_CHANNEL,    /*手机发送 SoftAP 信道*/
    ESP_BLUFI_EVENT_RECV_USERNAME, /*手机发送用户名*/
    ESP_BLUFI_EVENT_RECV_CA_CERT,   /*手机发送认证机构认证*/
    ESP_BLUFI_EVENT_RECV_CLIENT_CERT,    /*手机发送客户端认证*/
    ESP_BLUFI_EVENT_RECV_SERVER_CERT,     /*手机发送服务器端认证*/
    ESP_BLUFI_EVENT_RECV_CLIENT_PRIV_KEY, /*手机发送客户端私钥*/
    ESP_BLUFI_EVENT_RECV_SERVER_PRIV_KEY,  /*手机发送服务器端私钥*/
    ESP_BLUFI_EVENT_RECV_SLAVE_DISCONNECT_BLE, /*手机发送断开密钥*/
    ESP_BLUFI_EVENT_GET_WIFI_LIST,      /*手机发送获取 Wi-Fi 列表命令*/
    ESP_BLUFI_EVENT_REPORT_ERROR,       /*BLUFI 报告错误*/
    ESP_BLUFI_EVENT_RECV_CUSTOM_DATA, /*手机发送定制数据*/
} esp_blufi_cb_event_t;
```

（3）esp_blufi_sta_conn_state_t 类型。

BLUFI 连接配置状态，是枚举类型，定义如下。

```
typedef enum {
    ESP_BLUFI_STA_CONN_SUCCESS = 0x00,    //成功
    ESP_BLUFI_STA_CONN_FAIL    = 0x01,    //失败
} esp_blufi_sta_conn_state_t;
```

（4）esp_blufi_init_state_t 类型。

BLUFI 初始化状态，是枚举类型，定义如下。

```
typedef enum {
    ESP_BLUFI_INIT_OK = 0,    //成功
    ESP_BLUFI_INIT_FAILED,    //失败
} esp_blufi_init_state_t;
```

（5）esp_blufi_deinit_state_t 类型。

BLUFI 去初始化状态，是枚举类型，定义如下。

```
typedef enum {
    ESP_BLUFI_DEINIT_OK = 0,    //成功
    ESP_BLUFI_DEINIT_FAILED,    //失败
} esp_blufi_deinit_state_t;
```

（6）esp_blufi_error_state_t 类型。

BLUFI 错误状态，是枚举类型，定义如下。

```
typedef enum {
    ESP_BLUFI_SEQUENCE_ERROR = 0,   //序列错误
    ESP_BLUFI_CHECKSUM_ERROR,         //校验错误
    ESP_BLUFI_DECRYPT_ERROR,          //解密错误
    ESP_BLUFI_ENCRYPT_ERROR,          //加密错误
    ESP_BLUFI_INIT_SECURITY_ERROR, //初始化安全错误
    ESP_BLUFI_DH_MALLOC_ERROR,      //分配错误
    ESP_BLUFI_DH_PARAM_ERROR,       //参数错误
    ESP_BLUFI_READ_PARAM_ERROR,      //读参数错误
    ESP_BLUFI_MAKE_PUBLIC_ERROR,     //公共错误
    ESP_BLUFI_DATA_FORMAT_ERROR,     //数据格式错误
} esp_blufi_error_state_t;
```

（7）esp_blufi_extra_info_t 类型。

BLUFI 额外信息，是结构体类型，定义如下。

```
typedef struct {
    uint8_t sta_bssid[6];                /*站点接口 BSSID*/
    bool sta_bssid_set;                  /*是否为站点接口集的 BSSID*/
    uint8_t *sta_ssid;                   /*站点接口 SSID*/
    int sta_ssid_len;                    /*站点接口 SSID 长度*/
    uint8_t *sta_passwd;                 /*站点接口密码*/
    int sta_passwd_len;                  /*站点接口密码长度*/
    uint8_t *softap_ssid;                /*SoftAP 接口 SSID*/
    int softap_ssid_len;                 /*SoftAP 接口 SSID 长度*/
    uint8_t *softap_passwd;              /*站点接口密码*/
    int softap_passwd_len;               /*站点接口密码长度*/
    uint8_t softap_authmode;             /*SoftAP 接口的认证模式*/
    bool softap_authmode_set;            /*是否为 SoftAP 接口集的认证模式*/
    uint8_t softap_max_conn_num;         /*SoftAP 接口最大连接数量*/
    bool softap_max_conn_num_set;        /*是否为 SoftAP 接口集的最大连接数量*/
    uint8_t softap_channel;              /*SoftAP 接口信道*/
    bool softap_channel_set;             /*是否为 SoftAP 接口集的信道*/
} esp_blufi_extra_info_t;
```

（8）esp_blufi_ap_record_t 类型。

Wi-Fi AP 的描述，是结构体类型，定义如下。

```
typedef struct {
    uint8_t ssid[33];                        /*AP 的 SSID*/
    int8_t  rssi;                            /*AP 的信号强度*/
} esp_blufi_ap_record_t;
```

（9）esp_blufi_cb_param_t 类型。

BLUFI 回调参数，是联合体类型，定义如下。

```
typedef union {
    /*ESP_BLUFI_EVENT_INIT_FINISH, 初始化完成*/
    struct blufi_init_finish_evt_param {
        esp_blufi_init_state_t state;               /*初始化状态*/
    } init_finish;
    /*ESP_BLUFI_EVENT_DEINIT_FINISH, 去初始化完成*/
    struct blufi_deinit_finish_evt_param {
        esp_blufi_deinit_state_t state;             /*去初始化状态*/
    } deinit_finish;
    /*ESP_BLUFI_EVENT_SET_WIFI_MODE, 设置 Wi-Fi 模式 */
    struct blufi_set_wifi_mode_evt_param {
        wifi_mode_t op_mode;                        /*Wi-Fi 操作模式*/
    } wifi_mode;
    /*ESP_BLUFI_EVENT_CONNECT, 连接事件*/
    struct blufi_connect_evt_param {
        esp_bd_addr_t remote_bda;         /*远程蓝牙设备地址*/
        uint8_t    server_if;             /*服务器端接口*/
        uint16_t   conn_id;               /*连接 ID*/
    } connect;
```

```
/*ESP_BLUFI_EVENT_DISCONNECT, 断开事件*/
struct blufi_disconnect_evt_param {
    esp_bd_addr_t remote_bda;                    /*远程蓝牙设备地址*/
} disconnect;
/*ESP_BLUFI_EVENT_RECV_STA_BSSID, 接收站点 BSSID*/
struct blufi_recv_sta_bssid_evt_param {
    uint8_t bssid[6];                            /*BSSID*/
} sta_bssid;
/*ESP_BLUFI_EVENT_RECV_STA_SSID, 接收站点 SSID*/
struct blufi_recv_sta_ssid_evt_param {
    uint8_t *ssid;                               /*SSID*/
    int ssid_len;                                /*SSID 长度*/
} sta_ssid;
/*ESP_BLUFI_EVENT_RECV_STA_PASSWD, 接收站点密码*/
struct blufi_recv_sta_passwd_evt_param {
    uint8_t *passwd;                             /*密码*/
    int passwd_len;                              /*密码长度*/
} sta_passwd;
/*ESP_BLUFI_EVENT_RECV_SOFTAP_SSID, 接收 SoftAP 的 SSID*/
struct blufi_recv_softap_ssid_evt_param {
    uint8_t *ssid;                               /*SSID*/
    int ssid_len;                                /*SSID 长度*/
} softap_ssid;
/*ESP_BLUFI_EVENT_RECV_SOFTAP_PASSWD, 接收 SoftAP 的密码*/
struct blufi_recv_softap_passwd_evt_param {
    uint8_t *passwd;                             /*密码*/
    int passwd_len;                              /*密码长度*/
} softap_passwd
/*ESP_BLUFI_EVENT_RECV_SOFTAP_MAX_CONN_NUM, 最大连接数*/
struct blufi_recv_softap_max_conn_num_evt_param {
    int max_conn_num;                            /*SSID*/
} softap_max_conn_num;
/*ESP_BLUFI_EVENT_RECV_SOFTAP_AUTH_MODE, SoftAP 的认证模式*/
struct blufi_recv_softap_auth_mode_evt_param {
    wifi_auth_mode_t auth_mode;                  /*认证模式*/
} softap_auth_mode;
/*ESP_BLUFI_EVENT_RECV_SOFTAP_CHANNEL, SoftAP 信道*/
struct blufi_recv_softap_channel_evt_param {
    uint8_t channel;                             /*认证模式*/
} softap_channel;
/*ESP_BLUFI_EVENT_RECV_USERNAME, 接收用户名*/
struct blufi_recv_username_evt_param {
    uint8_t *name;                               /*用户名指针*/
    int name_len;                                /*长度*/
} username;
/*ESP_BLUFI_EVENT_RECV_CA_CERT, 接收认证机构认证*/
struct blufi_recv_ca_evt_param {
    uint8_t *cert;                               /*认证机构认证指针*/
    int cert_len;                                /*长度*/
} ca;
```

```
/*ESP_BLUFI_EVENT_RECV_CLIENT_CERT,接收客户端认证*/
struct blufi_recv_client_cert_evt_param {
    uint8_t *cert;                                /*客户端认证指针*/
    int cert_len;                                 /*长度*/
} client_cert;
/* ESP_BLUFI_EVENT_RECV_SERVER_CERT,接收服务器端认证*/
struct blufi_recv_server_cert_evt_param {
    uint8_t *cert;                                /*服务器端认证指针*/
    int cert_len;                                 /*长度*/
} server_cert;
/*ESP_BLUFI_EVENT_RECV_CLIENT_PRIV_KEY,接收客户端私钥*/
struct blufi_recv_client_pkey_evt_param {
    uint8_t *pkey;                                /*私钥指针*/
    int pkey_len;                                 /*长度*/
} client_pkey;
/*ESP_BLUFI_EVENT_RECV_SERVER_PRIV_KEY,接收服务器端私钥*/
struct blufi_recv_server_pkey_evt_param {
    uint8_t *pkey;                                /*私钥指针*/
    int pkey_len;                                 /*长度*/
} server_pkey;
/*ESP_BLUFI_EVENT_REPORT_ERROR,报告错误*/
struct blufi_get_error_evt_param {
    esp_blufi_error_state_t state;                /*错误状态*/
} report_error;
/*ESP_BLUFI_EVENT_RECV_CUSTOM_DATA,接收定制数据*/
struct blufi_recv_custom_data_evt_param {
    uint8_t *data;                                /*定制数据*/
    uint32_t data_len;                            /*长度*/
} custom_data;
} esp_blufi_cb_param_t;
```

Controller & VHCI、BT COMMON、BLE 的 API 请扫描二维码获取。

Controller & VHCI
等相关 API

8.4　ESP32 蓝牙示例程序

本节基于 ESP-IDF、MicroPython、Arduino 开发环境，给出 BLE 的基础应用
示例程序，介绍如何通过手机控制 ESP32 开发板上的 LED。电路连接如图 8-3 所
示，LED 正极连接 GPIO 2 号引脚。

ESP32 蓝牙示例
程序

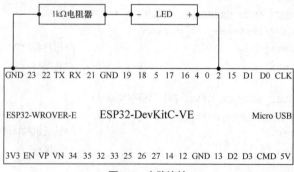

图 8-3　电路连接

8.4.1 基于 ESP-IDF 开发应用

本小节基于 ESP-IDF 的蓝牙应用，以 BLE 的 GATT 服务器端为例，从手机应用市场下载 "BLE 调试助手" 程序并安装，实现开发板的服务器端与手机客户端之间的通信控制。本例通过修改 ESP-IDF 自带示例 blink 和 gatt_server，将手机作为客户端、ESP32 作为 GATT 服务器端。修改 sdkconfig 文件中的 CONFIG_BLINK_GPIO=2，通过 VS Code 编辑，代码如下。

```c
#include <stdio.h>
#include <stdlib.h>
#include <string.h>
#include "freertos/FreeRTOS.h"
#include "freertos/task.h"
#include "freertos/event_groups.h"
#include "esp_system.h"
#include "esp_log.h"
#include "nvs_flash.h"
#include "esp_bt.h"
#include "esp_gap_ble_api.h"
#include "esp_gatts_api.h"
#include "esp_bt_defs.h"
#include "esp_bt_main.h"
#include "esp_gatt_common_api.h"
#include <stdio.h>
#include "freertos/FreeRTOS.h"
#include "freertos/task.h"
#include "driver/gpio.h"
#include "sdkconfig.h"
#define BLINK_GPIO CONFIG_BLINK_GPIO
void turn_on_led(){            /*打开 LED */
    printf("Turning on the LED\n");
    gpio_set_level(BLINK_GPIO, 1);
    vTaskDelay(1000 / portTICK_PERIOD_MS);
}
void turn_off_led(){    /*关闭 LED*/
    printf("Turning off the LED\n");
    gpio_set_level(BLINK_GPIO, 0);
    vTaskDelay(1000 / portTICK_PERIOD_MS);
}
#define GATTS_TAG "GATTS_DEMO"
static void gatts_profile_a_event_handler(esp_gatts_cb_event_t event, esp_gatt_if_t
gatts_if, esp_ble_gatts_cb_param_t *param);        //声明静态函数
#define GATTS_SERVICE_UUID_TEST_A    0x00FF    //测试服务 UUID
#define GATTS_CHAR_UUID_TEST_A       0xFF01
#define GATTS_DESCR_UUID_TEST_A      0x3333
#define GATTS_NUM_HANDLE_TEST_A      4
#define GATTS_SERVICE_UUID_TEST_B    0x00EE
#define GATTS_CHAR_UUID_TEST_B       0xEE01
#define GATTS_DESCR_UUID_TEST_B      0x2222
#define GATTS_NUM_HANDLE_TEST_B      4
#define TEST_DEVICE_NAME             "ESP_GATTS_DEMO"    //广播设备名称
#define TEST_MANUFACTURER_DATA_LEN   17
#define GATTS_DEMO_CHAR_VAL_LEN_MAX  0x40
#define PREPARE_BUF_MAX_SIZE 1024
```

```
static uint8_t char1_str[] = {0x11,0x22,0x33};
static esp_gatt_char_prop_t a_property = 0;
static esp_gatt_char_prop_t b_property = 0;
static esp_attr_value_t gatts_demo_char1_val =      //属性值
{
    .attr_max_len = GATTS_DEMO_CHAR_VAL_LEN_MAX,
    .attr_len     = sizeof(char1_str),
    .attr_value   = char1_str,
};
static uint8_t adv_config_done = 0;
#define adv_config_flag      (1 << 0)
#define scan_rsp_config_flag (1 << 1)
#ifdef CONFIG_SET_RAW_ADV_DATA      //定义广播数据
static uint8_t raw_adv_data[] = {   //广播数据
        0x02, 0x01, 0x06,
        0x02, 0x0a, 0xeb, 0x03, 0x03, 0xab, 0xcd
};
static uint8_t raw_scan_rsp_data[] = {    //扫描响应数据
        0x0f, 0x09, 0x45, 0x53, 0x50, 0x5f, 0x47, 0x41, 0x54, 0x54, 0x53, 0x5f, 0x44,
        0x45, 0x4d, 0x4f
};
#else
static uint8_t adv_service_uuid128[32] = {      //广播服务 UUID
    /*LSB <-> MSB */
    //第一个 UUID, 16 位, [12]、[13]位是值
    0xfb, 0x34, 0x9b, 0x5f, 0x80, 0x00, 0x00, 0x80, 0x00, 0x10, 0x00, 0x00, 0xEE, 0x
00, 0x00, 0x00,
    //第二个 UUID, 32 位, [12]、[13]、[14]、[15]位是值
    0xfb, 0x34, 0x9b, 0x5f, 0x80, 0x00, 0x00, 0x80, 0x00, 0x10, 0x00, 0x00, 0xFF, 0x
00, 0x00, 0x00,
};
//广播数据小于 31 字节
//static uint8_t test_manufacturer[TEST_MANUFACTURER_DATA_LEN] =  {0x12, 0x23, 0x45,
0x56};   测试时用
static esp_ble_adv_data_t adv_data = {//广播数据
    .set_scan_rsp = false,
    .include_name = true,
    .include_txpower = false,
    .min_interval = 0x0006, //slave connection min interval, Time = min_interval *
1.25 msec
    .max_interval = 0x0010, //slave connection max interval, Time = max_interval *
1.25 msec
    .appearance = 0x00,
    .manufacturer_len = 0, //TEST_MANUFACTURER_DATA_LEN,
    .p_manufacturer_data =  NULL, //&test_manufacturer[0],
    .service_data_len = 0,
    .p_service_data = NULL,
    .service_uuid_len = sizeof(adv_service_uuid128),
    .p_service_uuid = adv_service_uuid128,
    .flag = (ESP_BLE_ADV_FLAG_GEN_DISC | ESP_BLE_ADV_FLAG_BREDR_NOT_SPT),
};
static esp_ble_adv_data_t scan_rsp_data = {//扫描响应数据
    .set_scan_rsp = true,
    .include_name = true,
```

```
        .include_txpower = true,
        //.min_interval = 0x0006,
        //.max_interval = 0x0010,
        .appearance = 0x00,
        .manufacturer_len = 0, //TEST_MANUFACTURER_DATA_LEN,
        .p_manufacturer_data =  NULL, //&test_manufacturer[0],
        .service_data_len = 0,
        .p_service_data = NULL,
        .service_uuid_len = sizeof(adv_service_uuid128),
        .p_service_uuid = adv_service_uuid128,
        .flag = (ESP_BLE_ADV_FLAG_GEN_DISC | ESP_BLE_ADV_FLAG_BREDR_NOT_SPT),
    };
    #endif /* CONFIG_SET_RAW_ADV_DATA */
    static esp_ble_adv_params_t adv_params = {    //广播参数
        .adv_int_min        = 0x20,
        .adv_int_max        = 0x40,
        .adv_type           = ADV_TYPE_IND,
        .own_addr_type      = BLE_ADDR_TYPE_PUBLIC,
        //.peer_addr             =
        //.peer_addr_type        =
        .channel_map        = ADV_CHNL_ALL,
        .adv_filter_policy = ADV_FILTER_ALLOW_SCAN_ANY_CON_ANY,
    };
    #define PROFILE_NUM 2
    #define PROFILE_A_APP_ID 0
    #define PROFILE_B_APP_ID 1
    struct gatts_profile_inst {     //GATT 配置参数
        esp_gatts_cb_t gatts_cb;
        uint16_t gatts_if;
        uint16_t app_id;
        uint16_t conn_id;
        uint16_t service_handle;
        esp_gatt_srvc_id_t service_id;
        uint16_t char_handle;
        esp_bt_uuid_t char_uuid;
        esp_gatt_perm_t perm;
        esp_gatt_char_prop_t property;
        uint16_t descr_handle;
        esp_bt_uuid_t descr_uuid;
    };
    /*配置文件, 这个数组将存储 ESP_GATTS_REG_EVT 返回的 gatts_if*/
    static struct gatts_profile_inst gl_profile_tab[PROFILE_NUM] = {
        [PROFILE_A_APP_ID] = {
            .gatts_cb = gatts_profile_a_event_handler,   //回调句柄
            .gatts_if = ESP_GATT_IF_NONE,                //没有获得 gatts_if
        },
    };
    typedef struct {
        uint8_t  *prepare_buf;
        int       prepare_len;
    } prepare_type_env_t;  //定义准备结构体
    static prepare_type_env_t a_prepare_write_env;      //准备写入
    void example_write_event_env(esp_gatt_if_t gatts_if, prepare_type_env_t *prepare_wri
te_env, esp_ble_gatts_cb_param_t *param);
```

```
    void example_exec_write_event_env(prepare_type_env_t *prepare_write_env, esp_ble_gat
ts_cb_param_t *param);
    static void gap_event_handler(esp_gap_ble_cb_event_t event, esp_ble_gap_cb_param_t *
param)
    {   //GAP 事件句柄
        switch (event) {
#ifdef CONFIG_SET_RAW_ADV_DATA
        case ESP_GAP_BLE_ADV_DATA_RAW_SET_COMPLETE_EVT:      //原始数据设置完成
            adv_config_done &= (~adv_config_flag);
            if (adv_config_done==0){
                esp_ble_gap_start_advertising(&adv_params);
            }
            break;
        case ESP_GAP_BLE_SCAN_RSP_DATA_RAW_SET_COMPLETE_EVT:   //响应设置完成
            adv_config_done &= (~scan_rsp_config_flag);
            if (adv_config_done==0){
                esp_ble_gap_start_advertising(&adv_params);
            }
            break;
#else
        case ESP_GAP_BLE_ADV_DATA_SET_COMPLETE_EVT:      //广播数据设置完成
            adv_config_done &= (~adv_config_flag);
            if (adv_config_done == 0){
                esp_ble_gap_start_advertising(&adv_params);
            }
            break;
        case ESP_GAP_BLE_SCAN_RSP_DATA_SET_COMPLETE_EVT:    //扫描响应设置完成
            adv_config_done &= (~scan_rsp_config_flag);
            if (adv_config_done == 0){
                esp_ble_gap_start_advertising(&adv_params);
            }
            break;
#endif
        case ESP_GAP_BLE_ADV_START_COMPLETE_EVT:     //开启广播完成
            //advertising start complete event to indicate advertising start successfully
or failed
            if (param->adv_start_cmpl.status != ESP_BT_STATUS_SUCCESS) {
                ESP_LOGE(GATTS_TAG, "Advertising start failed\n");
            }
            break;
        case ESP_GAP_BLE_ADV_STOP_COMPLETE_EVT:    //停止广播完成
            if (param->adv_stop_cmpl.status != ESP_BT_STATUS_SUCCESS) {
                ESP_LOGE(GATTS_TAG, "Advertising stop failed\n");
            } else {
                ESP_LOGI(GATTS_TAG, "Stop adv successfully\n");
            }
            break;
        case ESP_GAP_BLE_UPDATE_CONN_PARAMS_EVT:    //更新参数
            ESP_LOGI(GATTS_TAG, "update connection params status = %d, min_int = %d, max_
int = %d,conn_int = %d,latency = %d, timeout = %d",
                        param->update_conn_params.status,
                        param->update_conn_params.min_int,
                        param->update_conn_params.max_int,
                        param->update_conn_params.conn_int,
```

```
                    param->update_conn_params.latency,
                    param->update_conn_params.timeout);
            break;
        default:
            break;
        }
    }
    void example_write_event_env(esp_gatt_if_t gatts_if, prepare_type_env_t *prepare_wri
te_env, esp_ble_gatts_cb_param_t *param){      //写入事件
        esp_gatt_status_t status = ESP_GATT_OK;
        if (param->write.need_rsp){
            if (param->write.is_prep){
                if (prepare_write_env->prepare_buf == NULL) {
                    prepare_write_env->prepare_buf = (uint8_t *)malloc(PREPARE_BUF_MAX_
SIZE*sizeof(uint8_t));      //分配空间
                    prepare_write_env->prepare_len = 0;
                    if (prepare_write_env->prepare_buf == NULL) {
                        ESP_LOGE(GATTS_TAG, "Gatt server prep no mem\n");
                        status = ESP_GATT_NO_RESOURCES;
                    }
                } else {
                    if(param->write.offset > PREPARE_BUF_MAX_SIZE) {    //准备缓存空间
                        status = ESP_GATT_INVALID_OFFSET;
                    } else if ((param->write.offset + param->write.len) > PREPARE_BUF_MAX_
SIZE) {
                 //异常处理
                        status = ESP_GATT_INVALID_ATTR_LEN;
                    }
                }
                esp_gatt_rsp_t *gatt_rsp = (esp_gatt_rsp_t *)malloc(sizeof(esp_gatt_rsp_t));
                gatt_rsp->attr_value.len = param->write.len;
                gatt_rsp->attr_value.handle = param->write.handle;
                gatt_rsp->attr_value.offset = param->write.offset;
                gatt_rsp->attr_value.auth_req = ESP_GATT_AUTH_REQ_NONE;
                memcpy(gatt_rsp->attr_value.value, param->write.value, param->write.len);
                esp_err_t response_err = esp_ble_gatts_send_response(gatts_if, param->wr
ite.conn_id, param->write.trans_id, status, gatt_rsp);    //响应处理
                if (response_err != ESP_OK){      //故障处理
                    ESP_LOGE(GATTS_TAG, "Send response error\n");
                }
                free(gatt_rsp);
                if (status != ESP_GATT_OK){
                    return;
                }
                memcpy(prepare_write_env->prepare_buf + param->write.offset,
                        param->write.value,
                        param->write.len);
                prepare_write_env->prepare_len += param->write.len;
            }else{
                esp_ble_gatts_send_response(gatts_if, param->write.conn_id, param->write
.trans_id, status, NULL);
            }
        }
    }
    void example_exec_write_event_env(prepare_type_env_t *prepare_write_env, esp_ble_gat
```

```
ts_cb_param_t *param){  //执行写入事件
        if (param->exec_write.exec_write_flag == ESP_GATT_PREP_WRITE_EXEC){
            esp_log_buffer_hex(GATTS_TAG, prepare_write_env->prepare_buf, prepare_write_
env->prepare_len);  //写入
        }else{
            ESP_LOGI(GATTS_TAG,"ESP_GATT_PREP_WRITE_CANCEL");  //取消写入
        }
        if (prepare_write_env->prepare_buf) {  //写入后续处理
            free(prepare_write_env->prepare_buf);
            prepare_write_env->prepare_buf = NULL;
        }
        prepare_write_env->prepare_len = 0;
    }
    static void gatts_profile_a_event_handler(esp_gatts_cb_event_t event, esp_gatt_if_
t gatts_if, esp_ble_gatts_cb_param_t *param) {  //配置事件句柄
        switch (event) {
        case ESP_GATTS_REG_EVT:  //注册事件
            ESP_LOGI(GATTS_TAG, "REGISTER_APP_EVT, status %d, app_id %d\n", param->reg.
status, param->reg.app_id);
            gl_profile_tab[PROFILE_A_APP_ID].service_id.is_primary = true;
            gl_profile_tab[PROFILE_A_APP_ID].service_id.id.inst_id = 0x00;
            gl_profile_tab[PROFILE_A_APP_ID].service_id.id.uuid.len = ESP_UUID_LEN_16;
            gl_profile_tab[PROFILE_A_APP_ID].service_id.id.uuid.uuid.uuid16 = GATTS_SERV
ICE_UUID_TEST_A;
            esp_err_t set_dev_name_ret = esp_ble_gap_set_device_name(TEST_DEVICE_NAME);
            if (set_dev_name_ret){
                ESP_LOGE(GATTS_TAG, "set device name failed, error code = %x", set_dev_
name_ret);
            }
    #ifdef CONFIG_SET_RAW_ADV_DATA
            esp_err_t raw_adv_ret = esp_ble_gap_config_adv_data_raw(raw_adv_data, sizeof
(raw_adv_data));
            if (raw_adv_ret){
                ESP_LOGE(GATTS_TAG, "config raw adv data failed, error code = %x ", raw_
adv_ret);
            }
            adv_config_done |= adv_config_flag;
            esp_err_t raw_scan_ret = esp_ble_gap_config_scan_rsp_data_raw(raw_scan_rsp_
data, sizeof(raw_scan_rsp_data));
            if (raw_scan_ret){
                ESP_LOGE(GATTS_TAG, "config raw scan rsp data failed, error code = %x",
raw_scan_ret);
            }
            adv_config_done |= scan_rsp_config_flag;
    #else
            //配置广播数据
            esp_err_t ret = esp_ble_gap_config_adv_data(&adv_data);
            if (ret){
                ESP_LOGE(GATTS_TAG, "config adv data failed, error code = %x", ret);
            }
            adv_config_done |= adv_config_flag;
            //配置扫描响应数据
            ret = esp_ble_gap_config_adv_data(&scan_rsp_data);
            if (ret){
                ESP_LOGE(GATTS_TAG, "config scan response data failed, error code = %x",
```

```
ret);
            }
            adv_config_done |= scan_rsp_config_flag;
    #endif
            esp_ble_gatts_create_service(gatts_if, &gl_profile_tab[PROFILE_A_APP_ID].ser
vice_id, GATTS_NUM_HANDLE_TEST_A);
            break;
        case ESP_GATTS_READ_EVT: {      //读取事件
            ESP_LOGI(GATTS_TAG, "GATT_READ_EVT, conn_id %d, trans_id %d, handle %d\n",
param->read.conn_id, param->read.trans_id, param->read.handle);
            esp_gatt_rsp_t rsp;
            memset(&rsp, 0, sizeof(esp_gatt_rsp_t));
            rsp.attr_value.handle = param->read.handle;
            rsp.attr_value.len = 4;
            rsp.attr_value.value[0] = 0xde;
            rsp.attr_value.value[1] = 0xed;
            rsp.attr_value.value[2] = 0xbe;
            rsp.attr_value.value[3] = 0xef;
            esp_ble_gatts_send_response(gatts_if, param->read.conn_id, param->read.trans
_id, ESP_GATT_OK, &rsp);
            break;
        }
        case ESP_GATTS_WRITE_EVT: {      //写入事件
            ESP_LOGI(GATTS_TAG, "GATT_WRITE_EVT, conn_id %d, trans_id %d, handle %d", pa
ram->write.conn_id, param->write.trans_id, param->write.handle);
            if (!param->write.is_prep){
                ESP_LOGI(GATTS_TAG, "GATT_WRITE_EVT, value len %d, value :", param->write.
len);
                esp_log_buffer_hex(GATTS_TAG, param->write.value, param->write.len);
                ESP_LOGI(GATTS_TAG, "[0]2 %d", param->write.value[0]);
                ESP_LOGI(GATTS_TAG, "[1]2 %d", param->write.value[1]);
                if(param->write.len == 1){      //写入长度
                    if(param->write.value[0]=='0' ){    //如果手机端写入的值为 0, 打开 LED
                        ESP_LOGI(GATTS_TAG, "LED ON");
                        turn_on_led();
                    }
                    if(param->write.value[0]=='1' ){    //如果手机端写入的值为 1, 关闭 LED
                        ESP_LOGI(GATTS_TAG, "LED OFF");
                        turn_off_led();
                    }
                }
                if (gl_profile_tab[PROFILE_A_APP_ID].descr_handle == param->write.handle
&& param->write.len == 2){
                    uint16_t descr_value = param->write.value[1]<<8 | param->write.value[0];
                    if (descr_value == 0x0001){    //通知处理
                        if (a_property & ESP_GATT_CHAR_PROP_BIT_NOTIFY){
                            ESP_LOGI(GATTS_TAG, "notify enable");
                            uint8_t notify_data[15];
                            for (int i = 0; i < sizeof(notify_data); ++i)
                            {
                                notify_data[i] = i%0xff;
                            } //通知数据小于最大传输单元
                            esp_ble_gatts_send_indicate(gatts_if, param->write.conn_id,
gl_profile_tab[PROFILE_A_APP_ID].char_handle, sizeof(notify_data), notify_data, false);
                        }
```

```
                    }else if (descr_value == 0x0002){
                        if (a_property & ESP_GATT_CHAR_PROP_BIT_INDICATE){
                            ESP_LOGI(GATTS_TAG, "indicate enable");
                            uint8_t indicate_data[15];
                            for (int i = 0; i < sizeof(indicate_data); ++i)
                            {
                                indicate_data[i] = i%0xff;
                            }
                            //指示数据小于最大传输单元
                            esp_ble_gatts_send_indicate(gatts_if, param->write.conn_id, gl
_profile_tab[PROFILE_A_APP_ID].char_handle, sizeof(indicate_data), indicate_data, true);
                        }
                    }
                    else if (descr_value == 0x0000){
                        ESP_LOGI(GATTS_TAG, "notify/indicate disable ");
                    }else{
                        ESP_LOGE(GATTS_TAG, "unknown descr value");
                        esp_log_buffer_hex(GATTS_TAG, param->write.value, param->write.len);
                    }
                }
            }
        example_write_event_env(gatts_if, &a_prepare_write_env, param);
        break;
    }
    case ESP_GATTS_EXEC_WRITE_EVT:   //执行写入事件
        ESP_LOGI(GATTS_TAG,"ESP_GATTS_EXEC_WRITE_EVT");
        esp_ble_gatts_send_response(gatts_if, param->write.conn_id, param->write.tra
ns_id, ESP_GATT_OK, NULL);
        example_exec_write_event_env(&a_prepare_write_env, param);
        break;
    case ESP_GATTS_MTU_EVT:    //最大传输单元事件
        ESP_LOGI(GATTS_TAG, "ESP_GATTS_MTU_EVT, MTU %d", param->mtu.mtu);
        break;
    case ESP_GATTS_UNREG_EVT:   //解除注册事件
        break;
    case ESP_GATTS_CREATE_EVT:    //创建事件
        ESP_LOGI(GATTS_TAG, "CREATE_SERVICE_EVT, status %d,  service_handle %d\n",
param->create.status, param->create.service_handle);
        gl_profile_tab[PROFILE_A_APP_ID].service_handle = param->create.service_handle;
        gl_profile_tab[PROFILE_A_APP_ID].char_uuid.len = ESP_UUID_LEN_16;
        gl_profile_tab[PROFILE_A_APP_ID].char_uuid.uuid.uuid16 = GATTS_CHAR_UUID_TEST_A;
        esp_ble_gatts_start_service(gl_profile_tab[PROFILE_A_APP_ID].service_handle);
        a_property = ESP_GATT_CHAR_PROP_BIT_READ | ESP_GATT_CHAR_PROP_BIT_WRITE | ESP_
GATT_CHAR_PROP_BIT_NOTIFY;
        esp_err_t add_char_ret = esp_ble_gatts_add_char(gl_profile_tab[PROFILE_A_APP
_ID].service_handle, &gl_profile_tab[PROFILE_A_APP_ID].char_uuid, ESP_GATT_PERM_READ |
ESP_GATT_PERM_WRITE, a_property, &gatts_demo_char1_val, NULL);
        if (add_char_ret){
            ESP_LOGE(GATTS_TAG, "add char failed, error code =%x",add_char_ret);
        }
        break;
    case ESP_GATTS_ADD_INCL_SRVC_EVT: //增加服务事件
        break;
    case ESP_GATTS_ADD_CHAR_EVT: {    //增加特征事件
        uint16_t length = 0;
```

```
            const uint8_t *prf_char;
            ESP_LOGI(GATTS_TAG, "ADD_CHAR_EVT, status %d,  attr_handle %d, service_handle
%d\n",
                    param->add_char.status, param->add_char.attr_handle, param->add_char
.service_handle);
            gl_profile_tab[PROFILE_A_APP_ID].char_handle = param->add_char.attr_handle;
            gl_profile_tab[PROFILE_A_APP_ID].descr_uuid.len = ESP_UUID_LEN_16;
            gl_profile_tab[PROFILE_A_APP_ID].descr_uuid.uuid.uuid16 = ESP_GATT_UUID_CHAR
_CLIENT_CONFIG;
            esp_err_t get_attr_ret = esp_ble_gatts_get_attr_value(param->add_char.attr_
handle, &length, &prf_char);
            if (get_attr_ret == ESP_FAIL){
                ESP_LOGE(GATTS_TAG, "ILLEGAL HANDLE");
            }
            ESP_LOGI(GATTS_TAG, "the gatts demo char length = %x\n", length);
            for(int i = 0; i < length; i++){
                ESP_LOGI(GATTS_TAG, "prf_char[%x] =%x\n",i,prf_char[i]);
            }
            esp_err_t add_descr_ret = esp_ble_gatts_add_char_descr(gl_profile_tab[PROFIL
E_A_APP_ID].service_handle, &gl_profile_tab[PROFILE_A_APP_ID].descr_uuid, ESP_GATT_PERM_
READ | ESP_GATT_PERM_WRITE, NULL, NULL);
            if (add_descr_ret){
                ESP_LOGE(GATTS_TAG, "add char descr failed, error code =%x", add_descr_ret);
            }
            break;
        }
        case ESP_GATTS_ADD_CHAR_DESCR_EVT:  //增加特征描述事件
            gl_profile_tab[PROFILE_A_APP_ID].descr_handle = param->add_char_descr.attr_handle;
            ESP_LOGI(GATTS_TAG, "ADD_DESCR_EVT, status %d, attr_handle %d, service_handle
%d\n", param->add_char_descr.status, param->add_char_descr.attr_handle, param->add_char_
descr.service_handle);
            break;
        case ESP_GATTS_DELETE_EVT:  //删除事件
            break;
        case ESP_GATTS_START_EVT:  //开启事件
            ESP_LOGI(GATTS_TAG, "SERVICE_START_EVT, status %d, service_handle %d\n",
                    param->start.status, param->start.service_handle);
            break;
        case ESP_GATTS_STOP_EVT:  //停止事件
            break;
        case ESP_GATTS_CONNECT_EVT: {   //连接事件
            esp_ble_conn_update_params_t conn_params = {0};
            memcpy(conn_params.bda, param->connect.remote_bda, sizeof(esp_bd_addr_t));
            /*对于 iOS，BLE 连接参数限制请参考苹果公司官方文档*/
            conn_params.latency = 0;
            conn_params.max_int = 0x20;    //max_int = 0x20*1.25ms = 40ms
            conn_params.min_int = 0x10;    //min_int = 0x10*1.25ms = 20ms
            conn_params.timeout = 400;     //timeout = 400*10ms = 4000ms
            ESP_LOGI(GATTS_TAG, "ESP_GATTS_CONNECT_EVT, conn_id %d, remote %02x:%02x:%02
x:%02x:%02x:%02x:", param->connect.conn_id, param->connect.remote_bda[0], param->connect
.remote_bda[1], param->connect.remote_bda[2], param->connect.remote_bda[3], param->conne
ct.remote_bda[4], param->connect.remote_bda[5]);
            gl_profile_tab[PROFILE_A_APP_ID].conn_id = param->connect.conn_id;
            //开始向对端设备发送更新连接的参数
            esp_ble_gap_update_conn_params(&conn_params);
            break;
```

```
            }
        case ESP_GATTS_DISCONNECT_EVT:    //断开事件
            ESP_LOGI(GATTS_TAG, "ESP_GATTS_DISCONNECT_EVT, disconnect reason 0x%x", param-
>disconnect.reason);
            esp_ble_gap_start_advertising(&adv_params);
            break;
        case ESP_GATTS_CONF_EVT:
            ESP_LOGI(GATTS_TAG, "ESP_GATTS_CONF_EVT, status %d attr_handle %d", param->
conf.status, param->conf.handle);
            if (param->conf.status != ESP_GATT_OK){
                esp_log_buffer_hex(GATTS_TAG, param->conf.value, param->conf.len);
            }
            break;
        case ESP_GATTS_OPEN_EVT:
        case ESP_GATTS_CANCEL_OPEN_EVT:
        case ESP_GATTS_CLOSE_EVT:
        case ESP_GATTS_LISTEN_EVT:
        case ESP_GATTS_CONGEST_EVT:
        default:
            break;
        }
    }
    static void gatts_event_handler(esp_gatts_cb_event_t event, esp_gatt_if_t gatts_if,
esp_ble_gatts_cb_param_t *param)   //GATT 事件句柄
    {
        /*如果事件是注册事件，则为每个配置文件存储 gatts_if*/
        if (event == ESP_GATTS_REG_EVT) {
            if (param->reg.status == ESP_GATT_OK) {
                gl_profile_tab[param->reg.app_id].gatts_if = gatts_if;
            } else {
                ESP_LOGI(GATTS_TAG, "Reg app failed, app_id %04x, status %d\n",
                        param->reg.app_id,
                        param->reg.status);
                return;
            }
        }
        /*如果 gatts_if 等于 Profile A，则调用 Profile A 回调处理程序*/
        do {
            int idx;
            for (idx = 0; idx < PROFILE_NUM; idx++) {
                if (gatts_if == ESP_GATT_IF_NONE || /* ESP_GATT_IF_NONE, not specify a
certain gatt_if, need to call every profile cb function */
                        gatts_if == gl_profile_tab[idx].gatts_if) {
                    if (gl_profile_tab[idx].gatts_cb) {
                        gl_profile_tab[idx].gatts_cb(event, gatts_if, param);
                    }
                }
            }
        } while (0);
    }
    void app_main(void)   //主函数
    {
        esp_err_t ret;
        gpio_pad_select_gpio(BLINK_GPIO);   //选择 GPIO 引脚
        gpio_set_direction(BLINK_GPIO, GPIO_MODE_OUTPUT);   //设置输出模式
```

288

```
    ret = nvs_flash_init(); //初始化存储系统
    if (ret == ESP_ERR_NVS_NO_FREE_PAGES || ret == ESP_ERR_NVS_NEW_VERSION_FOUND) {
//异常处理
        ESP_ERROR_CHECK(nvs_flash_erase());
        ret = nvs_flash_init();
    }
    ESP_ERROR_CHECK( ret );
    ESP_ERROR_CHECK(esp_bt_controller_mem_release(ESP_BT_MODE_CLASSIC_BT));
    esp_bt_controller_config_t bt_cfg = BT_CONTROLLER_INIT_CONFIG_DEFAULT();
    ret = esp_bt_controller_init(&bt_cfg);   //蓝牙控制器初始化
    if (ret) {
        ESP_LOGE(GATTS_TAG, "%s initialize controller failed: %s\n", __func__, esp_
err_to_name(ret));
        return;
    }
    ret = esp_bt_controller_enable(ESP_BT_MODE_BLE);   //蓝牙控制器启动
    if (ret) {
        ESP_LOGE(GATTS_TAG, "%s enable controller failed: %s\n", __func__, esp_err_
to_name(ret));
        return;
    }
    ret = esp_bluedroid_init();   //Bluedroid初始化
    if (ret) {
        ESP_LOGE(GATTS_TAG, "%s init bluetooth failed: %s\n", __func__, esp_err_to_
name(ret));
        return;
    }
    ret = esp_bluedroid_enable();   //Bluedroid启动
    if (ret) {
        ESP_LOGE(GATTS_TAG, "%s enable bluetooth failed: %s\n", __func__, esp_err_
to_name(ret));
        return;
    }
    ret = esp_ble_gatts_register_callback(gatts_event_handler); //GATT注册回调函数
    if (ret){
        ESP_LOGE(GATTS_TAG, "gatts register error, error code = %x", ret);
        return;
    }
    ret = esp_ble_gap_register_callback(gap_event_handler); //GAP注册回调函数
    if (ret){
        ESP_LOGE(GATTS_TAG, "gap register error, error code = %x", ret);
        return;
    }
    ret = esp_ble_gatts_app_register(PROFILE_A_APP_ID);   //GATT应用注册
    if (ret){
        ESP_LOGE(GATTS_TAG, "gatts app register error, error code = %x", ret);
        return;
    }
    esp_err_t local_mtu_ret = esp_ble_gatt_set_local_mtu(500);   //设置最大传输单元
    if (local_mtu_ret){
        ESP_LOGE(GATTS_TAG, "set local  MTU failed, error code = %x", local_mtu_ret);
    }
    return;
}
```

在 VS Code 环境下将程序编译、烧录到 ESP32 开发板，打开串口监视器，可看到 GATT 服务器端的运行结果，如图 8-4 所示，显示 GATT 服务器端的事件和参数。

```
I (930) GATTS_DEMO: REGISTER_APP_EVT, status 0, app_id 0

I (940) GATTS_DEMO:. CREATE_SERVICE_EVT, status 0,  service_handle 40

I (960) GATTS_DEMO: SERVICE_START_EVT, status 0, service_handle 40

I (960) GATTS_DEMO: ADD_CHAR_EVT, status 0,  attr_handle 42, service_handle 40

I (960) GATTS_DEMO: the gatts demo char length = 3

I (970) GATTS_DEMO: prf_char[0] =11

I (970) GATTS_DEMO: prf_char[1] =22

I (980) GATTS_DEMO: prf_char[2] =33

I (980) GATTS_DEMO: ADD_DESCR_EVT, status 0, attr_handle 43, service_handle 40
```

图 8-4　GATT 服务器端的运行结果

打开手机上的"BLE 调试助手"，将之作为客户端，界面如图 8-5 所示。选择连接"ESP_GATTS_DEMO"，连接 ESP32 之后如图 8-6 所示，显示了服务器端提供的通用属性、接入和服务。连接之后，服务器端的串口监视器显示的参数如图 8-7 所示，表示已经连接成功。

图 8-5　客户端界面

图 8-6　连接 ESP32 之后

```
I (980) GATTS_DEMO: ADD_DESCR_EVT, status 0, attr_handle 43, service_handle 40

I (76240) GATTS_DEMO: ESP_GATTS_CONNECT_EVT, conn_id 0, remote 56:7a:a9:1c:17:39:
I (76870) GATTS_DEMO: update connection params status = 0, min_int = 16, max_int = 32,conn_int = 24,latency = 0, timeout =
400
I (77190) GATTS_DEMO: update connection params status = 0, min_int = 0, max_int = 0,conn_int = 6,latency = 0, timeout = 50
0
I (77300) GATTS_DEMO: update connection params status = 0, min_int = 0, max_int = 0,conn_int = 9,latency = 0, timeout = 20
00
```

图 8-7　连接后服务器端的串口监视器显示的参数

图 8-6 中显示的属性包括读取（READ）、写入（WRITE）和通知（NOTIFY），向上的箭头表示向服务器端写入数据，向下的箭头表示读取服务器端数据。单击向下箭头，读取服务器端数据，如

图 8-8 所示。单击向上箭头，向服务器端写入数据，如图 8-9 所示，输入字符 0，单击"发送"，则点亮 LED；输入字符 1，单击"发送"，则关闭 LED。服务器端的串口监视器显示的输出结果如图 8-10 所示，收到发送字符的 ASCII。

图 8-8　读取服务器端数据

图 8-9　向服务器端写入数据

```
I (84060) GATTS_DEMO: GATT_WRITE_EVT, conn_id 0, trans_id 1, handle 42
I (84060) GATTS_DEMO: GATT_WRITE_EVT, value len 1, value :
I (84060) GATTS_DEMO: 30
I (84060) GATTS_DEMO: [0]2 48
I (84070) GATTS_DEMO: [1]2 0
I (84070) GATTS_DEMO: LED ON
Turning on the LED
I (89460) GATTS_DEMO: GATT_WRITE_EVT, conn_id 0, trans_id 2, handle 42
I (89460) GATTS_DEMO: GATT_WRITE_EVT, value len 1, value :
I (89460) GATTS_DEMO: 31
I (89460) GATTS_DEMO: [0]2 49
I (89470) GATTS_DEMO: [1]2 0
I (89470) GATTS_DEMO: LED OFF
Turning off the LED
```

图 8-10　向服务器端写入数据后串口监视器显示的输出结果

8.4.2　基于 MicroPython 开发应用

本小节通过 MicroPython 开发环境，实现手机端蓝牙应用程序，从手机应用市场下载"BLE 调试助手"程序并安装，通过手机发送 0 和 1，控制 LED 的亮和灭。代码如下。

```python
import bluetooth
import struct
from micropython import const
from machine import Pin
LED=Pin(2, Pin.OUT)        #LED 正极接 GPIO 2 号引脚
LED.value(1)               #初始化为点亮 LED
_IRQ_CENTRAL_CONNECT = const(1)      #定义连接、断开和写入常量
_IRQ_CENTRAL_DISCONNECT = const(2)
```

```
    _IRQ_GATTS_WRITE = const(3)
    _FLAG_READ = const(0x0002)                    #定义读/写、通知标志常量
    _FLAG_WRITE_NO_RESPONSE = const(0x0004)
    _FLAG_WRITE = const(0x0008)
    _FLAG_NOTIFY = const(0x0010)
    #串口 UUID 为 6E400001-B5A3-F393-E0A9-E50E24DCCA9E
    _UART_UUID = bluetooth.UUID("6E400001-B5A3-F393-E0A9-E50E24DCCA9E")
    _UART_TX = (bluetooth.UUID("6E400003-B5A3-F393-E0A9-E50E24DCCA9E"), _FLAG_READ | _FL
AG_NOTIFY,)  #发送数据
    _UART_RX = (bluetooth.UUID("6E400002-B5A3-F393-E0A9-E50E24DCCA9E"), _FLAG_WRITE | _
FLAG_WRITE_NO_RESPONSE,)  #接收数据
    _UART_SERVICE = (_UART_UUID,(_UART_TX, _UART_RX),)    #服务定义
    #广播数据定义
    _ADV_TYPE_FLAGS = const(0x01)
    _ADV_TYPE_NAME = const(0x09)
    _ADV_TYPE_UUID16_COMPLETE = const(0x3)
    _ADV_TYPE_UUID32_COMPLETE = const(0x5)
    _ADV_TYPE_UUID128_COMPLETE = const(0x7)
    _ADV_TYPE_UUID16_MORE = const(0x2)
    _ADV_TYPE_UUID32_MORE = const(0x4)
    _ADV_TYPE_UUID128_MORE = const(0x6)
    _ADV_TYPE_APPEARANCE = const(0x19)
    #产生广播数据给 gap_advertise(adv_data=...)
    def advertising_payload(limited_disc=False, br_edr=False, name=None, services=None,
appearance=0):
        payload = bytearray()
        def _append(adv_type, value):
            nonlocal payload
            payload += struct.pack("BB", len(value) + 1, adv_type) + value
        _append(
            _ADV_TYPE_FLAGS,
            struct.pack("B", (0x01 if limited_disc else 0x02) + (0x18 if br_edr else 0x04)),
        )
        if name:    #广播类型名称
            _append(_ADV_TYPE_NAME, name)
        if services:    #服务开启
            for uuid in services:
                b = bytes(uuid)
                if len(b) == 2:
                    _append(_ADV_TYPE_UUID16_COMPLETE, b)
                elif len(b) == 4:
                    _append(_ADV_TYPE_UUID32_COMPLETE, b)
                elif len(b) == 16:
                    _append(_ADV_TYPE_UUID128_COMPLETE, b)
        if appearance:
            _append(_ADV_TYPE_APPEARANCE, struct.pack("<h", appearance))
        return payload
    class BLESimplePeripheral:    #定义 BLE 外设
        def __init__(self, ble, name="ESP32"):    #初始化蓝牙名称及服务
            self._ble = ble
            self._ble.active(True)
            self._ble.irq(self._irq)
            ((self._handle_tx, self._handle_rx),) = self._ble.gatts_register_services((_
UART_SERVICE,))
```

```
            self._connections = set()
            self._write_callback = None
            self._payload = advertising_payload(name=name, services=[_UART_UUID])
            self._advertise()
        def _irq(self, event, data):
            if event == _IRQ_CENTRAL_CONNECT:       #连接状态
                conn_handle, _, _ = data
                print("New connection", conn_handle)
                self._connections.add(conn_handle)
            elif event == _IRQ_CENTRAL_DISCONNECT:   #断开状态
                conn_handle, _, _ = data
                print("Disconnected", conn_handle)
                self._connections.remove(conn_handle)
                self._advertise()   #重新开启广播
            elif event == _IRQ_GATTS_WRITE:      #写入服务
                conn_handle, value_handle = data
                value = self._ble.gatts_read(value_handle)
                if value_handle == self._handle_rx and self._write_callback:
                    self._write_callback(value)
        def send(self, data):   #发送通知
            for conn_handle in self._connections:
                self._ble.gatts_notify(conn_handle, self._handle_tx, data)
        def is_connected(self):   #连接返回
            return len(self._connections) > 0
        def _advertise(self, interval_us=500000):   #输出广播状态
            print("Starting advertising")
            self._ble.gap_advertise(interval_us, adv_data=self._payload)
        def on_write(self, callback):   #写入回调函数
            self._write_callback = callback
            def demo():     #定义实例
    ble = bluetooth.BLE()
    p = BLESimplePeripheral(ble)
    def on_rx(v):
        print("RX", v)
        if v==b'0':     #输入 0, 则点亮 LED
            print("LED ON")
            LED.value(1)
        elif v==b'1':    #输入 1, 则关闭 LED
            print("LED OFF")
            LED.value(0)
    p.on_write(on_rx)
if __name__ == "__main__":   #运行主函数
    demo()
```

在 MicroPython 的 Thonny 编译环境下，首先构建、烧录固件，然后运行上述代码，开发板的 LED 初始化状态为点亮。打开手机的"BLE 调试助手"，可发现蓝牙设备，如图 8-11 所示。连接并打开服务后界面如图 8-12 所示。单击向上的箭头，也就是开启写入服务，输入 0，如图 8-13 所示，单击"发送"则点亮 LED；输入 1，单击"发送"则关闭 LED。

Thonny 编译环境下的输出状态栏如图 8-14 所示。

图 8-11　发现蓝牙设备　　　　图 8-12　连接后界面　　　　图 8-13　发送界面

```
>>> %Run -c $EDITOR_CONTENT
    Starting advertising
>>> New connection 0
    RX b'1'
    LED OFF
    RX b'0'
    LED ON
    RX b'1'
    LED OFF
```

图 8-14　输出状态栏

8.4.3　基于 Arduino 开发应用

本小节介绍基于 Arduino 开发低功耗蓝牙和传统蓝牙应用。

1. 低功耗蓝牙

从手机应用市场下载"BLE 调试助手"程序并安装，通过手机发送 0 和 1，控制 LED 的亮和灭。
代码如下。

```
#include <Arduino.h>
#include <BLEDevice.h>
#include <BLEServer.h>
#include <BLEUtils.h>
#include <BLE2902.h>
#include <String.h>
BLECharacteristic *pCharacteristic;   //创建一个 BLE 特征 pCharacteristic
bool deviceConnected = false;         //连接标志位
uint8_t txValue = 0;                  //TX 的值
String rxload = " ";                  //RX 的值
#define SERVICE_UUID "6E400001-B5A3-F393-E0A9-E50E24DCCA9E" //UART 服务 UUID
#define CHARACTERISTIC_UUID_RX "6E400002-B5A3-F393-E0A9-E50E24DCCA9E"
#define CHARACTERISTIC_UUID_TX "6E400003-B5A3-F393-E0A9-E50E24DCCA9E"
class MyServerCallbacks : public BLEServerCallbacks   //服务器端回调
{
  void onConnect(BLEServer *pServer)
  {
```

```
        deviceConnected = true;   //设备连接成功
    };
    void onDisconnect(BLEServer *pServer)
    {
        deviceConnected = false;  //设备连接失败
    }
};
class MyCallbacks : public BLECharacteristicCallbacks   //特征回调
{
    void onWrite(BLECharacteristic *pCharacteristic)
    {
        std::string rxValue = pCharacteristic->getValue();  //读取调试助手输入的值
        if (rxValue.length() > 0)
        {
            rxload = "";
            for (int i = 0; i < rxValue.length(); i++)         //读取输入值,并放入变量
            {
                rxload += (char)rxValue[i];
                Serial.print(rxValue[i]);  //输出输入的值
            }
            Serial.println("");
        }
    }
};
 void setupBLE(String BLEName)
{
    const char *ble_name = BLEName.c_str();     //将传入的 BLE 名字转换为指针
    BLEDevice::init(ble_name);                   //初始化一个蓝牙设备
    BLEServer *pServer = BLEDevice::createServer(); //创建一个蓝牙服务器端
    pServer->setCallbacks(new MyServerCallbacks()); //服务器端回调函数为 MyServerCallbacks()
    BLEService *pService = pServer->createService(SERVICE_UUID); //创建一个 BLE 服务
    pCharacteristic = pService->createCharacteristic(CHARACTERISTIC_UUID_TX, BLECharac
teristic::PROPERTY_NOTIFY);   //创建一个(读)特征,类型是通知
    pCharacteristic->addDescriptor(new BLE2902()); //为特征添加一个描述
    BLECharacteristic *pCharacteristic = pService->createCharacteristic(CHARACTERISTIC
_UUID_RX, BLECharacteristic::PROPERTY_WRITE);   //创建一个(写)特征,类型是写入
    pCharacteristic->setCallbacks(new MyCallbacks());   //为特征添加一个回调函数
    pService->start();                 //开启服务
    pServer->getAdvertising()->start(); //服务器端开始广播
    Serial.println("Waiting a client connection to notify...");
}
//String val;   //存储读取的值
int ledpin=2;   //LED 连接 2 号引脚
void setup()
{
    Serial.begin(115200);
    setupBLE("ESP32-BLE"); //设置蓝牙名称
    pinMode(ledpin,OUTPUT);
}
void loop()
{
    if(rxload=="0")   //判断为 0,点亮 LED
```

```
        {
        digitalWrite(ledpin,HIGH);
        Serial.println("LED ON!");
        delay(1000);
        }
        else if(rxload=="1")    //判断为1，关闭LED
        {
        digitalWrite(ledpin,LOW);
        Serial.println("LED OFF!");
        delay(1000);
        }
    }
```

将以上程序通过 Arduino 开发环境烧录到 ESP32 开发板之后，打开"BLE 调试助手"，手机界面如图 8-15 所示，发现蓝牙设备名称为 ESP32-BLE；单击"CONNECT"，连接后的手机界面如图 8-16 所示。

图 8-15　发现蓝牙设备

图 8-16　连接后界面

单击"Unknown Service"，将显示所有的服务属性和特性，如图 8-17 所示。单击向上箭头，也就是开启写入服务，输入 0，单击"发送"，如图 8-18 所示，则点亮 LED。同时 Arduino 串口监视器将显示相应信息，如图 8-19 所示。同理，输入 1，单击"发送"，则关闭 LED。

图 8-17　显示读写特性

图 8-18　发送界面

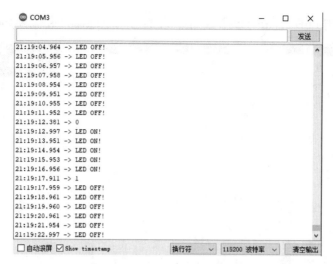

图 8-19 Arduino 串口监视器界面

2. 传统蓝牙

从手机应用市场下载"BluetoothSerial"程序并安装,通过手机发送 0 和 1,控制 LED 的亮和灭。代码如下。

```
#include "BluetoothSerial.h"
BluetoothSerial SerialBT;  //定义蓝牙对象
char val;    //定义变量存储输入值
int ledpin=2;   //LED 引脚连接
void setup() {
  Serial.begin(115200);  //串口波特率
  SerialBT.begin("ESP32-BT"); //蓝牙设备名称
  Serial.println("The device started, now you can pair it with bluetooth!");
  pinMode(ledpin, OUTPUT);//定义 LED 为输出
}
void loop() {
  if (SerialBT.available()) {
    SerialBT.write(Serial.read());
    val=SerialBT.read();
    }
  if(val=='0')
  {
  digitalWrite(ledpin,HIGH);
  Serial.println("LED ON!");
  delay(1000);
  }
  else if(val=='1')
  {
  digitalWrite(ledpin,LOW);
  Serial.println("LED OFF!");
  delay(1000);
  }
}
```

以上程序经过 Arduino 开发环境烧录到 ESP32 开发板之后,打开"BluetoothSerial",手机界面如图 8-20 所示。单击"connect",发现蓝牙设备名称为 ESP32-BT,如图 8-21 所示。连接后发送 0,则

LED 点亮，发送 1，则 LED 关闭，手机界面如图 8-22 所示。Arduino 串口监视器界面如图 8-23 所示。

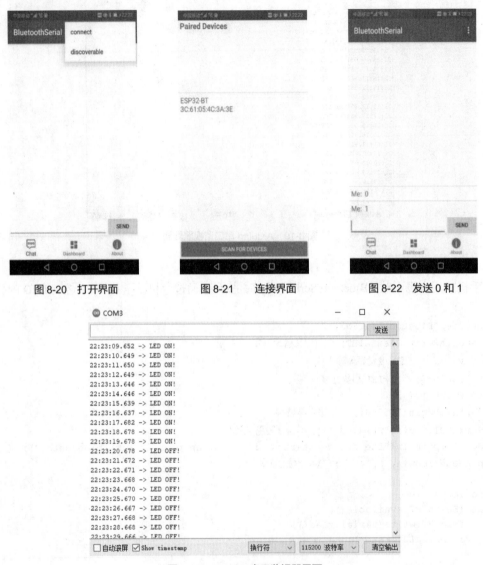

图 8-20　打开界面　　　　　图 8-21　连接界面　　　　　图 8-22　发送 0 和 1

图 8-23　Arduino 串口监视器界面

8.5　本章小结

本章详细介绍了 ESP32 开发板的蓝牙技术开发：首先，对 ESP32 蓝牙架构进行了介绍；其次，对 ESP32 蓝牙数据类型、相关 API 进行了介绍；最后，对 ESP32 蓝牙示例程序进行了介绍，并给出了 3 种开发环境下的详细开发代码。